复合材料工厂工艺设计概论

主　编　葛曷一
副主编　王冬至　柳华实

中国建材工业出版社

图书在版编目(CIP)数据

复合材料工厂工艺设计概论/葛曷一主编. —北京：中国建材工业出版社，2009.4（2023.1 重印）

ISBN 978 - 7 - 80227 - 532 - 4

Ⅰ. 复… Ⅱ. 葛… Ⅲ. 复合材料—生产工艺—设计—高等学校—教材 Ⅳ. TB33

中国版本图书馆 CIP 数据核字（2009）第 027244 号

内 容 简 介

本书共分为八章：复合材料工厂设计的基础知识，复合材料厂总平面布置，复合材料厂车间工艺布置，车间工艺流程的选择和工艺设备的选型，物料衡算和能量衡算，复合材料工艺配套项目的设计基础，工艺设计制图的基本要求，生产车间和制品的工艺设计实例。本书内容较为基础，可作为高等学校复合材料与工程专业的教学用书，也可供国内玻璃钢设计院、建材规划院和相关生产企业的技术人员参考。

复合材料工厂工艺设计概论

主　编　葛曷一
副主编　王冬至　柳华实

出版发行：中国建材工业出版社
地　　址：北京市海淀区三里河路 11 号
邮　　编：100044
经　　销：全国各地新华书店
印　　刷：北京雁林吉兆印刷有限公司
开　　本：787mm×1092mm　1/16
印　　张：14
字　　数：350 千字
版　　次：2009 年 4 月第 1 版
印　　次：2023 年 1 月第 5 次
书　　号：ISBN 978-7-80227-532-4
定　　价：36.00 元

本社网址：www.jccbs.com.cn
本书如出现印装质量问题，由我社发行部负责调换。联系电话：(010) 88386906

前　言

　　《复合材料工厂工艺设计概论》是根据国家教育部对高等学校教材改革的要求，为适应21 世纪高等教育的创新要求而编写的。本书是高等学校复合材料与工程专业的教学用书。

　　《复合材料工厂工艺设计概论》是高等工业院校复合材料专业的一门专业课程。通过本课程的学习，使学生了解复合材料厂工艺设计的基本内容、方法和步骤，为将来从事工厂设计打下一定的基础。

　　全书共分为八章，以复合材料工艺设计为主，编者力图从复合材料的生产方法、工艺流程、工艺设备选型、工艺布置等方面阐述工艺设计的基本知识。另外，对工程可行性研究、厂址选择、总平面布置及工艺设计所需的其他专业知识也作了简要介绍。

　　本书的编写分工：济南大学材料科学与工程学院王冬至编写第一章、第六章；济南大学材料科学与工程学院柳华实编写第二章、第三章；济南大学材料科学与工程学院李建权编写第四章第一节至第六节；哈尔滨理工大学材料科学与工程学院单连伟编写第四章第七节至第十节、第七章；济南大学材料科学与工程学院葛曷一编写第五章、第八章。

　　本课程是在学生学完《复合材料原理》、《复合材料工艺及设备》、《复合材料聚合物基体》等专业基础课和专业课的基础上进行的，重点讲述了复合材料厂设计的目的和要求、设计基本程序、总体设计、车间布置设计、物料衡算、能量衡算、设备工艺设计、典型车间设计等知识。为使学生对生产具备完整概念，对于其他课程未涉及的内容，本书也作了相关补充。

　　本书既吸收了玻璃钢设计研究院、建材规划院和玻璃钢企业的经验，也总结归纳了编者设计和教学工作的经验，力求使复合材料厂工艺设计方面的知识做到较为系统、完整。本书所提供的资料数据，可供学生毕业设计时选用。生产企业、设计单位在参考和选用本书资料时，有关数据应进一步调查核实。在本书编写过程中，济南大学材料科学与工程学院逄增凯、王伟等同学为本书的编排、校对做了大量工作，在此致以衷心的感谢。

　　由于知识更新很快，编者知识和能力有限，失误之处在所难免，有些观点也未必正确，欢迎读者批评指正。

编者

2009 年 2 月

目　　录

目　录

第1章 复合材料工厂设计的基础知识

工厂设计的任务是按照国家或国内外用户要求的产量和质量标准，在可能的情况下，综合国内外已成熟的工厂设计和专业设计的最优方案进行设计，达到完成既定产量及质量的要求，并尽可能降低造价、节约能源和相应考虑今后生产定额及工厂的改建、发展。这是一个政策性、技术性和经济性很强的综合技术工作，是基本建设全过程中最为重要的环节，为工厂建设及建成后投入生产提供基本条件。因此，设计内容是否先进、可靠直接影响到工厂投产后的产量、质量和生产成本，应予以足够的重视。

国内工厂设计必须贯彻我国的经济和工业政策，设计工作必须坚持基本建设程序。设计时力求做到技术先进可靠、经济合理、安全适用，使工厂建成后能获得预期的经济效益和社会效益。

工厂设计是各种专业人员共同劳动、集体智慧的结晶。在复合材料工厂设计中，应首先根据客观情况，决定采用何种工艺方法，因此复合材料工艺方法的选择在复合材料工厂设计中起着主导作用。在一般情况下，首先应确定生产方法及已定生产方法的工艺流程、工艺计算、专业设备和车间布置，然后依据工艺特点及车间布置向各有关专业提出要求，各专业在保证生产的情况下协同工作。因此，工艺设计人员不仅要精通工艺知识，还必须掌握与工艺有关的其他专业知识，这样才能提出正确的、系统的工艺设计方案，为其他专业工作创造必要的基础条件，才能共同完成工厂的整个设计。

总之，在复合材料工业日益发展的今天，为使复合材料产品生产规范化，不断提高产品质量和生产管理水平，同时为扩大学生的知识面，深化其学过的理论知识，培养其工程设计能力，学习复合材料工厂设计相关知识是非常必要的。

本书的重点是工艺设计，使学生在学完本课程后，能根据不同产品的设计要求和使用要求，掌握对产品进行工艺设计、生产方法选择、生产设备选择、生产工艺布置等方面的知识；树立车间和工厂设计的完整概念；了解工艺设计和非工艺设计之间的关系。

1.1 复合材料的发展及应用

复合材料是指由两种或两种以上不同物质以不同方式组合而成的材料，它可以发挥各种材料的优点，克服单一材料的缺陷，扩大材料的应用范围。由于复合材料具有质量轻、强度高、加工成型方便、耐化学腐蚀和耐候性好等特点，已逐步取代木材及金属合金，广泛应用于航空航天、汽车、电子电气、建筑、健身器材等领域，在近几年更是得到了飞速发展。

从应用上看，复合材料在美国和欧洲主要用于航空航天、汽车等行业。从全球范围看，汽车工业是复合材料最大的用户，今后发展潜力仍十分巨大，目前还有许多新技术正在开发中。例如，为降低发动机噪声，增加轿车的舒适性，正着力开发两层冷轧板间粘附热塑性树脂的减震钢板；为满足发动机向高速、增压、高负荷方向发展的要求，发动机活塞、连杆、轴瓦已开始应用金属基复合材料；为满足汽车轻量化要求，必将会有越来越多的新型复合材料将被应用到汽车制造业中。与此同时，随着近年来人们对环保问题的日益重视，高分子复合材料取代木材方面的应用也得到了进一步推广。例如，用植物纤维与废塑料加工而成的复合材料，在北美已被大量用做托盘和包装箱，用以替代木制产品；而可降解复合材料也成为国内外开发研究的重点。图 1-1 所示是 1986 ~ 2006 年中国、美国、日本热固性树脂基复合材料产量。

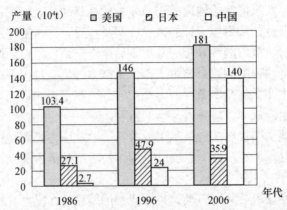

图 1-1　1986 ~ 2006 年中国、美国、日本热固性树脂基复合材料产量

神舟飞船主承力结构、低密度模塑料等 FRP（Fiber Reinforced Polymer）荣获国家科技进步二等奖，标志着我国复合材料科学技术已达到世界先进水平。历经三十多年，我国 FRP/CM 年产量已超过日本、欧洲，显示了当今我国 FRP 行业的活力。近半个世纪以来，北京玻璃钢设计院等研究院所正是伴随着祖国航空航天事业的发展而壮大的。

从我国第一颗人造地球卫星、第一枚运载火箭、第一艘宇宙飞船到今天"神七"的成功升天，玻璃钢/复合材料在我国航空航天事业的发展历程中书写下属于自己的辉煌一页，在航天、航空、船舶、化工以及交通等领域都做出了重大贡献，并在发展中实现了稳步壮大。

1.1.1　我国复合材料发展状况

1986 ~ 2006 年，我国玻璃钢（热固性）产量增长近 51 倍，总量在 20 世纪 90 年代末期超过德国，21 世纪初超过日本，热固性玻璃钢已超过欧洲总和。我国玻璃钢总产量已经跃居世界第二，现仅次于美国（美国 2005 年热固性玻璃钢产量 186 万 t，热塑性玻璃钢产量 140 万 t）。表 1-1 为相关统计结果。

二十年来，我国 FRP/CM 行业取得了长足的发展，究其根本原因有以下三点：

第一，改革开放；

第二，国家建设发展，尤其是近十年来国家加大能源、交通、水利等基础设施的投入，开发中西部，新开工项目增多。党和国家的外交政策，促使我国玻璃钢产品逐渐迈向国际市场，包括发达国家与地区市场；

第三，不失时机地引进了一些国外先进技术，并在此基础上有所发展与创新，并对较先进的工艺与设备进行了普及。

表 1-1　1986～2006 年中国大陆 GF、UP、FRSP、FRTP、CCL 产品产量统计表　　　万 t

	1986	1987	1988	1989	1990	1991	1992	1993	1994	1995	1996
GF	6.7	7.1	7.5	8.3	8.7	9.69	12.08	13.4	15	16	17
UP	4	4	4	4	4.5	6	8	11	13	15	16
FRSP	2.7	3.2	6.3	8.0	9.5	11	13.3	14.5	15	15	17
FRTP	—	—	—	—	—	—	—	1.5	2.0	2.5	2.5
CCL	—	—	—	—	—	—	—	2.0	3.5	4	4

	1997	1998	1999	2000	2001	2002	2003	2004	2005	2006
GF	17.5	18	20	21	27.3	36	47	65.25	95	121
UP	20	25	32	45	50	58	80	100.7	95	110
FRSP	22	25	30	48	50	54	60	114	120	140
FRTP	3	3.5	8	10	15	17	22	30	40	48
CCL	4	7	12	11	9	9	12.4	22	25	38

（1）技术与产品开发取得的重大进步

1987 年末引进意大利纤维缠绕管道与贮罐生产技术与设备，1993 年引进玻璃钢夹砂管生产线，以此二者为契机，带动了玻璃纤维、树脂（含固化剂）等原材料的技术进步与规模化生产，继之 SMC/BMC、拉挤、RTM 等，整个行业在三十多年间风雨兼程、与时俱进，向高层次发展。

20 世纪 80 年代末期，在我国玻璃钢成型技术中，接触（手糊）成型占 85%以上；到"十五"末期，机械成型已跃升达 60%（表 1-2）。

表 1-2　"十五"末期我国 GF/UPR 各类成型工艺产品比例　　　%

手糊（含喷射）	纤维缠绕	SMC/BMC	拉挤	连续板材	其　他
40	30	14	9	4	3

我国（大陆）热固性玻璃钢产量 2006 年达 140 万 t，相当于现今整个欧洲的产量，超过美国 1988 年的水平（120.9 万 t）。当前我国主要玻璃钢产品市场比例如图 1-2 所示。

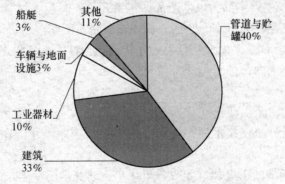

图 1-2　当前我国主要玻璃钢产品市场比例

1）缠绕

迄今为止，我国自主开发的纤维缠绕管道制造方面的专利有 30 项，已具备 FW 工艺管、夹砂管、高压管的全套生产技术，纤维缠绕管道与贮罐生产技术达到世界先进水平。4000mm 玻璃钢管试制成功。新疆某输水重点工程成功地采用了 3.1m 玻璃钢管，单管长 12m，重 16t，工程一次性安装通水成功无泄漏，质量受到了国家发展和改革委员会表彰。在我国众多油田及西气东输工程中，成功使用了玻璃钢高压管，而且玻璃钢管已出口到巴基斯坦、马来西亚、越南、伊拉克、俄罗斯、哈萨克斯坦、阿拉伯联合酋长国等国。

玻璃钢贮罐实际已经做到单罐 2000m³，已出口到美国、印度尼西亚、叙利亚等国。

为适应城市改造的需要，高校与企业结合，成功开发了玻璃钢顶管制造关键技术与施工技术。在广州施工内径 2.5m 的玻璃钢顶管，日顶进长度达到 69m，达到国际领先水平。

玻璃钢夹砂管在"十五"期间，年用量逾 1000km。高压环氧玻璃钢管 2006 年用量达 3000km。1996 年我国开始生产和使用玻璃钢电缆套管，现年用量逾 5000km。

我国缠绕技术及装备已出口到日本、韩国、伊朗等国及东南亚地区，部件已出口到美国。

2）压力容器

1986 年至今，我国已生产复合材料呼吸气瓶、压缩天然气（CNG）气瓶、燃料电池用氢气瓶 15 万只。

1994 年我国开始开发 CNG 气瓶，并首先在北京公交车上装车使用。北京已成为世界城市中以 CNG 为动力的公共汽车拥有量最多的城市。1997 年我国自主研发的环形压力容器投入使用。2006 年我国引进德国技术装备（内衬制造、纤维缠绕），在苏州建立年产能力达 11 万只复合材料气瓶的生产基地。

3）SMC/BMC

1986 年从日本引进 SMC 及模压 SMC 座椅生产线，推动了我国 SMC 座椅的生产与普及。1988 年引进美国 SMC 机组压机及模具，建立了我国首个研发与生产 SMC 汽车件的基地。迄今我国已从日本、美国、德国引进 18 条 SMC 生产线，引进连续法 BMC 生产装置和 BMC 生产线。BMC 注射技术也已用于规模化生产，所用注射机近年已国产化，台商与日本亦在内地设厂生产。

SMC 主要产品为座椅、水箱、电表箱、卫星发射与接收碟形天线、汽车零部件、火车客车厢内饰件等。BMC 主要产品为电器产品，包括开关、高压绝缘件、仪表箱、塑封电机、汽车前灯反射面等，产品已为日本、法国、德国知名企业配套。

进入 21 世纪以来，SMC 开发成功低温固化快速成型技术、高阻燃 A 级表面技术，并应用于汽车件与火车客车厢内饰件上。

4）拉挤

自 20 世纪 80 年代以来，我国引进英国、美国、意大利、加拿大等国拉挤机 30 余台。南京玻璃纤维研究院引进拉挤技术后，培养了不少拉挤企业人才，在"沪宁"一带兴建了许多拉挤型材生产企业。

2000 年以来，我国陆续引进加拿大两公司共 6 条玻璃钢门窗生产线。此前的 1992 年国内亦已开发拉挤型材组装门窗技术，可提供较先进的成套技术。由于玻璃钢门窗隔热、保温、隔声、耐老化、轻质高强、色泽典雅，被誉为第 5 代门窗。

我国现拥有国产拉挤生产线 300 余条，牵引方式有履带与液压往复式，且开发了注射和浸渍树脂技术。1998 年企业自主研发成功 PU 发泡共挤玻璃钢保温墙体型材，同年采用国产酚醛树脂拉挤玻璃钢格栅型材成功。

现主要拉挤产品有门窗、格栅型材、光纤增强芯、梯子、冷却塔支架、伞骨、移动通讯基站天线罩、空调器罩、锚杆、建筑筋材、电缆桥架、帐篷竿、钓鱼竿、地铁第三轨保护罩等，在打击乐器、高低杠等文体器材方面亦有应用，我国产品已出口美国、东南亚地区，成套技术与设备已出口澳大利亚、南非、英国。

2006 年我国拉挤型材产量逾 10 万 t，除绝缘棒、管为环氧树脂基体外，大多为不饱和树脂基体。2006 年自主研发成功在线编织玻璃纤维管、直接拉挤成型环氧玻璃钢电绝缘管。

5）建筑应用

1997 年大型玻璃纤维增强塑料冷却塔国家标准出台，促进了 $1000m^3/h$ 以上玻璃钢冷却塔的发展，单塔现已发展到 $5000m^3/h$。20 世纪 90 年代，我国研发了无风机冷却塔，其结构较简单、无风机噪声。不少制造商已采用拉挤玻璃钢型材作填料支架与塔支架，取代钢材，不锈蚀。现台商、港商、美商纷纷进入大陆市场，业内从业者若不注意技术进步，提升质量水平，其市场份额将会日益缩减。

1997 年从日本引进 SMC 模压整体卫生间生产线投产。喷射成型玻璃钢浴缸、人造玛瑙浴缸、雅克力浴缸生产已规模化，且批量出口。风机、空调器、吸收塔、空气过滤器、蜂窝式除尘机已普及。从日本、意大利引进了净化槽技术。玻璃纤维增强氯氧镁水泥通风管建材行业标准在 1996 年发布，产品已广泛应用，无机玻璃钢板批量出口。

1999 年容积 $1260m^3$ 组合式水箱投入使用。

2000 年起，碳纤维建筑结构补强在国内兴起。2004 年我国自主研发的第一条现场发泡酚醛保温板连续生产线投产，并于 2005 年获建材科技成果二等奖。

2003 年玄武岩纤维增强电厂用混凝土冷却塔与水坝取得成功。企业自主开发的 SMC 模压门于 2003 年试生产成功，受到外商青睐，已出口韩国及北美地区。2006 年建筑混凝土用 FRP/CM 筋材通过鉴定。

2006 年 SMC 模压瓦生产线投入运行，并通过鉴定。

6）车辆与地面设施

近 5 年来，SMC、连续化玻璃纤维毡增强热塑性聚丙烯（GMT）模压汽车件和火车内饰件发展迅速，已建成规模化的专业生产企业 10 家。双层客车壁板、洗手间地面、酚醛玻璃钢风管等已成功应用。CNG 瓶已批量装车使用，并随整车出口。2006 年高阻燃、低发烟 SMC 通过鉴定。汽车牵引的摩托车玻璃钢拖车出口到欧美。火车铁轨连接用玻璃钢鱼尾板已投入使用。高速公路上的玻璃钢防眩板、反光标志已普及。地铁第三轨保护罩及其支座、电缆支架、紧急逃生平台等已规模化采用。

7）波形板、平板

1987 年从美国引进连续板材生产线，迄今仍是技术水平与板材质量水平最佳的。采用玻璃纤维自行切割沉降工艺，较外购毡浸胶工艺成本低，可生产透光度高的板材。2006 年我国引进美国技术，新建一板材幅宽 2.8m 的生产线，为当时全国之最。

2006 年全国年产波形板 1500 万 m^2。

8）船艇

1986 年 80 艘气垫船开发成功，1998 年研究单位与企业共同研发了 33m 渔船下水。

2005~2006年克利伯环球帆船大赛10条比赛用帆船全部由我国企业中标,外国船东对其质量的评价是:"超越了我们所有人的期望"。

2006年我国首艘自扶正高速救助艇试验成功。该艇全封密,180°倒置2s内自行扶正,任何姿态不下沉。图1-3为玻璃钢外壳近海救助艇。

图1-3　玻璃钢外壳近海救助艇

我国已有能力制造出质量非常好的船舶,但在内部设计和内部装饰等方面显得落后。玻璃钢艇制造已有采用真空浸渍与后固化技术,将玻璃纤维与碳纤维、芳纶混织作为增强材料,乙烯基酯树脂作基体,PVC泡沫、巴沙木、PP蜂窝增加刚度,提高了船艇的品质。

9) 可再生能源方面的应用

1986年我国风力发电机叶片自行开发的技术水平是为30kW发电机配套的长5.6m叶片,为200kW配套的长15m叶片。2004年我国自行研发成功1MW(1000kW)风机用叶片已装机运行。2006年自主开发1.2MW风机叶片成功。2006年上半年引进德国技术,制造成功1.5MW风机叶片,单片长37.5m、重5.7t,如图1-4所示。

图1-4　风力发电机组

同为发展中国家,印度风能发电机装机容量为我国3倍多,我们应奋起直追。

2006年我国1.5MW风机叶片生产企业已逾12家。沼气发电在四川、云南、安徽发展较快,采用有机、无机玻璃钢复合与加入填料,降低了成本。太阳能玻璃钢沼气罐2006年通过鉴定。

10）烟气脱硫

我国二氧化硫排量现居全球首位，烟气脱硫是国家环保的战略措施，1996年我国与美国公司合作，制作整套烟气脱硫装置。玻璃钢件有除雾器、喷淋管、塔壁冲洗管、过滤装置、氧化曝气装置、浆液管道、塔化浆液污水处理装置等。

2006年春，北京高碑店电厂烟塔合一除硫系统中，烟气管道采用ECR纤维增强乙烯基酯树脂制作的玻璃钢管，直径达7m，以立式缠绕机与卧式缠绕机现场制造，质量得到好评。

11）热塑性玻璃钢（FRTP）

FRTP冲击韧性好，生产属物理过程，无污染，较易回收利用，是FRP的发展方向。1992年玻璃纤维增强聚丙烯管挤出成型、管件注射成型技术研发成功，产品耐化学腐蚀性优于FRSP。

2003年开发了PP/GF混编的缝编织物，用于压制FRTP滑水板。长纤维增强热塑性塑料——粒料（LFT-G）生产线近两年已增至11条。直接法（LFT-D）生产线台商已在长春建成，为一汽配套。

2006年我国自主研发的年产5000t GMT生产线，已于2007年下半年在江苏江阴投入运行。

泰山玻纤公司开发玻纤/热塑性树脂复合纱（国家"863"项目）及其复合材料制品的生产工艺已取得突破性进展。目前，我国FRTP注射法占90%，按玻璃纤维含量25%计算，2006年中国大陆FRTP产量为48万t，同比为美国的1/3。

12）材料的循环利用与环境保护

玻璃钢废料处理回收技术于1995年研发成功。将废料机械粉碎作填料，加入树脂，已生产出大理石、连续板材、火车卫生间地面等制品，既化废为宝、化害为利，又大大降低了产品的成本。火车卫生间地面用废料回收法制作较传统方法更能达到质量要求，不失为一个创新。

2002年召开了全国玻璃钢行业可持续发展现场交流会。低苯乙烯挥发量不饱和聚酯树脂也开发成功，但因价格稍高，未能大面积推广。

（2）未来行业发展的指导思想与目标

立足自主创新，吸收国内外相关先进技术，开发适应国内外市场，首先是国内支柱产业，能源、交通、资源、信息、建筑等领域需求的新材料、新工艺、新设备、新产品，全面提升我国FRP行业水平。重视环境保护，发展循环经济。致力开发国内外两个市场，推进行业信息化建设，提高经济效益，促进行业向高层次健康发展。努力形成以骨干企业为指导，大、中、小企业兴旺发达的局面。依靠技术进步，促使行业向高层次发展。培养自主创新意识，缩短新产品开发周期，提高产品质量与附加值，提高社会效益和经济效益。

"十一五"行业发展的具体目标：

①"十一五"末期热固性复合材料（FRSP）年产量达140万t，相当于美国1995年水平。

②将FRTP产品比例提高到25%，完善GMT生产线，长纤维增强热塑性塑料（LFT）实用化。

③FRSP机械化成型比例提高到70%，优于英国水平。SMC、BMC模压与注射工艺产品占FRSP年产量的15%。

④ 重点开发可再生能源、环保方面的玻璃钢制品。

⑤ 建立高性能复合材料气瓶生产基地。

⑥ 开发发泡拉挤、在线编织拉挤、高黏度树脂浸渍技术。

⑦ 建成玻璃纤维预浸料生产线，开发相关产品。

⑧ 完善原辅材料、工艺装备（含模具）的配套，纤维缠绕设备达到国际先进水平。

⑨ 加强玻璃钢生产中污染防治及提高材料的循环利用水平。

⑩ 面向国内外两个市场，提高原材料、工艺装备、FRP 制品的技术含量及附加值水平。

1.1.2 树脂基复合材料的原辅材料

树脂基复合材料采用的增强材料主要有玻璃纤维、碳纤维、芳纶纤维、超高分子量聚乙烯纤维等。

（1）玻璃纤维

20 世纪 80 年代我国大陆还是玻璃球坩埚拉丝，能耗高、产量低、质量均匀性差，不能生产高 Tex（指一定长度纱的重量，一般是指 1000m 纤维的质量，单位 g/1000m）的直接无捻粗纱，薄毡、短切毡均无，方格布手糊玻璃钢几乎一统天下。1997 年建立了我国第一个玻璃纤维拉丝池窑。迄今我国在线池窑共 53 座，年产能逾 128 万 t。2006 年产量为 1986 年的 18 倍。世界上最大的无碱玻璃纤维池窑（10 万 t/a）与中碱玻璃纤维池窑（4 万 t/a）已于 2006 年投产。ECR（耐酸、高强度、高电阻无碱玻璃纤维）于 2005 年在重庆问世。

除传统的中碱、无碱、高强、高模、高硅氧、耐碱玻璃纤维外，还开发了 D（低介电）玻璃纤维、镀金属玻璃纤维。

SMC/BMC、连续板材、FW、拉挤、增强热塑性塑料、纺织多种用途的直接/合股无捻粗纱、短切纱、缝编毡、短切原丝毡、连续毡、多轴向织物及电子纱、电子布等品种已能满足市场需求。电子布产能已跃居世界之首，单层和多层 3D 立体织物芯材已自主研发成功。全球现有多轴向经编机约 200 台，中国占 1/5。2006 年我国连续玻璃纤维产量达 121 万 t，相当于美国 2004 年（120.66 万 t）水平。

目前，用于高性能复合材料的玻璃纤维主要有高强度玻璃纤维、石英玻璃纤维和高硅氧玻璃纤维等。由于高强度玻璃纤维性价比较高，因此增长率也比较快，年增长率达到 10% 以上。高强度玻璃纤维复合材料不仅应用在军用方面（如防弹头盔、防弹服、直升飞机机翼、预警机雷达罩），近年来在民用产品方面也有广泛应用（如各种高压压力容器、民用飞机直板、体育用品、各类耐高温制品以及性能优异的轮胎帘子线等）。石英玻璃纤维及高硅氧玻璃纤维属于耐高温的玻璃纤维，是比较理想的耐热防火材料，用其增强酚醛树脂可制成各种结构的耐高温、耐烧蚀的复合材料部件，大量应用于火箭、导弹的防热材料。

（2）碳纤维

碳纤维具有强度高、模量高、耐高温、导电等一系列性能，首先在航空航天领域得到广泛应用，近年来在运动器具和体育用品方面也广泛采用。据预测，土木建筑、交通运输、汽车、能源等领域将会大规模采用工业级碳纤维。目前，我国年 CF 用量已占全球 1/5。国产碳纤维的主要问题是性能不太稳定，且离散系数大、无高性能碳纤维、品种单一、规格不全、连续长度不够、未经表面处理、价格偏高等。

（3）芳纶纤维

20 世纪 80 年代以来，荷兰、日本、前苏联也先后开展了芳纶纤维的研制开发工作。日本及俄罗斯的芳纶纤维已投入市场，年增长速度达到 20% 左右。芳纶纤维比强度、比模量较高，因此广泛应用于航空航天领域的高性能复合材料零部件（如火箭发动机壳体、飞机发动机舱、整流罩、方向舵等）、舰船（如航空母舰、核潜艇、游艇、救生艇等）、汽车（如轮胎帘子线、高压软管、摩擦材料、高压气瓶等）以及耐热运输带、体育运动器材等。

（4）超高分子量聚乙烯纤维

超高分子量聚乙烯纤维的比强度在各种纤维中位居第一，尤其是它的抗化学试剂侵蚀性能和抗老化性能优良。它还具有优良的高频声纳透过性和耐海水腐蚀性，许多国家已用它来制造舰艇的高频声纳导流罩，大大提高了舰艇的探雷、扫雷能力。除在军事领域，在汽车制造、船舶制造、医疗器械、体育运动器材等领域超高分子量聚乙烯纤维也有广阔的应用前景。该纤维一经问世就引起了世界发达国家的极大兴趣和重视。

（5）玄武岩连续纤维

2003 年起步，现已能采用纯天然玄武岩拉制单丝直径 7μm、连续长度 5 万 m 不断头，已成功研发混凝土用筋材、建筑结构补强材、高温过滤毡、多轴向织物等，并已出口到发达国家与地区，其生产工艺与产品质量达国际先进水平。

浙江横店将建成年产 4000t BAF（生物活性纤维）生产厂，一期工程（年产 1000t）已建成。

树脂基复合材料的其他辅助材料的发展也取得了长足的进步。1991 年中空玻璃微球投入生产，用于制作模具、人造玛瑙、浴缸、反光标志等产品，可减重、增加刚度、降低成本。21 世纪初，国产酚醛中空微球亦已问世。晶纤矿物复合填料黏度增稠剂，且可提高玻璃钢强度，已用于纤维缠绕与接触成型。消泡剂、低收缩添加剂、润湿剂、触变剂等助剂可改善工艺性能，提高产品质量，降低成本。"十五"末期年用量为"九五"末期的 3 倍多。

1.1.3　热固性树脂基复合材料

热固性树脂基复合材料是指以热固性树脂如不饱和聚酯树脂、环氧树脂、酚醛树脂、乙烯基酯树脂等为基体，以玻璃纤维、碳纤维、芳纶纤维、超高分子量聚乙烯纤维等为增强材料制成的复合材料。

（1）不饱和聚酯树脂（UPR）

2006 年年产量 121 万 t，为 1986 年的 28 倍。当年产量最大的企业上海新天和树脂有限公司生产了 11 万 t，这相当于 1993 年全国年产量。

1986 年以来，我国从美国、日本、英国、意大利、挪威、芬兰、德国、荷兰等 14 个国家引进树脂和胶衣生产技术，从英国引进技术并普及推广，促进了技术进步。我国自行开发成功乙烯基酯树脂、双环戊二烯（DCPD）树脂、对苯树脂、气干性胶衣、高韧性模具胶衣、紫外光固化树脂与胶衣等品种。

乙烯基酯树脂年用量已达万吨，我国已超美国成为世界上不饱和聚酯树脂产量与用量最大的国家，美国年产量为 87 万 t。

不饱和聚酯树脂所用的固化剂过氧化甲乙酮年产量已逾 2 万 t。1986 年以前主要用的过氧化环己酮产销量亦不足千吨。自行研发的液体过氧化环己酮用于要求较高的产品，如钢琴涂料用树脂的固化。TBPB、TBPO、TBHP、P16 等引发剂的综合应用，有效地提高了生产效率，并可改善产品品质。作为促进剂的异辛酸钴已占到 60%，已经逐步取代了性能、稳定性较逊的环烷酸钴。

（2）环氧树脂

环氧树脂的特点是具有优良的化学稳定性、电绝缘性、耐腐蚀性、良好的粘结性能和较高的机械强度，广泛应用于化工、轻工、机械、电子、水利、交通、汽车、家电和宇航等各个领域。

我国现在已经是环氧树脂产量、进口量、消费量最大的国家。20 世纪 80 年代后期，岳阳、无锡分别自日本东都化成、德国巴克利特（bakelite）引进年产能 3000t 的环氧装置，开始了中国大陆环氧树脂的规模化生产。从国外引进先进的技术（或者外资建厂）的有美国、韩国、日本等国家。中国大陆环氧树脂年生产能力逾 60 万 t，其中台商有南亚（昆山）公司年产能 13 万 t，堪称世界级的大企业。我国环氧胶衣于 2004 年自行开发成功。

2006 年我国环氧树脂产量 52 万 t，已居世界首位。表 1-3 为 1995～2006 年中国大陆环氧树脂产销量简表。从表中可以看出，2000 年及之前几年，进口量一直大于我国产量，从 2001 年起改变了这一局面，然进口之多仍是世界第一，相当于进口了日本一年多的产量（2005 年日本环氧树脂产量为 21 万 t）。

表 1-3 1995～2006 年中国大陆环氧树脂产销量简表 万 t

	1995	1996	1997	1998	1999	2000	2001	2002	2003	2004	2005	2006
产量	4.0	4.36	4.55	4.9	5.8	10	15	20	28	35	42	52
进口量	3.3	4.1	5.87	7.26	9.83	13.4	12.6	16.2	19.9	25.9	26	27.5
出口量	0.07	0.13	0.26	0.38	1.04	1.65	1.16	1.96	3.56	5.9	7.8	9.3
表观消费量	7.23	8.33	10.2	11.8	14.6	21.7	26.4	34.2	44.3	55	60.2	70.2
消费增长（%）	55	15	22	16	24	49	22	30	29	24	9.5	16

（3）酚醛树脂

1986 年我国自行研发成功酚醛发泡；1994 年现场发泡技术自行研发成功；1996 年可用于接触成型、拉挤、缠绕、RTM 等工艺的"新型酚醛树脂"项目通过国家验收。

我国生产酚醛树脂迄今已整 60 年，由于其耐温、阻燃、烟密度低，在复合材料（含纸基覆铜板）方面仍广泛应用。

2006 年我国酚醛树脂产量约 40 万 t，约为日本年产量的 1.4 倍。2006 年酚醛树脂胶衣研发成功，性能优于英国水平。

（4）乙烯基酯树脂

乙烯基酯树脂是 20 世纪 60 年代发展起来的一类新型热固性树脂，其特点是耐腐蚀性好、耐溶剂性好、机械强度高、延伸率大，与金属、塑料、混凝土等材料的粘结性能好、耐疲劳性能好、电性能佳、耐热老化、固化收缩率低，可常温固化也可加热固化。南京金陵帝斯曼树脂有限公司引进荷兰 Atlac 系列强耐腐蚀性乙烯基酯树脂，已广泛用于贮罐、容器、管道等，有的品种还能用于防水和热压成型。南京聚隆复合材料有限公司、上海新华树脂厂、南通明佳聚合物有限公司等厂家也生产乙烯基酯树脂。

1971 年以前我国的热固性树脂基复合材料工业主要是军工产品，70 年代后开始转向民用。从 1987 年起，各地大量引进国外先进技术如池窑拉丝、短切毡、表面毡生产线及各种牌号的聚酯树脂（美国、德国、荷兰、英国、意大利、日本）和环氧树脂（日本、德国）生产技术；在成型工艺方面，引进了缠绕管、罐生产线、拉挤工艺生产线、SMC 生产线、连续制板机组、树脂传递模塑（RTM）成型机、喷射成型技术、树脂注射成型技术及渔竿生产线等，形成了研究、设计、生产及原材料配套的完整的工业体系。产品主要用于建筑、防腐、轻工、交通运输、造船等工业领域。在建筑方面，有内外墙板、透明瓦、冷却塔、空调罩、风机、玻璃钢水箱、卫生洁具、净化槽等；在石油化工方面，主要用于管道及贮罐；在交通运输方面，汽车上主要有车身、引擎盖、保险杠等配件，火车上有车厢板、门窗、座椅等，船艇方面主要有气垫船、救生艇、侦察艇、渔船等；在机械及电器领域，如屋顶风机、轴流风机、电缆桥架、绝缘棒、集成电路板等产品都具有相当的规模；在航空航天及军事领域，轻型飞机、尾翼、卫星天线、火箭喷管、防弹板、防弹衣、鱼雷等都取得了重大突破。

1.1.4　热塑性树脂基复合材料

我国热塑性树脂基复合材料的研究开始于 20 世纪 80 年代末期，近二十年来虽然取得了快速发展，但与发达国家尚有差距。热塑性树脂基复合材料主要有长纤维增强粒料（LFT）、连续纤维增强预浸带（MITT）和玻璃纤维毡增强型热塑性复合材料（GMT）。根据使用要求不同，树脂基体主要有 PP、PE、PA、PBT、PEI、PC、PES、PEEK、PI、PAI 等热塑性工程塑料，纤维种类包括玻璃纤维、碳纤维、芳纶纤维和硼纤维等一切可能的纤维品种。随着热塑性树脂基复合材料技术的不断成熟以及可回收利用的发展，该品种的复合材料发展较快，欧美发达国家热塑性树脂基复合材料已经占到树脂基复合材料总量的 30% 以上。

高性能热塑性树脂基复合材料以注射件居多，基体以 PP、PA 为主。产品有管件（弯头、三通、法兰）、阀门、叶轮、轴承、电器及汽车零件、挤出成型管道、GMT 模压制品（如吉普车座椅支架）、汽车踏板、座椅等。玻璃纤维增强聚丙烯在汽车中的应用包括通风和供暖系统、空气过滤器外壳、变速箱盖、座椅架、挡泥板垫片、传动皮带保护罩等。

滑石粉填充的 PP 具有高刚性、高强度、极好的耐热老化性能及耐寒性。滑石粉增强 PP 在车内装饰方面有着重要的应用，如用作通风系统零部件，仪表盘和自动刹车控制杆等，例如美国 HPM 公司用 20% 滑石粉填充 PP 制成的蜂窝状结构的吸声天花板和轿车的摇窗升降器卷绳筒外壳。

云母复合材料具有高刚性、高热变形温度、低收缩率、低挠曲性、尺寸稳定以及低密度、低价格等特点，利用云母/聚丙烯复合材料可制作汽车仪表盘、前灯保护圈、挡板罩、车门护栏、电机风扇、百叶窗等部件，利用该材料的阻尼性可制作音响零件，利用其屏蔽性可制作蓄电池箱等。

1.1.5 我国复合材料的发展潜力和热点

我国复合材料发展潜力很大，但须处理好以下热点问题。

（1）复合材料创新

复合材料创新包括复合材料的技术发展、复合材料的工艺发展、复合材料的产品发展和复合材料的应用，具体要抓住树脂基体发展创新、增强材料发展创新、生产工艺发展创新和产品应用发展创新。截至 2007 年，亚洲占世界复合材料总销售量的比例将从 18% 增加到 25%，目前亚洲人均消费量仅为 0.29kg，而美国为 6.8kg，因此亚洲地区具有极大的增长潜力。

（2）聚丙烯腈基碳纤维发展

使用聚丙烯腈原丝生产高性能碳纤维是当前碳纤维工业的主流，是我国急需解决的研究与产业化课题，是直接影响国家经济与安全的关键材料。

（3）玻璃纤维结构调整

我国玻璃纤维 70% 以上用于增强基材，在国际市场上具有成本优势，但在品种规格和质量上与先进国家尚有差距，必须改进和发展纱类、机织物、无纺毡、编织物、缝编织物、复合毡，推进玻璃纤维与玻璃钢两行业密切合作，促进玻璃纤维增强材料的新发展。

（4）开发能源、交通用复合材料市场

开发能源、交通用复合材料市场主要包括四个方面：一是清洁、可再生能源用复合材料，包括风力发电用复合材料、烟气脱硫装置用复合材料、输变电设备用复合材料和天然气、氢气高压容器；二是汽车、城市轨道交通用复合材料，包括汽车车身、构架和车体外覆盖件，轨道交通车体、车门、座椅、电缆槽、电缆架、格栅、电器箱等；三是民航客机用复合材料，主要为碳纤维复合材料。热塑性复合材料约占 10%，主要产品为机翼部件、垂直尾翼、机头罩等，我国未来 20 年间需新增支线飞机 661 架，将形成民航客机的大产业，复合材料可建成新产业与之相配套；四是船艇用复合材料，主要为游艇和渔船，游艇作为高级娱乐耐用消费品在欧美有很大市场，由于我国鱼类资源的减少，渔船虽发展缓慢，但复合材料特有的优点仍有发展的空间。

（5）纤维复合材料基础设施应用

国内外复合材料在桥梁、房屋、道路中的基础应用广泛，与传统材料相比有很多优点，特别是在桥梁、房屋补强、隧道工程、大型储仓修补和加固中市场广阔。

（6）复合材料综合处理与再生

重点发展物理回收（粉碎回收）、化学回收（热裂解）和能量回收，加强技术路线、综合处理技术研究，示范生产线建设，再生利用研究，大力拓展再生利用材料在石膏中的应用、在拉挤制品中的应用、在 SMC/BMC 模压制品中的应用和典型产品中的应用。

另外，纳米技术逐渐引起人们的关注，纳米复合材料的研究开发也成为新的热点。以纳米改性塑料，可使塑料的聚集态及结晶形态发生改变，从而使之具有新的性能，在克服传统材料刚性与韧性难以相容的矛盾的同时，大大提高了材料的综合性能。

21 世纪的高性能树脂基复合材料技术是赋予复合材料自修复性、自分解性、自诊断性、自制功能等为一体的智能化材料。以开发高刚度、高强度、高湿热环境下使用的复合材料为重点，构筑材料、成型加工、设计、检查一体化的材料系统。组织系统上将是联盟化和集团化，这将更充分地利用各方面的资源（技术资源、物质资源等），紧密联系各方面的优势，以推动复合材料工业的进一步发展。

1.2 复合材料厂设计的要求、分类及内容

1.2.1 复合材料厂设计的要求

新设计的复合材料厂，必要做到工艺上可靠、经济上合理，力争达到技术上先进、系统上最优，既能为未来的生产获得较高的技术经济指标创造条件，又能为生产工人提供良好的工作条件，而且不污染周围的环境，还能使建设投资能最大限度地发挥作用，取得良好的效果。

复合材料厂设计的目的：根据原材料的特性以及工业生产中的先进经验或科学研究中的新成果，设计适宜的工艺流程；选择合适的工艺条件和设备，并进行合理的设备配置；设计适用的厂房结构，确保生产的正常进行；配备必要的劳动定员，以满足正常生产的需要。

为实现上述目的，保证设计质量，新设计的复合材料厂应满足下列基本要求：

① 所确定的设计原则和设计方案，应当符合国家工业建设的方针和政策。

② 设计的工艺流程应既具有一定的先进性，又具有实现的可靠性；对资源应该尽量做到综合利用。

③ 应该选用先进、高效、可靠且易于维修的设备，配备必要的设备维修设施，以保证设备能够正常、持续地运转。

④ 生产设备、结构元件和建筑构件，应力求做到通用化和标准化，以减少基建投资，节省建设时间，并维修方便。

⑤ 设计的项目具有较高的机械化和自动化水平。

⑥ 保证生产车间有足够的操作面积和检修面积，在保证有物料通畅的运输、原材料和中间产品的储存设施的基础上，设备的配置应力求紧凑合理。

⑦ 供水、供电、运输、材料供应、修配业务以及公共住宅等服务性建筑物，应尽可能地与其他企业协作，共同投资解决。

⑧ 应该具有必要的技术安全和劳动保护措施，厂房环境应便于清扫净化，噪声区间需采取消声措施，"三废"处理应符合国家的环保法规。

⑨ 设计还应考虑到建厂地区的施工条件和力量，以保证复合材料厂项目的建设能按计划地进行施工。

⑩ 设计的复合材料厂应能获得最佳的技术经济指标和最大的经济效益，使建设投资能发挥最大限度的效益，并能尽快地回收成本，以利于建设资金的周转。

总之，复合材料厂的设计是一项非常复杂而细致的工作，它是以复合材料专业为主体，由多种不同专业如土建、化机、给排水、通风采暖、电气、仪表和企业管理等协作完成的。

1.2.2 复合材料厂设计的分类

表1-4是复合材料项目设计内容。其中通用工程设计是指为推广使用而编制的设计。一

般情况下，在一个地区内，甚至全国范围内都可直接使用它或把它稍作修改便可建厂。因地制宜工程设计是指以通用工程设计为基础，根据建厂地区的具体情况进行补充、修改、完善的设计。专门工程设计是指在没有通用工程设计时对新建项目所进行的设计。新建复合材料厂设计，除按适用范围分为通用工程设计、因地制宜工程设计和专门工程设计外，还可按工厂规模的大小分为大型企业、中型企业和小型企业设计。

表1-4 复合材料项目设计内容表

复合材料项目设计				
新建复合材料厂设计			原有复合材料厂设计	
通用工程设计	因地制宜工程设计	专门工程设计	改 建	扩 建

由于复合材料制品品种繁多，但实际定型的制品不多。复合材料厂规模大小的划分标准，国家尚无统一规定。这里仅按传统材料制造厂对工厂规模划分的方法进行粗略的确定。传统材料制造厂的规模是用工厂的生产能力来划分的，一般是用产品的年生产量来表示。按复合材料产品年生产量来划分，复合材料厂分为大型、中型和小型三类。

大型复合材料厂的年生产能力要在1000t以上，而且有很强的技术力量、较先进的生产设备和测试手段，复合材料制品要做到系列化、规范化生产，各类制品均有较严格的质量标准和质量检测手段。

中型复合材料厂的年生产能力在500～1000t之间，具有较强的技术力量、较好的生产设备和测试手段，对部分制品能够做到系列化和规范化生产。

小型复合材料厂的年生产能力约在500t以下，具有一定的技术力量、一定的生产设备和测试手段，对部分定型产品能够做到系列化和规范化生产。

在设计工厂生产规模时应考虑以下因素：

① 工厂规模要与建厂地区条件相适应，与市场需求相结合。

② 工厂规模大小还要考虑原材料的供需矛盾，必须要有足够的原材料供应保证。在老厂改造和扩建时，还要考虑本厂的经济能力。

③ 工厂规模要与所选用主要设备的能力相适应，避免造成生产工艺线能力过大现象。

④ 在现代化大中型复合材料厂设计时，应尽量减少单产投资，使工厂便于管理，提高生产效率和改善其他技术经济指标。

⑤ 当选用大型设备和生产大型制品时，还应了解运输条件，考虑设备及制品进出厂的可能性。

1.2.3 复合材料厂设计的内容

复合材料厂设计是以复合材料制备工艺为主体，其他有关专业相辅助的整体设计。在设计过程中，要解决一系列未来的建厂和生产问题，通常分为以下几个部分：

（1）总论和技术经济

总论部分应简明扼要地论述主要设计依据、重大设计方案结论、企业建设综合效果、问题和建议等，各专业共同性的问题也在总论部分论述。

技术经济部分包括主要设计方案比较、劳动定员和劳动生产率、基建投资、流动资金、产品成本及盈利、投资贷款偿还能力、企业建设效果分析以及综合技术经济指标等。

（2）工艺部分

工艺部分是复合材料厂设计的主要部分，其中包括各种原材料供应情况、工艺试验结果及其评述、设计所采用的工艺流程和指标、主要设备的选择和计算、设备配置的特点、管道布置的情况以及辅助设施等。

（3）总图运输部分

总图运输部分包括厂区总体布置、工业场地总平面布置、厂区内外交通和原材料、产品的贮运情况。

（4）土建部分

土建部分包括主要建筑物和构筑物的设计方案、行政和福利设施、职工住宅规划以及建筑维修等。

（5）电力和热工

电力部分包括供电、配电、电力传动、照明以及自动化仪表与电讯等。

热工部分包括工业锅炉房、热电站、水处理、发电站、压缩空气与真空系统等。

（6）排水和采暖通风

给排水部分包括水源、水净化、循环水等给排水系统。

采暖通风包括主要生产车间、辅助生产车间和生活福利设施的采暖通风系统及其有关设施。

（7）机修设施

机修设施包括机械、电气修理车间的组成、主要机修设备的选择和安装。

（8）环境保护

环境保护包括对废水、废气、废渣和尾矿等的治理工艺过程和对噪声、振动等的防治措施。评价企业建设前的环境背景和建设后对环境的影响，说明复合材料厂的环境保护管理机构，环境监测体制、手段、主要仪器及当地环保部门的意见等。

（9）概算与预算

概算与预算包括复合材料厂各项过程的概算和预算，综合概算或预算，以及总概算或总预算书。

1.3　设计的基本程序

和其他基本建设项目一样，一个复合材料工厂从计划建设到建成投产一般要经过下列基本程序：

（1）项目建议书

各部门、各地区、各企业根据国民经济和社会发展的中长远规划、复合材料行业规划、地区规划等要求，经过调查、预测、分析，确定在某地区建一复合材料工厂，这就要求提出该项目的项目建议书。

（2）可行性研究

按照批准了的项目建议书，各部门、地区或企业负责组织建厂可行性研究，对项目在技术、工程、经济和外部协作条件上是否合理和可行。进行全面的分析和论证并作多种方案比较，认为项目可行后，推荐最佳方案，编制可行性研究报告。

项目可行性研究报告是根据国家各级审批权限，报审批机关。

（3）编制设计任务书

设计任务书又称计划任务书，是在可行性研究的基础上确定项目的基本轮廓。设计任务书对建设项目的建设规模、生产方法、产品方案、资源、原材料、燃料及公用设施落实情况，建厂条件和厂址方案等作明确的规定。

设计任务书是项目决策的依据。它的产生是建厂条件已基本具备的集中表现。对于负责该厂的筹建、勘测、设计、施工等部门，以及一切直接、间接参与该厂建设的人员来说，都是统一行动的指令性文件。

（4）厂址选择

有了正式批准的设计任务书以后，才能进行建厂厂址具体位置的选择。厂址的确定关系到工厂的建设和生产，是一个非常重要的问题。一般应组织厂址选择工作组，深入现场，对建厂的各种条件进行综合的调查研究，经过对有条件建厂的厂址进行综合比较，由工作组提出厂址选择报告、推荐优点较多的方案供审批机关审批确定。

（5）初步设计

在厂址选择报告经上级机关批准之后，厂址的具体位置即已正式确定。筹建部门即可组织勘探部门对厂区、矿区的工程地质、水文地质进行勘探和地形测量，进一步落实具体技术条件，如供电的电压、专用线的接轨点等。这些勘探测量资料和各项技术协议是复合材料工厂建设与生产的重要基础资料，也是开展设计所必须的原始资料。此外，对于原料工艺性能试验和新原料、新工艺的试验研究等，也要求在这阶段内完成，以便及时开展设计。设计准备工作完成后，根据计划任务书的要求，开展初步设计工作。

在我国建国初期因设计经验较少，曾将复合材料厂初步设计分为方案设计、初步设计、扩大初步设计三个阶段进行。现在，由于设计已较成熟，可以把三个阶段合在一起进行，称为初步设计，也可称扩大初步设计。

（6）施工图设计

初步设计经批推后，便可全面开展施工图设计。编制详细的、能据以施工和订货的图纸和设备、材料清单，进行施工前的准备。

上述各项工作是在工厂的基本建设工程正式开工以前必须要做好的一系列工作，统称为基本建设前期工作。

（7）施工和安装

在施工图设计得到批准、工程列入基建计划后，便可按施工图的设计内容进行施工和安装。

（8）竣工验收

工厂建成后，经过单机试车、系统试车、试生产，最后进行竣工验收和交付生产使用。

上述的基本建设程序是我国多年来基本建设实践的总结，是使基本建设顺利进行所必须遵循的步骤。我们建设一个复合材料厂必须坚持按程序办事的原则。

对于设计单位来说，在正式开展设计以前，应详尽地做调查研究，积极做好设计前的准备工作；在施工图交付后，应派设计人员驻在现场，进行技术服务，负责介绍设计内容，解释设计意图，协助筹建单位和施工、安装单位研究处理有关设计的问题；施工完毕后参加设备试运转，试生产。在施工和生产实践中检查设计工作，从而认真总结设计经验，不断提高，并把施工中修订的具体设计统一在原设计图上修订，完成竣工图。

综上所述，复合材料厂设计可分为设计前期工作、设计阶段工作和设计后期工作，见表1-5。

表 1-5 复合材料厂的设计步骤

设计阶段	各设计阶段的工作	
设计前期	按项目建议书，进行建厂调查可行性研究与厂址选择设计任务书编制	
设计阶段	初步设计 技术设计 施工图设计	扩大初步设计 施工图设计
设计后期	施工与竣工验收 试车生产 扩建与改建	

1.3.1 项目建议书

项目建议书主要说明项目建设的必要性，同时也初步分析项目的可能性。它是投资决策前对建设项目的轮廓设想，是根据国民经济发展长远规划和工业布局的要求，结合自然资源和现有生产力分布，在进行初步广泛的调查研究的基础上提出来的，是正式开展可行性研究的依据。项目建议书完成以后，建设单位须将其报送上级主管部门，并经审批机关批准。

（1）项目建议书的深度

项目建议书的深度主要体现在投资估算的准确度和内容所涉及范围的论述情况，前者要求投资估算的偏差范围在 ±20% 以内，后者则要求对项目建议书各条款除作出定性说明外，还必须有粗略的定量估算，其中对经济效益估算要求深入到动态分析、不确定分析的程度。对于涉及国民经济的重大项目，有稀缺资源开发利用的项目，涉及大宗产品、原材料、燃料出口、进口的项目，除了完成财务分析之外，还应做国民经济分析。

（2）项目建议书的内容

1）目的和意义

建设项目的生命力在于其明确的目的、良好的经济意义与社会意义。建设的目的通常是下述项目中的一项或若干项。

① 繁荣当地经济、改变本地区工业布局不合理状况，从而缓解就业压力；

② 有效利用当地资源，开发下游产品；

③ 解决本地区或国内市场对该项产品的供求不平衡状况；

④ 出口创汇，参与国际市场竞争，或替代原材料进口，以节汇为目的；

⑤ 提高产品质量，扩大产量，或利用新技术、新工艺，降低消耗、节约成本。

2）产品需求初步预测

产品需求预测的核心是市场研究，其结果涉及生产规模的确定，是项目建议书一项重要内容。为此，必须对所生产品种的需求、产量、进出口情况、价格等加以说明。

① 产品在国内外近期及远期需要量，主要消费去向的初步分析、预测。由于影响需求预测的因素较复杂，这类工作要从资料、方法和判断三个方面着手，如调查、搜集的资料是否真实，来源是否可靠；归纳、预测所采用的计算公式、数学模型是否合理；分析手段、判断结论是否科学化、民主化等。

② 国内外相同产品或同类产品近几年的生产能力调查、生产量情况及变化趋势分析的初步预测。这方面的工作与市场分析相结合是确定项目生产规模的依据。

③ 产品进出口情况。产品如果涉及出口外销或取代进口，则必须调查、统计近几年的出口和进口情况、质量等级、销售价格等，并作出初步预测。

④ 产品在国内市场的销售情况，主要竞争对手的状况；产品在国际市场上的竞争能力，进入国际市场的前景与初步设想；对销售价格变化的预测。

3）产品方案与拟建规模

① 产品和副产品的品种、规格、质量指标及拟建规模（以年生产能力或日生产能力表示），确定上述目标、指标的理由；

② 论述产品方案是怎样体现在符合国家产业政策、行业发展规划、技术政策和产品结构方面的要求；

③ 对所确定的生产规模阐述其基本理由并作出初步分析。

4）工艺技术初步方案

生产一项产品有几种可能的路线，至于选用哪一种生产路线，应有明确的意向，必须考虑到原料来源的可靠性、经济性、合理性；此外，在确定工艺路线时，还应该着重考虑技术上是否成熟、可靠、先进。确定技术路线之后，需绘制简单的工艺流程图，简述工艺流程，确定主要工艺参数，列出初步设备一览表，确定主要建筑物，并标注大致尺寸；对电器、热工、给排水、总图与公用工程各专业项目，均有相应的工作要求，并作必要的阐述。

如果项目有引进技术和进口设备，则要与国内的情况进行比较，阐明其先进性和优势，并对引进国别和地区厂商的情况加以分析。

5）资源、主要原材料、燃料和动力的供应

原料有起始原料、基本原料、中间原料。能源分为一次能源和二次能源。原材料、燃料、动力的供应情况对其经济效益与生产经营有着举足轻重的影响。因此，应注重落实以下几方面内容：

① 利用当地矿产资源作为主要原材料的产品，对资源的储备、品位、成分以及利用条件须作初步评述。根据国家规定的工艺指标，圈定矿体边界线，这些标准主要是：边界品位、工业品位、可采厚度、夹石剔除厚度。一般情况下，一个矿床能保证具有质量稳定的矿源可供开采12年或15年以上；

② 原材料的年需要量、规格、来源及可供性、运输的方式、距离等，均需调整落实；

③ 燃料、水、电、汽、冷冻量等年需要量、供应方式（自供、外购）、供应条件（如外

购部分的运输）等都应有初步设想。

6）建厂条件及厂址初步方案

选择厂址时，需将多个可供选择的厂址进行勘测、调查：

① 厂址基础资料，包括地形、气象、水文、工程地质、交通运输及相邻区域主要情况，经踏勘、收集分析之后应附以初步意见；

② 技术条件概述，包括厂址的地形、地貌特征、初加估算土石方工程量、交通条件、厂外供排水工程情况、供电工程情况等。

完成上述调研所包括的工作内容后，由总图专业配合其他专业绘出厂址规划示意图，标明厂区位置、厂外交通运输线和输电线路初步走向。最后，提出厂址的初步方案与设想。

7）环境保护与"三废"治理措施

复合材料项目的实施，其环境保护及三废治理是一项重要内容。在进行这方面工作时，应预算投资，其原则是既要做到将三废的排放控制在允许的排放标准之内，又要使治理费用在总投资中所占比例不至太高。因此，在选择治理方案及措施时，要参考同类工厂较成功的经验，采用技术可靠、工艺稳妥、治理措施切实可靠的方案，并力争项目投产时，三废治理一步达标。

8）工厂组织和劳动定员估算

企业内部机构的设置及组成情况能较确切地反映企业的管理水平及技术进步程度，从一份工厂组织与劳动定员表就能大致分析出该拟建项目的自动化与管理水平的程度。

人员的配置可分为两大类：第一类是一线从事生产产品有关的工艺操作人员及其辅助工人；第二类是二线管理及后勤人员。在确定一线人员时，要根据各个工段的工艺情况，以各控制点、操作线所要达到的控制参数与操作要求为前提；二线人员则按照管理的标准与要求确定。汇总后，列出一份劳动定员一览表，确定全厂人数，作为考核项目技术经济指标的依据。

9）项目实施的规则与设想

项目的实施是指从决定投资到项目建成并投入正常生产为止的全过程。而项目实施规则是较重要的管理步骤，它包括以下内容：

① 项目施工执行机构及其能力；

② 施工方式，包工制还是记工制；

③ 资金来源及用款计划；

④ 采购设备货物和服务的方式；

⑤ 工程计划和进度等。

项目在实施过程中所经历的各个阶段，按时间顺序分列如下：

① 项目准备，相当于投资决策前期；

② 初步设计文件完成后的审批及设计修改；

③ 施工图交付及设备订货；

④ 施工现场三通一平（水通、电通、路通和场地平整）及设备材料陆续交付；

⑤ 工厂施工全面开展；

⑥ 试运转及验收；

⑦ 投产准备工作，直至验收合格——生产达到设计能力。

10）投资估算

投资估算主要包括有建设投资估算、流动资金估算和建设期贷款利息估算三种。

① 建设投资估算

按工程项目的性质，投资包括国内工程项目与涉外工程项目部分；按投资的范围划分，其费用包括直接投资与间接投资。工艺装置的投资一般参照已建成的工程项目投资情况，根据不同的方法来进行，通常可采用规模指数法、价格指数法或单价法来估算。

② 流动资金的估算

流动资金的估算有两种方法：一种为简化法，另一种为评估法。在项目建议书阶段一般采用简化法估算，流动资金估算可按销售收入或年经营成本的百分比来估算，估算式如下：

$$L = fs \tag{1-1}$$

式中　　L——流动资金估算值（万元）；

f——流动资金估算系数，一般 $0.10 \sim 0.35$；

s——年销售成本或年经营成本（万元）。

③ 建设期贷款利息的估算

项目资金来源有可能来自多种渠道，在估算建设期利息时，应根据各种资金贷款利息利率和用款计划分别计算。

11）资金筹措设想

资金筹措是资金规划的前提，在项目最初阶段就应对资金筹措的可靠性进行评估，并开展必要的工作。因此必须了解资金筹措的途径，即资金来源的种类。一般来说资金筹措有两大类，即国内资金和国外资金。

① 国内资金分人民币资金及外汇资金两类

人民币资金，主要有以下四种：

a. 国家预算内"拨改贷"资金，实行差别利率，但仍保持部分财政拨款，不计总，不还本；

b. 银行贷款，利率经常变化，主要有基建贷款、技改贷款、新技术开发贷款等近十来项；

c. 社会集资，形式多种多样，主要有发行债券、发行股票、联合经营、参资经营；

d. 自筹资金，是改扩建及技改项目中常用到的一种资金来源，实际为企业的自有资金，主要来自于企业历年盈余，包括提取的折旧费及生产发展基金。

外汇资金，指由国内各部门、机构掌握的外汇，包括国家外汇、地方、部门与企业的外汇；此外还有中国银行外汇贷款、中国国际信托投资公司外汇贷款等。

② 国外资金

a. 政府间贷款；

b. 国际金融机构贷款；

c. 出口信贷；

d. 商业信贷；

e. 发行国际债券；

f. 各种形式的经济合作，包括补偿贸易、合资经营、合作开采、国际租赁等。

12) 经济效益与社会效应初步分析

对项目进行经济效益分析的目的，其一是要进行多方案比较，以经济指标衡量，选出一个最佳方案；其二是对已确定的方案进一步论证分析，以评价其各项具体指标。经济效益分析可以分两步进行，第一步即常用的财务评价，是从财务角度考察项目的得失，大多数项目的经济分析只做到这一步即可满足要求。而对那些数亿元投资以上的大项目，对国民经济产生重大影响的项目则要求深入进行第二步——国民经济评价，其目的是从全社会的经济角度来考察项目创造出来的可用来满足人们需要的财富得失。当国民经济评价与财务评价结论不一致时，应以国民经济评价为主导意见。

① 财务分析的方法

步骤是根据资金来源及用款计划，估算建设期利息，利息进入固定资产投资规模，计算年折旧费及摊销费，估计流动资金额，计算单位成本、总成本，计算销售收入及税金、利润、还款能力、借款偿还年数，以上称为静态分析。然后通过现金流量分析，计算财务内部收益率、财务净现值，通过不确定性分析中的敏感性分析找出影响项目经济效益的最敏感因素，以上称为动态分析。此外，通过盈亏平衡分析，确定项目的保本点。

② 财务评估静态指标及表达式

$$投资利润率 = \frac{年平均利润总额}{总投资} \times 100\%$$

$$投资利税率 = \frac{年平均利税总额}{总投资} \times 100\%$$

$$资本金利润率 = \frac{年平均利润总额}{资本金总额} \times 100\%$$

$$投资回收期 = \frac{总投资}{(年平均利润总额 + 年折旧费 + 年摊消费)} \times 100\%$$

③ 国民经济分析

国民经济分析是按照资源合理配置的原则，从国家整体角度考察项目的效益和费用，用货物影子价格、影子工资、影子汇率和社会折现率等经济参数分析、计算项目对国民经济的净贡献，评价项目的经济合理性。

④ 社会效益初步分析

项目的社会效益如何，将对项目能否成立起着重要影响。一项工程，如果经济评价可行，倘若社会效应不佳，该项目是不能成立的。社会效应主要包括：对发展地区或部门经济的影响，对提高国家、地区和部门科技进步的影响，对环境保护和生态平衡的影响，对节约劳动力或提供就业机会的影响，对节能及综合利用方面的影响，对提高产品质量对用户的影响，对减少进口、节约外汇和增加出口创汇的影响。

（3）建厂报告内容简介

建厂报告在项目前期工作中处于最初环节，属于可行性研究前的一项工作程序，它是建设单位向上级有关部门上报项目文件的另一种方式。当项目属于小型的基本建设工程或筹建中的新增项目，可用建厂报告的方式申报文件。由于它比项目建议书相对来说内容较为简要，工作量小，涉的范围窄一些，因此花费的时间少，工作进度快，对于小型项目的前期工作较适用。

1）建厂报告的内容和深度

① 建厂地址及厂址概况，有多个厂址供选择时，要进行多方案比较；

② 市场预测及产品方案与规模，产品需求情况，价格趋势预测，产品品种规格、质量指标，拟定初步方案；

③ 原材料、燃料和动力供应方式与供应条件；

④ 工厂组织及劳动定员估算，分部门确定人员，汇总得出全厂操作工人人数、辅助工人数、管理人员数；

⑤ 投资初估及资金筹措方案，投资估算的偏差可以允许在±30%误差范围，资金来源要有初步意向；

⑥ 劳动保护及环境保护的措施与方案；

⑦ 项目进度初步安排，项目建设期一般不应超过一年，应列出分月或分季进程表，并规划资金使用情况；

⑧ 项目财务分析与社会效益初估，财务分析只要求做到静态分析。

2）建厂报告与项目建议书的关系、区别

建厂报告和项目建议书均属于向上级主管部门上报文件的性质，又是技术性、专业性很强的一项工作。项目建议书适用的范围更广、更普遍，而建厂报告使用面窄，有时在小型基建项目中由于时间紧迫、要求进度快，而被采用；在上报项目建议书时应附有初步可行性研究报告，而建厂报告则不必附带文件；此外，在内容方面除了前面已介绍的各自情况之外，建厂报告不要求做国民经济评价，其财务评价可不做动态分析和敏感性分析。总之，建厂报告的内容从简，只要求项目能有初步确定的意向。

1.3.2 可行性研究

可行性研究是美国在20世纪30年代为开发田纳西河流域开始推行的方法，几十年来这种方法得到不断的充实和完善，已扩大到各个建设领域，如农业、林业、城市建设、旅游、交通运输、工业等。尤其是工程项目的可行性研究更为普遍，现已成为一整套系统的科学研究方法，这种方法已被世界上的很多国家所采用。

可行性研究是一门运用多种科学成果保证实现工程项目最佳经济效果的综合性科学。可行性研究的宗旨是实现投资项目决策的科学化、民主化，避免和减少投资决策失误，进而提高管理化水平及经济效益。为此，必须涉及投入的资金数量、资金来源、资源、能源、主要技术劳动力的来源及预计建设时间等，为建设项目的投资决策提供技术经济依据。

可行性研究作为一项系统工程，对拟建工程从工艺方案的选择、建设规模的确认、市场机制的调查、经济合理性的分析等多方位入手，不仅从技术方面进行论证，而且要求从经济合理性、社会效益方面去考察，并尽可能运用现代科学的最新技术、方法和手段，从而保证可行性研究的结论能正确反映客观实际，避免由于考虑不周而出现的重大损失，保证工程建设及投资的可靠性。

可行性研究是对新建、改建和扩建工程的一些主要问题，如市场要求、资源条件、工业布局、产品品种、工艺流程、建设规模、外部条件、基建投资、经济效果、竞争能力等，从技术和经济以及环境保护等方面，通过分析计算和方案比较，对建设项目进行科学论证和综合评价，为投资决策提供可靠的依据。

在国外，一项工程项目的建设，大体可分为三个时期：投资前期、投资时期和生产时期。投资前期分为四个阶段：选定投资机会（项目意向）、初步选择阶段（初步可行性研究）、制定项目规划阶段（技术经济可行性研究）、估价和决定阶段（估价报告）。投资时期也有四个阶段：谈判和签订合同阶段、项目设计阶段、建设阶段和试车阶段。

国外的投资前期研究，有时就泛称为可行性研究，一般分为机会研究、初步可行性研究、可行性研究和评价研究四个阶段。在我国则分为规划和可行性研究两个阶段。规划阶段也是项目鉴定和初步确立项目阶段，根据国民经济发展的总方针，制定地区、部门和资源开发规划及具体行业的规划，在此阶段大致相当于西方国家的机会研究阶段。我国可行性研究根据项目的具体情况和复杂程度，可先做初步可行性研究，认为初步可行时，再做可行性研究，也可直接做可行性研究。我国的可行性研究相当于西方国家的初步可行性研究、可行性研究和评价研究三个阶段。

可行性研究制定有严谨的工作程序及完整的内容。就复合材料行业来说，主要包括：总论，市场预测，产品方案及生产规模，工艺技术方案，原料、辅助材料及燃料的供应，建厂条件和厂址方案，公用工程和辅助设施方案，节能措施及指标，环境保护与劳动安全，工厂组织和劳动定员，项目实施规划，投资估算和资金筹措，财务、经济评价及社会效益评价，研究结论。可行性研究报告一般包括以下要点：

① 市场销售情况的研究，从而拟定项目的发展方向、建设规模、产品方案；

② 做好原料和技术路线的研究是保证项目建成投产的技术上先进，并在竞争中处于优势地位的前提；

③ 工程条件的调研能保证项目实施过程中有良好的外部环境，使之早日建成，尽快投产，使日后各项技术经济指标处于领先地位；

④ 重视资金规划及建设进度的安排，使工程进度顺利，从而节省投资，降低投产后成本；

⑤ 重视经济效益分析，数据来源要求准确，综合评价全面，从静态分析到动态分析，从常规基本情况计算到不确定性分析，从财务、国民经济分析到社会效益，应该面面俱到。

可行性研究大体分为调查研究、制定方案、技术经济综合评价三个步骤。其中调查研究是基础，制定方案是核心，技术经济综合评价是关键，三者相互制约又步步深入。

（1）调查研究

1）项目研究

首先研究建设项目本身，明确任务和要求。

对新建项目要研究根据什么建厂？生产何种产品？销路如何？用什么原料？建在哪里？对生产方法、产品方案、生产规模、工艺流程以及外部条件等进行调查研究。

若是老厂改建、扩建，就要研究是增加产品或附产品的产量？还是增加或改变生产品种？现有企业的条件怎样？是否改变生产方法？另外，对产品数量、品种、质量的要求等综合技术经济指标，及环境保护方面的要求等诸多问题也要进行调查研究。

2）调查和预测

兴建一个项目，首先要进行市场调查，了解市场（包括国外）对这个项目所生产的产品的需求程度、产品主要流向、对潜在供应的估计。既要了解同类现有企业的生产能力、产量、价格和实际供应量，又要对拟建项目可达到的市场渗透程度进行预测，获得在一定时期内市场对该项产品需要的数量、质量的预测资料，通过调查和预测，提出建设项目的雏形，为确定工厂规模和投产后的经济效益、社会效益提供可靠依据。

① 市场调查到预测

调查的步骤分为几个阶段，首先确定目标，然后收集辨别数据，进行数据处理，提出数学模型，最后计算、分析、整理，并写出预测结果。

需求预测是应用各种预测手段来预测产品市场销售变化的情况，并分析其变化程度、变化趋势的一门学科，它在可行性研究中应用十分广泛，常常引用其方法来预测结果。

② 预测方法分类

预测方法按用途划分：

a. 定性分析——以主观题材和专家判断为主；

b. 定量预测——用回归分析、投入产出分析寻求定量数学模型；

c. 定时预测——用平滑预测模型和时间序列研究其变化趋势；

d. 预测评价——用统计概率结合专家评议进行评价。

预测方法按数学模型划分：

a. 计量经济模型法——因果关系模型法；

b. 投入产出分析法——结构关系模型法；

c. 时间系列分析法——时间系列模型法。

（2） 方案制定

在调查研究的基础上制定方案，包括综合性方案和专题方案，提出两个以上方案进行比较，选取最佳方案。

1） 综合性方案

① 初步确定项目的建设规模、产品品种及数量；

② 采用的生产方法、工艺流程及主机设备的选型；

③ 提交各项已落实的建厂条件协议书或有关意见；

④ 计算出建设资金的估算投资明细表，估算生产成本、主要技术经济指标，以及经济效果的评价；

⑤ 保证项目实现的各项具体措施和要求。

2） 专题性方案

① 建设资金筹措方案及偿还方法；

② 厂址选择方案；

③ 新工艺、新技术开发方案；

④ 环境保护方案；

⑤ 外部协作方案。

（3） 技术经济综合评价

1） 经济计算及财务分析

① 估算建设资金

工程项目的建设资金，是从筹建到建成，直至达到正常生产所需要的全部资金，包括基本建设投入资金和生产流动资金两大部分。

基本建设投资用于工程项目的筹建、设计、施工建设、试运转。如要利用国外资金，还应包括资本化利息，因通货膨胀而引起的工程投资提价和技术转让等费用。生产流动资金用于原料、燃料、材料、中间产品、最终成品的储备、人员工资等生产流通过程的资金。负责技术经济的人员应随着工程的不同进展阶段对基本建设投资估算和生产流动资金进行精确的经济计算和调整。

② 估算产品生产成本

一般应根据产品在生产过程各个环节所消耗的各种原材料、能源定额，主机设备的技术经济指标和全厂定员及折旧费等因素考虑。在可行性研究中，还提不出确切数据。通常是参照同类型企业的实际单位消耗，按成本开支项目结合工程的具体特点来估算。

③ 偿还贷款能力的分析和计算

当前，国内实行基本建设贷款。投资贷款的偿还能力是反映工程项目、方案选择、经济效果优劣的一个综合指标。投资效果好的工程项目，偿还能力就强，还款时间短；反之，偿还能力就差，还款时间长。

2）项目总投资估算

将项目总投资中主要几项费用介绍如下：

① 工程费用及其分项简介

工程费用通常称为第一部分工程费用，占固定资产投资的 65% ~ 75%，其分项内容及比例为：

a. 主要生产装置项目，包括产品生产和包装、原料的储存及储存的全部工序、直接为生产装置服务的工程，如加热、冷冻、集中控制室等。这些投资占第一部分工程费用的 60% ~ 70%，是项目投资的核心。

b. 辅助生产项目，为生产装置服务的工程项目，包括机、电、仪、防腐等维修项目及中央化验室、空压站、设备材料仓库等。此类投资占第一部分工程费用的 3% ~ 4%。

c. 公用工程项目，大致分为五类：给排水，投资占第一部分工程费用的 4% ~ 7%；供电、电讯，供汽、含锅炉房、供热站等，这两项投资占第一部分工程费用的 6% ~ 8%；总图运输，包括厂区、码头、防洪、公路、铁路、道路、运输车辆、大型土石方、场地平整、废渣堆场、围墙、大门及厂区绿化等，此类投资占第一部分工程费用的 6% ~ 8%；厂区外管，包括工艺及供热外管，投资占第一部分工程费用的 1% ~ 2%。

d. 服务性工程项目，包括厂部办公楼、食堂、汽车库、消防车库、医务室、休息室、招待所、浴室、公共厕所等。该项投资占第一部分工程费用的 2% ~ 3%。

e. 生活福利设施，包括宿舍住宅、食堂、幼儿园、子弟学校、职工医院、俱乐部等。此部分投资占第一部分工程费用的 4% ~ 6%。

f. 厂外工程项目，如水源工程、热电站、气管线、公路、铁路等。其投资占第一部分费用的 3% ~ 5%。

② 工程建设其他费用

即通常的第二部分费用，其主要费用项目有：建设单位管理费、研究试验费、生产职工培训费、土地征用费、耕地占用税和土地使用税、勘察设计费、办公和生产家具购置费、化工装置试车费、供电工程贴费、工程建设财产保险费、城市基础设施配套费、总承包管理费、工程建设监理费。其费用占固定资产投资的 15% ~ 25%。

③ 总预备费

又称为第三部分费用，分为基本预备费和价差预备费。基本预备费以第一部分费用及第二部分之和为取费基数，按费率8%计算；价差预备费是由于价格上涨、汇率变动、税费调增而引起投资增加所预备的费用，与建设期及投资价格指数有关。

④ 流动资金

流动资金按详细估算法进行估算，它等于流动资产与流动负债之差。

流动资产包括应收账款、存货、现金；其中存货包括原材料、燃料、在产品、产成品、其他部分；流动负债主要是应付账款。

流动资金的筹措一般应由企业自筹30%作为铺底资金，其余70%由工商银行贷给。流动资金利息计入生产期财务费用。项目计算期末回收全部流动资金。

3）经济效果评价

建设项目投资效果的分析和评价方法很多，常用的有下面几种：

① 静态分析法：指对单位产品投资额、投资回收期、投资收益中、追加投资回收期等的分析。

② 动态分析法：包括贴现法（DCF）——投资收益率、净现值法（NPV）、年成本法。

③ 财务平衡表法，一般称为半动态分析法。

经济评价的目的是为了从国民经济的角度判别建设项目的经济效果好坏，并且在多个方案中选择经济效果最佳的方案，为有关部门作决策提供经济上的依据。在很多情况下，评价具有举足轻重的作用。

但对建设项目来说，最后决策要依靠综合评价。综合评价一般应包括政治评价、国防（军事、安全）评价、经济评价、财务评价、环境生态评价和自然资源评价等诸方面。

工程项目的确定是一个由粗到细，由浅入深，循序渐进的研究和分析过程。研究作得越具体，可供选择的范围也就越小。技术上是否可行，经济上有无生命力，财务上能否盈利，资金数量及资金来源，建设时间，以及在施工和生产中需要动员多少人力、物力、资源等问题的结论就越明确。这样就可得到该建设项目的可行性研究报告。而最终对建设项目的投资决策就是在对可行性研究报告进行评价审议之后作出的。上级机关就可以下达设计计划任务书。尽管在以后的工程设计和建设阶段，一般都有不少具体调整和补充，但大局已定，从整个项目来说事实上已进入实施时期了。

可行性研究对于工厂建设及工厂建成后的长期生产都有着重要的意义。如果建厂前没有作充分的技术经济调查，或作为研究的依据资料不足，或分析和预测有错误，都必然会给建厂工作带来损失，并会导致开工后产品成本高、经济效益小，甚至使工厂亏损。如果至已开工生产才发现这些问题，则采取补救措施为时已晚，即使得以调整、补充，也要付出很高的代价。因而必须充分认识建厂可行性研究工作的重要性，对其中的每一个步骤、每一环节都必须谨慎行事。

（4）社会效益评价

社会效益的评价在可行性研究中同样是一项较重要的内容。如果项目的经济效益好，但社会效益不佳，项目不能通过。例如，研制出一种新产品，尽管其功能多、效果好，能为企业带来良好的经济效益，但如果它不利于环境保护，甚至影响生态平衡，那么其社会效益显然是不好的，该项目基本上是不可行的。

对项目社会效益的评价通常按以下方面进行分析，对其中某些内容，还可定量进行分析。

① 对节能的影响，并计算全年可节省能源折算为标准煤量；

② 对环境保护和生态平衡的影响；

③ 对减少进口、节约外汇和增加出口、创收外汇方面的影响；

④ 对提高国家、地区和部门科学技术水平的影响；

⑤ 提高产品质量对产品用户的影响；

⑥ 对节约及合理利用国家资源的影响（如土地、矿产等）；

⑦ 对取代老产品、开发新产品带来的影响；

⑧ 对发展地区或部门经济的影响；

⑨ 对远景规划及发展产生的影响；

⑩ 对节约劳动力或提供就业机会的影响；

⑪ 对提高人民物质文化生活及社会福利的影响；

⑫ 对国防和工业配置的影响等。

1.3.3 设计任务书

设计任务书又称为计划任务书，是在设计之前发给设计人员的指令性文件，它为设计工作提出有关设计原则、要求和指示，是设计工作的根本依据。批准的设计任务书是确定基本建设项目、编制设计文件的主要依据。所有新建、改建和扩建项目都要根据国家发展国民经济的长远规划和建设布局。设计任务书应由建设工程有关的主管单位进行编制，有时也可由设计单位或委托单位进行编制。只有正确的设计任务书，才有正确的设计。因此，编制时一定要认真负责。

设计任务书应包括以下主要内容：

(1) 根据经济预测、市场预测确定项目建设规模和产品方案

1) 需求情况的预测；

2) 国内现有企业生产能力的估计；

3) 销售预测、价格分析、产品竞争能力；

产品需要外销的，要进行国外需求情况的预测和进入国际市场的前景分析；

4) 拟建项目的生产方法、规模、品种和发展方向的技术经济比较和分析。

(2) 资源、原材料、燃料及公用设施落实情况

1) 经过储量委员会正式批准的资源储量、品位、成分及开采、利用条件；

2) 原料、辅助材料、燃料的种类、数量、来源和供应可能；

3) 所需公用设施的数量、供应方式和供应条件。

(3) 建厂条件和厂址方案

1) 建厂的地理位置、气象、水文、地质、地形条件和经济现状；

2) 交通运输及水、电、气的现状和发展趋势；

3) 厂址比较与选择意见；

4) 技术工艺、主要设备选型、建设标准和相应的技术经济指标，成套设备进口项目要

有维修材料、辅助材料及配件供应的安排。引进技术设备的，要说明来源国别，设备的国内外区别，或与外商合作制造的设想，对有关部门协作配套件供应的要求；

5）主要单项工程、公用辅助设施、协作配套工程的构成、全厂布置方案和土建工程量估计；

6）环境保护、城市规划、防震、防火、防洪、防空、文物保护等要求和采取的相应措施方案；

7）企业组织、劳动定员和人员培训设想；

8）建设工期和实施进度；

9）投资估算和资金筹措：

① 主体工程和辅助配套工程所需要的投资（利用外资项目或引进技术项目则包括用汇额）；

② 生产流动资金的估算；

③ 资金来源、筹措方式及贷款的偿付方式。

10）经济效益和社会效益

对建设项目的经济效益要进行分析，不仅计算项目本身的微观效益，而且要衡量项目对国民经济的宏观效益和分析对社会的影响。经济效益可以根据具体情况计算几个指标，其中对投资回收期必须计算。进行经济效益分析的技术经济参数，由各主管部门和地区根据部门地区的特点，自行拟定，报国家计委备案。

设计任务书是项目决策的依据，应按规定的深度达到一定的准确性，投资估算和初步设计概算的出入不得大于 10%，否则将对项目重新进行决策。

设计任务书应能满足大型、专用设备预订货的要求。

各部门、各地区可根据上述要求的深度，结合部门、地区的特点，对设计任务书的内容加以调整、补充。

利用外资项目、引进技术和进口设备项目的审批，按国家有关规定办理。

建设项目的计划任务书经批准后，如果在规模、产品方案、建设地区、主要协作关系等方面有变动及超出了投资控制数字，应经原批准机关同意。

(4) 设计任务书简介

1）工程任务书简介

工程项目设计任务书的编制是在可行性研究的基础上进行的。可行性研究报告完成后，由建设单位及主管部门召开有关各方面专家，以评估会的方式进行项目评估与论证。若评估认为项目可行，则以设计任务书的方式报有关机关审批。批准后，项目正式成立。至此，设计前期工作完成。经批准后的工程项目设计任务书，正式下达到设计部门，开始初步设计工作。

2）毕业设计任务书简介

毕业设计是学生教学计划中最后的综合教学环节，目的在于培养学生全面运用所学基础理论、专业知识和基本技能，进一步培养学生分析问题和解决实际问题的能力，使学生获得工程师的基本训练。因此，其选题必须符合专业培养目标的教学要求，全面完成工程师的基本训练。

毕业设计任务书，一般都由指导教师根据学生教学计划、专业培养目标填写，经系或毕业设计承担单位审批后下达给学生，最好是在毕业实习前下达。毕业任务书示例：

毕业设计任务书

_____系 _____专业 _____班 姓名_____

毕业设计题目：年产 2000t 通用不饱和聚酯树脂生产线设计

毕业设计起止日期：_____

指导教师：_____

一、毕业设计内容与要求

1. 查阅文献资料

2. 选择树脂生产的工艺流程，确定工艺参数，论述技术经济指标

3. 物料平衡和能量平衡计算

4. 主要设备的选择与工艺设计

5. 部分设备的设计

6. 绘图

（1）工艺流程图

（2）主车间立面图、平面图

（3）全厂总平面布置图

（4）管道配置图

7. 技术经济指标分析

8. 编写设计说明书

二、毕业设计进度要求

1. 工艺流程的选择与论证	1 周
2. 物料衡算与热量衡算	2 周
3. 定型设备的选择与非定型设备的设计计算	3 周
4. 车间设备布置	1 周
5. 绘图	3 周
6. 技术经济指标分析	1 周
7. 编写设计说明书	1 周

（毕业实习、资料收集和毕业设计答辩的时间另外安排）

1.3.4 厂址选择

厂址选择是基本建设中的一个重要环节，是一项政策性和技术性都很强的综合性工作。厂址选择是否得当，不仅影响工程项目的建设投资、建设进度，而且对工厂建成后企业的生产条件和经济效益都起着决定性的作用。因此，在选厂时，必须采取科学、慎重的态度。

厂址选择必须认真贯彻基本建设的各项方针政策。要贯彻既有合理的工业布局，又要节约用地和有利生产方便生活的原则。要根据当地资源、燃料供应、电力、水源、交通运输、工程地质、生产协作、产品销售等建设条件，通过认真的综合分析和技术经济比较，提出厂址选择报告。选择任务，一般由主管部门组织勘测、设计、施工等单位成立的厂址选择工作组来具体完成。

厂址选择要根据国民经济建设整体规划的要求进行，可分为确定建厂范围和选定具体厂址两个阶段。前者是在现场踏勘、搜集基础资料的基础上，进行多方案分析比较，提出厂区

范围报告，报送领导机关审批，此项工作有的在建厂调查及可行性研究阶段即已完成；后者是根据所确定的厂区范围，进一步落实建厂条件，提出 2~3 个具体厂址方案，并分别作出工艺总平面布置草图，通过技术经济分析与比较，确定具体厂址。

（1）厂址选择的原则

现在我国实行市场经济，厂址的选择应该是在长远规划的前提下，根据有关政策、法令及厂址选择的原则，选择适宜的厂址。在选择复合材料工厂的厂址时，主要掌握以下几条基本原则：

1）厂址宜选在原料、燃料供应和产品销售便利的地区，并在贮运、机修、公用工程和生活设施等方面有良好协作条件的地区；

2）厂址应靠近水量充足和水质良好的水源，以满足工厂内生产和生活的用水要求；

3）应有便利的交通条件，即当地的水、陆运输能力能满足工厂运输的要求；另外，对于有超重或超限设备的工厂，应注意沿途是否具有运输条件；

4）应注意节约用地，不占或少占耕地，厂区的面积、形状和其他条件应满足工艺流程合理的需要，厂区适当留有发展余地；

5）厂址应选在城镇常年主导风向的下风向和河流的下游，同时要远离居民住宅区，避免工厂排放烟尘和污水影响居民的生活；

6）厂址应避开低于洪水位或在采取措施后仍不能确保不受水淹的地段；

7）厂址的自然地形有利于厂房和管线的布置、交通联系和场地排水；

8）厂址应避免布置在下列地区：

① 地震断层地区和基本裂度九度以上的地震区；

② 厚度较大的Ⅲ级自重湿陷性黄土地区；

③ 易遭受洪水、泥石流、滑坡等危害的山区；

④ 有开采价值矿藏的地区；

⑤ 对机场、电台等使用有影响的地区；

⑥ 国家规定的历史文物、生物保护和风景游览地区等。

上面列举了有关选择的基本原则，要完全满足是很困难的。在选择厂址时，要根据具体情况，尽量先满足对工厂的生存和发展起着决定作用的主要条件，有些次要条件可以随着工厂的发展，逐步创造条件加以解决。

（2）厂址选择的程序

厂址选择的程序一般分为准备阶段、现场踏勘、方案比较和编写报告等。

1）准备阶段

准备阶段可以分为两步，即工作组织和技术准备。

工作组织：一般由主管部门组织建设、设计（包括工艺、总图、给排水、电力、土建、仪表、概算等专业）、勘测（包括工程地质、水文地质、测量等专业）等有关单位的人员组成选厂工作组。

技术准备：

① 根据计划任务书或项目建议书的内容和要求，编制工艺布置方案，确定工厂组成（主要生产车间和辅助生产车间），初步确定厂区外形和占地面积。

② 收集同类型复合材料厂的有关参考资料，根据生产规模、生产工艺要求对下列各项指标进行估算：

a. 全厂职工人数、各种人员的比例；

b. 主要原材料、辅助材料、燃料、电力等的年需要量及其需要的相应设施；

c. 货物的年输入量和年输出量，并提出交通运输要求和厂内外交通道路设施布局；

d. 用地指标（包括厂区、渣场、居民点、工厂编组站、码头、施工基地等）；

e. 污水的排放量，并提出三废处理方案。

③ 预计工厂今后发展趋势，拟出工厂发展设想。

④ 向有关部门及当地机关收集必要的设计基础资料。

2）现场踏勘

现场踏勘是厂址选择的关键环节，其目的是通过现场踏勘最后确定几个厂址，以供比较。现场踏勘前首先向当地有关部门报告拟建厂的性质、规模和厂址的要求等，根据地形和地方有关部门推荐，初步选择几个需要到现场踏勘的可能建厂地址。具体内容主要包括：

① 了解厂区自然地形，研究利用改造的可能性，并确定原有设施的利用、保留和拆除的可能性；

② 研究工厂组成部分在现场的几种布置方案；

③ 拟订交通运输干线的走向、接口、河道和建设码头的适宜地点，以及厂区主要道路及其出口和入口的位置；

④ 选择工厂的取水面、排水口和厂外管路走向等的适宜地段；

⑤ 调查厂区的洪水淹没情况以及气象、水文和地质状况，周围环境状况，工厂和居民点的分布状况及特点；

⑥ 了解该地区的经济状况和发展规划等情况；

⑦ 查勘供电条件可靠性及供电外线的基本情况。

3）比较厂址方案和编制选厂报告

根据现场踏勘对厂址初步取舍以后，对具体建厂条件的几个厂址进一步进行方案比较，最后确定呈报厂址方案。呈报的厂址方案，至少应有两个以上，以供主管部门审查批准。最后编写选厂报告。

选厂报告主要包括：设计任务书的要求和各厂址的现状及条件简述、厂址的比较方案、附件等。其中附件应包括厂址区域位置图、总平面规划示意图和有关文件、证明材料或协议文件以及会议纪要等。

厂址选择工作一般在项目计划任务书批准后进行，有时也可与编制计划任务书的工作同时进行（应尽量争取同时进行），并与计划任务书同时上报审批。

设计部门参加厂址选择工作，首先根据上级主管部门下达的任务和要求，在摸清计划任务书中的有关规定以及各部门对厂址选择的想法和意见的基础上，做好准备工作。组织各专业人员成立厂址选择小组，小组一般包括总图、矿山、电气、水道、土建以及技术经济等专业人员，小组应认真学习和领会关于基本建设的方针政策和有关规定，明确厂址选择工作的具体任务和要求。根据项目、建厂规模和有关要求，研究确定主要选厂指标，指标一般应包括以下几项：

① 工厂占地面积（包括厂区主要建筑物面积和生活福利区部分）；

② 工厂建设总投资；

③ 工厂职工总人数；

④ 工厂生产、生活用水量；

⑤ 工厂生产用燃料消耗量；

⑥ 工厂设备用电总容量、最大计算负荷；

⑦ 工厂各种物料和成品的总运输量；

⑧ 工厂各种原材料的需用量。

选厂小组到达建设地区以后，首先要向上级部门汇报设计单位参加选厂工作前的准备工作情况，摸清建厂地区主管部门对厂址选择的意见和要求，取得建设地区主管部门的领导和支持。在建设地区主管部门组成的厂址选择工作组的领导下，进一步了解当地城市规划部门的工业布局规划和对选厂范围的意见，熟悉当地交通运输，工矿企业分布，供电系统，供排水设施，原料、燃料供应和气象等情况和资科。在此基础上，根据当地城市规划部门提供的地形图（一般为两万分之一或五万分之一的比例）和初步掌握的情况，进一步与有关部门共同研究，选择一些条件比较合适的地点作为选厂踏勘方案。

（3）厂址选择报告

根据现场踏勘和对各个厂址调查掌握的资料，分别就所踏勘厂址建厂条件的落实情况和存在的问题，综合分析其优缺点和进行技术经济分析，作出厂址方案比较，通过厂址选择工作组的讨论研究，提出推荐方案并编写厂址选择报告。

厂址选择报告是厂址选择工作的最终表现。报告应根据调查掌握的大量资料，通过分析对比，提出符合客观实际的意见。选厂报告一般应包括以下内容：

1）概述：扼要说明选厂依据和选厂工作的简要过程。

2）厂址选择依据的主要指标和遵循的主要原则。

3）所选主要厂址的情况，如：

① 厂址的位置和地形、地貌，附近工业、民用设施农业生产概况；

② 厂址附近交通情况，修建铁路专用线、水运码头、公路的可能性和工程量的大小；

③ 厂址的电源、水源条件，供电供水的落实程度和可靠性；

④ 厂址所在地区的工程地质和水文地质情况；

⑤ 厂址所在地区的生产协作条件；

⑥ 厂址所在地区建筑材料供应、设备制造能力以及施工、安装条件等。

4）厂址方案的综合分析比较。通过对各所选厂址的建厂条件的优缺点、建设投资和生产经营费用的具体分析，作出综合比较。方案比较可采用列表形式，以便分析对照（方案比较的内容一般应包括：厂区地形、地貌；厂区位置和交通运输；供电、供水条件；工程地质、水温地质条件；协作条件；厂外部分的工程量和投资估算；生产经营费用的估算及综合分析的意见等）。

5）对所选厂址提出正式意见

对选定的厂址应提出明确意见，可根据所选各厂址的综合比较列出先后次序，提出推荐厂址。

除了上述内容的选厂正式报告外，还可以增设附件，以作厂址选择的附件报告。负责厂址审批的主管部门根据上报的厂址选择报告和厂址选择工作组的详细汇报（必要时由主管部门组织有关单位对选厂工作组提出的厂址方案进行复查，进一步澄清和落实有关问题），审定厂址作出结论。

1.3.5　设计阶段工作

（1）初步设计

初步设计是根据设计任务书或可行性研究报告的批文，对设计的项目进行全面分析研究，所作出的技术先进、安全适用、经济合理及"三废"得以治理的最佳方案。

初步设计内容一般应包括以下内容：

① 总论：阐述本设计在贯彻国家技术方针政策路线上的正确性和经济上的合理性等，并提出要求上级明确或解决的问题。

② 总图运输：说明总平面图的布置以及布置原则，在运输方面，主要叙述厂内外运输的合理性等。

③ 工艺设计：主要阐述全厂总生产流程和以车间为单位的工艺设计。其中主要包括：车间生产规模、生产方法、物料衡算、能量衡算、工艺流程、定型设备选择、非定型设备的工艺设计、设备配置、管道计算和配置，以及与工艺设计配套项目的考虑（如生产过程参数的检测与自动化控制、主要辅助设施等）。

④ 建筑设计：主要阐述全厂各车间、辅助车间的建筑物和构筑物，以及生活室的处理原则，并配以检修车间。

⑤ 给排水设计：阐述厂内给排水、废水处理、软化水和冷凝水系统等方案的选择，以及消防设计。

⑥ 供电设计与电信设计。

⑦ 供汽与空压站、氮氧站、冷冻站设计。

⑧ 生产控制设计。

⑨ 其他辅助生产设施：机修车间、电修车间、仪表修理车间、中心化验室、全厂仓库等。

⑩ 采暖通风、劳动保护设施。

⑪ 节能、行政及生活区规划。

⑫ 环境保护及综合利用、"三废"治理措施和评价等。

⑬ 总概算。

初步设计有比较详细的设计说明书，并附有标注物料流向、流量的工艺流程图，有反映车间设备联系的设备连接系统图，有表示车间设备配置的平面图和剖面图，有管道布置图，还有供订货用的设备清单和材料清单，有全厂的组织机构及劳动定员等。初步设计要呈报上级主管部门审批。

（2）技术设计

技术设计一般是根据已经批准的初步设计，解决初步设计中尚未解决而需要进一步研究解决的一些技术问题。例如：特殊工艺流程方面的试验、研究和确定，新型设备的试验、制造和确定，重要代用材料的试验和确定，某些技术复杂而需要慎重对待的问题的研究和确定。

技术设计的内容与初步设计大致相同，只是根据工程项目的具体情况作些增减，编写技术设计说明书和工程概算书。

（3）扩大初步设计

对于技术上比较成熟、又有设计经验的中小型工程项目，为了简化设计程序，加快设计进度，缩短设计时间，而将初步设计与技术设计合并为扩大初步设计。这个设计的内容深度与技术设计相同，或者稍浅一点。扩大初步设计经过审批后即可着手施工图设计。

（4）施工图设计

施工图设计是在已批准的技术设计或扩大初步设计的基础上进行的，它是进行施工的依据。

施工图设计的主要任务是要完成详尽的各类施工、安装制造图纸，必要的文字说明书及工程预算书。其中，图纸部分包括：管道及仪表流程图，厂房平面、立面布置图，设备制造图，设备安装图，管道安装图，土建施工图，供电、供热、供排水、仪表控制线路、弱电安装线路安装图等，以及设备一览表，管道安装材料明细表和施工说明等。

施工设计中，复合材料专业绘制的施工图通常有：

① 设备安装图：分为机组安装图和单体设备安装图两种。机组安装图是表示厂房内某部分设备和构（零）件安装关系的图样；单体设备安装图包括普通单体设备安装图和特殊零件制造图；

② 管道安装图：管道配置图、管道及配件制造图、管道支架制造图等；

③ 施工配置图：根据已绘制的设备和管线路安装图汇总而绘成详细准确的施工配置图，以便施工安装。

施工图设计的深度应满足以下要求：

① 设备、材料的安排；

② 各种非标准设备的制作；

③ 土建、安装工程的施工；

④ 施工、安装预算的编制。

1.3.6 设计后期工作

工厂筹建单位根据经过批准的基建计划和设计文件，创造施工条件，作好建设准备。例如，提出物质申请计划，落实建筑材料的来源，办理征地拆迁手续，落实水电的供应以及施工力量等。

施工单位应根据设计单位提供的施工图，编制施工预算和施工组织情况计划。施工前要认真做好施工图的会审工作，明确质量要求。施工中要严格按照设计要求和施工验收规范进行，确保工程质量。

筹建单位在项目完成后，应及时组织专门机构抓好生产调试，负荷运转，以期在正常情况下能够生产出合格产品，并要及时组织验收。

竣工项目验收前，建设单位要组织设计、施工单位先行验收，向主管部门提出竣工报告，并系统整理资料、图纸，还要编好竣工决算。

依上所述，施工图设计完成后，设计单位还没有完全完成设计任务，设计人员要参观现场施工和试车投产工作，其主要任务如下：

①参观施工现场对施工图的会审，并解释和处理设计中的有关问题；

②了解和掌握施工情况，保证施工符合设计要求，及时纠正施工图中的错误和遗漏；

③参加试车前的准备工作和试车投产工作，及时处理试车过程中暴露出来的设计问题，为工厂顺利投产做出贡献；

④参加工程项目的验收工作；

⑤若有涉及设计方案的重大问题，应及时向上级、有关设计人员报告，请示处理意见；

⑥注意收集资料，待工厂投入正常生产后，对该项目进行全面总结，为以后设计和该厂今后的发展、扩建和改建提供经验。

1.4　设计资料的收集

设计资料是一切设计工作的基础，没有必要的设计资料，设计工作就难以进行。如果设计前资料收集不充分，就有可能拖延设计进度；如果收集的资料不可靠，则可能作出错误的决策，影响设计质量。总之，设计资料收集得越全面、越完整、越适用，则设计越能符合生产规律，越能取得预期的设计效果。因此，设计资料的收集是设计中的一项重要工作。

1.4.1　收集资料的内容

(1) 建厂需要的设计资料

1) 地理条件资料：

①建厂区的标高及其海拔高度；

②地理位置和区域位置地形图；

③当地城市或地方发展远景规划。

2) 气象资料：

①气温资料，包括年平均温度、最高和最低温度；土壤冻结时期及其最大冻结深度；年平均相对湿度、最大湿度和最小湿度及其时期；

②降雨、降雪资料；

③风的资料，包括全年的风向和频率；平均风速和最大风速；风暴和风雪期及其持续的时间等；

④气压资料，包括年平均气压、绝对最高和最低气压；历年的平均蒸发量、最大蒸发量和时期。

3) 地质资料，包括土壤特性及其允许耐力；地质的构造和成因；厂区及其附近的物理地质；地下水资料；地表水资料等。

4) 厂址邻近地区情况，包括邻近居民点、工业企业和市政建设等。

5) 交通运输资料，包括厂址附近的铁路、公路和河道的分布情况；运输吨位、最大运输工具，水陆的运输周期和价格；当地对交通运输的发展规划等。

6) 供电资料，包括供电位置及离厂距离；全年供电能力，供电电压；供电线路敷设条件，供电电价等。

7）燃料供应资料，包括燃料供应点、供应量、运输距离和费用，以及燃料的种类与质量。

8）当地施工条件，包括施工劳动力来源和生活条件，施工用水、用电的供应情况，施工的机械化程度，以及当地年平均建筑工作日等资料。

9）原料供应、产品销售资料。

（2）生产方法和工艺流程资料

1）各种生产方法及其工艺流程技术资料；

2）各种生产方法的技术经济指标资料：

① 产品的质量规格与成品；

② 主要原材料、辅助材料的用量、质量和供应情况；

③ 水、电、汽的用量和供应情况；

④ 副产品的品种、数量和利用情况，"三废"的数量及其治理方法；

⑤ 主要生产设备的建造、安装及操作情况；

⑥ 生产自动化、机械化程度；

⑦ 基本建设投资资料；

⑧ 占地面积及建筑面积；

⑨ 主要建材的用量及供应情况；

⑩ 定员及劳动生产率。

（3）物料衡算资料

① 工艺流程图、设备连接系统图；

② 生产步骤及其主化学反应、副化学反应；

③ 各生产步骤所用原料、中间体的规格和物化数据；

④ 产品、副产品的规格和物化数据；

⑤ 各生产步骤的产率；

⑥ 每批加料量或单位时间的进料量；

⑦ 物料衡算的计算方法及其有关计算公式。

（4）热量衡算资料

① 要求控制的温度及时间参数；

② 计算热量用的物化常数，如比热、潜热、熔解热、结晶热、生成热和燃烧热等；

③ 计算加热、冷却、冷凝和冷冻用的热力学数据；

④ 计算流体流动过程所需参数，如黏度、密度、压力、流量、液面和时间等；

⑤ 计算传热用的导热系数、给热系数、传热系数及散热损失数据等；

⑥ 热量计算方法及有关公式。

（5）设备计算资料

① 生产工艺物料流程图、设备连接系统图、设备草图和设备布置草图；

② 物料计算和热量计算资料；

③ 计算流体动力过程参数，如黏度、管道阻力、设备阻力系数、过滤常数等；

④ 计算传热过程的参数；

⑤ 计算传质过程的参数；

⑥ 国家有关标准、有关产品手册和有关定型设备图集；

⑦ 化工流体介质对设备材料的腐蚀情况；

⑧ 有关设备选择和工艺设计的方法及计算公式资料。

（6）厂房形式与设备布置资料

① 生产工艺流程图；

② 生产设备连接系统图及设备一览表；

③ 车间人员资料；

④ 车间平面、立面布置图及其优缺点；

⑤ 车间设备布置方案与方法资料；

⑥ 不同厂房形式及其特点；

⑦ 厂房防热、防毒、防爆等资料；

⑧ 当地水文、气候、风向等资料；

⑨ 动力消耗、辅助设施和公用工程资料。

（7）管路设计资料

① 生产工艺流程图；

② 生产设备连接系统图及设备一览表；

③ 设备装配图、管口方位图（应与设备布置图相符）、接管的大小和连接方式等；

④ 设备布置的平面图、剖面图；

⑤ 物料衡算与热量衡算资料；

⑥ 管路配置、管径计算、流体常用流速资料；

⑦ 管路的支架、保温、热补偿、防腐蚀和油漆等资料；

⑧ 各种管子规格、阀门、管件和流量计、流速计等资料；

⑨ 厂区交通运输情况；

⑩ 厂内地质、地区气候资料；

⑪ 流动介质的腐蚀性能；

⑫ 其他有关资料，如水源、用汽参数、压缩空气参数以及粉体流态输送等。

（8）与工艺配套项目设计资料

① 供电资料，如动力用电、照明用电、弱电装置用电；

② 自动控制、仪器仪表、通讯联系等；

③ 土建、通风采暖、给排水、供热、"三废"治理等资料；

④ 劳保、安全和防火等资料；

⑤ 原料供应、产品销售、总图运输等资料；

⑥ 概算、预算等经济指标资料。

1.4.2　规范资料

为了统一工业、企业基本建设的要求，国家制定了不少法令和规定，这里统称为设计规范。在设计工作中必须严格遵守这些设计规范，不得违反。复合材料厂设计的规范资料包括工艺和技术经济两个部分。

（1）工艺方面的规范资料

① 设备的国家标准；

② 矿石、原材料的国家标准；

③ 建筑设计的防火规定；

④ 复合材料厂建筑设计的卫生规定和要求；

⑤ 给水和排水和卫生规定和要求；

⑥ 工业废水、生活污水排放到河流和水库中的卫生规定和要求；

⑦ 气体和含尘气体排放到大气中的卫生规定和要求；

⑧ 天然照明和人工照明的规定；

⑨ 防空的要求和规定；

⑩ 安全技术的要求和规定；

⑪ 应用和保管化学药品和毒性物品的规则；

⑫ 国家制图标准。

（2）技术经济方面的规范资料

① 矿石、燃料及材料的价格表；

② 设备价格表；

③ 设备的运费（包括铁路、水运及其他运输等）；

④ 设备安装价格表、安装工作杂费定额；

⑤ 折旧计算规定；

⑥ 建筑物和构筑物的概略指标；

⑦ 工资等级、工资率及附加工资。

1.4.3 资料来源

设计资料来源，大致有以下途径：

（1）设计单位

设计单位一般都拥有大量设计资料，如工程项目的建议书、设计任务书、设计说明书、各类设计图纸，以及国家颁发的有关设计的规定等。

（2）科学研究单位

科学研究单位有科学试验报告、中间试验工艺操作规程、劳动保护资料、试验装置和实验研究的基础资料及大量文献资料。

（3）生产单位

生产单位有生产记录表、操作方法和操作规程，原材料、产品的分析报告，以及设备的维修等资料。

（4）基本建设单位

基本建设单位一般有建厂的一些原始资料、基本建设的决算书、施工技术总结等。

（5）供销单位

供销单位有产品目录、样本，设备、产品的销售价格等资料。

（6）省市有关机构

如气象台的气象资料、水文站的地表水资料、地质局的地质资料及城市建筑办公室的城市建设规划。

（7）书籍杂志文献

一些物料的物化数据、热力学数据，一些设备的设计方法和计算公式，以及生产工艺流程资料等，常常通过查阅文献获得。

此外还有现场调查资料、国外的技术合作及其有关资料、其他有关部门资料等。

1.4.4　收集设计资料的原则和步骤

收集设计资料是一项庞杂而细致的工作，应有计划、有步骤地进行。先要根据设计要求、设计顺序、设计深度和广度等全面地拟订收集提纲，再结合自己的实践经验对所要收集的设计资料进行整理分类，并依此确定资料来源途径，然后按顺序进行收集工作。总之，收集资料的过程必定是整理、分析、查阅、收集和汇总资料的过程，应有耐心、花大量精力去完成。收集资料一般应遵循下述原则：

①资料的完整性：只有全面完整的资料数据才能反映客观事物的全过程，才能用于设计。另外，工程项目是个完整的体系，不可残缺不全。

②资料的正确性：只有正确的资料数据才具有再现性，才能反映客观事物的本质规律，才能应用于设计。因此，收集资料时要特别注意它的正确性，在遇到互相矛盾的设计资料时，要以科学的态度分析其真伪，做到去伪存真。

③资料的适用性：科学技术都是有条件依据的，因此，收集资料要严格注意其适用条件。

④资料的恰当性：新资料与旧资料相比，技术上先进，经济上合理，因此，首先应尽量使用新资料，但要考虑建设单位的承受能力、消化能力，要考虑原材料、设备的来源等恰当选取，切不可盲目追求先进，不然事与愿违。

第2章 复合材料厂总平面布置

复合材料厂的总平面布置，通常称为厂内规划设计。其任务是：根据复合材料生产工艺流程的要求，结合厂区地形、进出厂物料运输方向和运输方式、工程地质等条件，全面衡量，合理地布置全厂所有建筑物、构筑物、道路和工程管线等。总平面布置得好坏直接关系到工厂建成后是否符合工艺要求，是否有良好的操作条件，使生产能否正常、安全地运行，而且对经济效益也有着极大的影响。所以在进行工厂总平面布置前必须充分掌握有关生产、安全、卫生等资料，在布置时做到深思熟虑、仔细推敲，以确定最佳方案。

2.1 复合材料厂总平面布置的内容和步骤

（1）复合材料厂总平面布置的内容

复合材料厂总平面布置是一项涉及面很广、很繁杂的工作，必须遵循有关的设计程序。在进行总平面布置前，还必须具备下列条件：有关部门下达的设计任务书；已经确定的建厂厂址；用地面积和地质勘察报告；建设单位提供的有关设计委托资料，如工艺流程图、有关设计的基础资料等。具备这些条件后，再进一步收集资料，根据布置原则进行总平面设计的技术指标核算，然后根据核算的结果来确定最终的总平面布置方案。工厂总平面布置一般包括下列内容：

平面布置：确定全厂建筑物、构筑物在平面上的相对位置，包括主要生产车间、辅助生产车间、行政福利设施和住宅区等。

竖向布置：确定建筑物、构筑物的设计标高。

土方工程：解决建厂区域内场地整平、土石方调拨，计算土石方工程量。

运输设计：进行厂内外道路、码头的设计。

管线布置：统筹安排电缆、电线、给排水管道、生产管道及热力管道等地上和地下各种管线。

另外还有建厂区域的雨水排除设计、消防设施布置及厂区绿化等。

（2）复合材料厂总平面布置的步骤

复合材料厂总平面布置按初步设计和施工图设计两阶段进行，每个设计阶段又依据资料图和成品图两个步骤进行工作。

1）初步设计

复合材料厂总平面轮廓图（资料图）：复合材料厂总平面轮廓图实质上是对复合材料厂总平面布置的初步设想，它是依据复合材料专业的生产车间总平面轮廓资料，以及与有关专业商定的各项建筑物设想外廓尺寸，结合厂区地形及公路布置，并预留各种管线位置，绘制而成的轮廓图。

复合材料厂总平面布置图（成品图）：在调整、补充、完善复合材料厂总平面轮廓图的基础上，绘制复合材料厂总平面布置图（图纸比例一般为1:100，1:200或1:500），作为初步设计文件主要附图之一。主要表示：复合材料厂区地形测量坐标网和等高线，复合材料厂区设计坐标网，所有建筑物、构筑物和堆场的平面位置、名称，道路的平面布置和设计标高等。图内标注复合材料厂总平面布置的主要技术指标和风向玫瑰图。

工厂总平面布置图的主要技术指标一般包括：厂区面积、建筑物面积、厂区建筑系数、厂区利用系数、道路长度、围墙长度、绿化面积等。

厂区建筑系数是指建筑物、构筑物和料场总面积占全厂面积的百分数。它反映了厂内建筑的密度。对于大中型厂建筑系数一般在22%~33%之间，工厂扩建后可达30%~35%。

厂区利用系数是指建筑物、构筑物、料场、道路、地下管线的总占地面积占全厂面积的百分数。它反映了厂区面积有效利用程度。复合材料厂的厂区利用系数一般为60%~70%。

风向频率玫瑰图简称风玫瑰图（图2-1），是根据地区气象台历年对风向频率统计资料的平均值绘制的。图2-1所示风向系由外边吹向风玫瑰图的中心。在风向多边形中，向心线最短的风向称为最小频率风向；向心线最长的风向称为主导风向。风向按八个方向分类，一年365天，按每个方向的天数比例绘制在坐标图上，形成风玫瑰图。如果该地区风玫瑰图随季节变化，则应以夏季的风玫瑰图为主，因为夏季气温较高，建筑物门窗大多敞开，对空气清洁度的要求比其他季节要高。

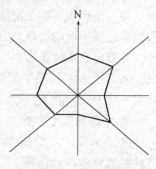

图2-1 风玫瑰图

2）施工图设计

① 复合材料厂总平面资料图：根据初步设计有关审批意见，调整复合材料厂总平面布置，绘制复合材料厂总平面资料图，规定各项建筑物、构筑物、道路、管线的位置关系及标高，作为各专业编制施工图设计的资料。

② 复合材料厂总平面布置施工图：复合材料厂总平面布置施工图是施工放线的依据，它必须具体表示设计坐标网与测量坐标网的关系及所有建筑物、构筑物、公路的坐标和标高。

2.2 复合材料厂总平面布置基础知识

2.2.1 复合材料厂总平面布置的原则

影响总平面布置的因素很多，如城市和工业区的规划，厂区的面积、地形、气象和水文地质，运输方式和要求，动力来源，给排水，产品种类，工厂规模和工艺流程，工厂发展远景，建筑要求和施工条件，防火及卫生要求等。因此，在进行总平面布置设计时，必须了解和收集这些方面的资料，处理好各方面的关系。例如，原材料和产品进出厂的交通运输关系，主要生产车间与辅助生产车间的关系，地上设施与地下设施的关系，供电、供气、给排水等系统之间的关系，生产区与生活区之间的关系等，使工厂的各个部分形成一个有机的整体。同时，也应处理好设计的工厂与其他单位的关系，工业与农业的关系等。

复合材料厂总平面布置的原则可概括如下：

① 总平面布置应做到经济合理，既能满足工厂施工和使用的要求，又能尽量节约用地。

除特殊情况外，设计新建工厂应考虑发展的可能，但不应过早征占发展时才需用的土地。

②复合材料厂总平面布置应考虑厂区地形，适当选择标高。毫无疑问，尽量将建筑物布置在同一等高线上，设计处理会较简单，但如地形有倾斜时，一般应顺着等高线方向布置，特别是纵向长度大的厂房，不应横跨等高线方向布置，以减少平整场地的土石方量。

③复合材料厂总平面布置应力求紧凑。生产车间之间的距离应尽量靠近，以缩短运输线路，但必须满足生产要求，并考虑扩建的面积，同时要满足建筑物防火、采光、通风等要求。建筑物与道路之间的距离应符合标准。厂区道路和地上、地下管线应统筹安排，力求管线距离短，弯道少，并防止互相干扰。

④荷重大的构筑物（如各种物料储库）和大型设备（重量大的和产生振动的设备，如热压机、空气压缩机等）应尽量配置在工程地质较好的地段上。

⑤复合材料厂总平面设计应考虑适当分区，合理布置。通常分为生产区、厂前区、生活区等。生产区主要是指原料车间、生产车间等，厂前区主要指办公楼和福利设施，生活区包括宿舍楼、运动场等。生产区应方便生产和管理，厂前区通常应布置在生产区和生活区之间，并面向工业区开道，生活区应远离生产车间。

⑥复合材料厂总平面设计应注意风向的影响。扬尘较大的车间及露天堆场应布置在工厂最小频率风向的上风侧，厂前区和住宅区应布置在厂房区最小频率风向的下风侧。

⑦建筑物应尽可能坐北朝南，防止日光直射，并充分利用天然采光和自然通风。

⑧在经济实用的基础上，尽量做到协调、美观。例如，厂房型式应协调统一，面向道路的建筑物应布置整齐，厂房中心线应保持平行或垂直，道路应避免迂回曲折，地上管线应尽量成直线，并考虑环境的美化和绿化。

总平面布置是各专业设计的综合，它涉及工艺专业和非工艺专业的问题，这些问题有内在联系又有矛盾，总平面布置不可能使所有专业的要求都达到满意。因此，应根据具体情况，做出几种不同方案，通过比较选出最佳的设计方案。

2.2.2 复合材料厂车间组成

要做好复合材料厂总平面布置，首先应熟悉复合材料厂的车间组成和各部分的相互关系。复合材料厂有大有小，基本上由以下几个车间组成：

（1）生产车间

一般包括原料车间、生产工段、成品工段和控制室。根据所生产产品的不同可将生产车间大体分为：手糊成型车间、模压成型车间、缠绕成型车间、拉挤成型车间及其他成型车间。

（2）辅助车间

模具加工车间、机修车间等。

（3）生产服务设施

变电所、空压站、锅炉房及发电机房等。

（4）公用工程设施

水泵房、水池、沉淀池、水塔、冷却塔、污水泵房、污水处理站、上水管、下水管、循环水池、循环水管、热力管道等。

（5）运输装卸设施

道路、车库、地磅、装卸设施及起重设施等。

（6）全厂性设施

办公室、化验室、警卫传达室、食堂、医务室、围墙、大门、消防设施、宿舍、招待所、浴室、体育场地、宣传设施、厕所、绿化、环保设施等。

2.2.3 复合材料厂平面布置

（1）复合材料厂平面布置的内容

复合材料厂平面布置的主要内容是：根据生产工艺流程特点，合理地进行厂址范围内的建筑物、构筑物，以及其他设施的平面布置。

（2）复合材料厂平面布置的原则

① 最大限度地满足生产工艺要求，保证生产、维修方便；

② 要结合场地、地质、地貌等，尽可能紧凑布置，节约用地；

③ 要为工厂的技术经济指标先进、合理及节能等创造条件；

④ 建（构）筑物布置应符合防火、劳动卫生规范及各种劳动安全防护要求；

⑤ 尽量使厂内输送管线最短、联系最方便，要使厂内外运输相适应，避免往返运输和作业线交叉，避免人货交叉；

⑥ 要注意厂容，应与城市或区域总体规划相协调；

⑦ 要考虑工厂的发展要求，使近期建设与远期发展相结合。

2.2.4 复合材料厂竖向布置

（1）复合材料厂竖向布置的内容

① 选择竖向布置的形式和平土方式；

② 确定建筑物、构筑物、道路、排水沟和露天堆场等的标高；

③ 计算土石方工程量；

④ 确定排水方式及措施。

（2）复合材料厂竖向布置的原则

① 满足生产和工厂内、外运输、装卸作业对高度的要求；

② 使场地的设计标高尽量与自然地形相适应，力求土石方填挖总量最小，并接近平衡；

③ 使场地有适当的坡度，保证雨水能顺利排除，但又不受雨水的冲刷。

2.2.5 复合材料厂运输设计

所谓运输设计通常是指工厂的铁路专线和道路专线的设计。复合材料厂一般仅需道路专线，而不需要铁路专线。故仅介绍有关道路专线的设计问题。

复合材料厂道路一般分为工厂专用道路和厂内道路两类。厂区与外部公路、车站、码头相连接的道路为工厂专用道路（厂外道路）；厂区范围内的道路为厂内道路。

（1）专用道路等级和技术指标（表2-1）

表2-1　专用道路分级

道路分级	年运量（万 t/a）	日双向最大通量（辆）	每小时单向通量（辆）
1	40 以上	500 以上	50 以上
2	4~40	50~500	5~50
3	4 以下	50 以下	5 以下

专用道路的路面等级视具体条件而定，可选用水泥混凝土路面，沥青混凝土路面和碎石路面等。专用道路主要技术指标见表2-2。

表2-2　专用道路主要技术指标

道路等级	1			2			3		
地形	平原	丘陵	山岭	平原	丘陵	山岭	平原	丘陵	山岭
设计车速（km/h）	60	40	25	50	30	20	40	25	15
车道数	2	2	2	2	2	1~2	1~2	1~2	1
路面宽度（m）	6.5	6	5.5	6	5.5	3.5~5.5	3.5~5.5	3.5~5.5	3
路基宽度（m）	9.5	8.5	7.5	8.5	7.5	5.5~7.5	5.5~7.5	5.5~7.5	5
平面线最小半径（m）	125	50	20	100	30	15	50	20	12
最大纵坡（%）	4	6	8	5	7	9	5	8	10

注：若采用单车道时，每200~300m设置错车的车道。

（2）复合材料厂内道路的技术指标

一般复合材料厂内主要道路设计为双车道，次要道路设计为单车道，路面一般采用水泥混凝土或沥青混凝土路面为好，厂内道路主要技术指标见表2-3。

表2-3　厂内道路主要技术指标

项　目			数　值
设计速度（km/h）			12~20
路面宽度 （m）	城市型	双车道	5.5~7.0
		单车道	6.5~7.5
	市外型	双车道	5.5~6.0
		单车道	3.5~6.0
	车间引度宽度（m）		3.0~4.0
路肩宽度 （m）	双车道		1.0~1.5
	单车道		1.0~1.5
平面线最小半径（m）			15
交叉口最小转弯半径 （m）	单辆汽车		9
	带拖斗汽车		12
	15t 以上平板车		15
车间引道最小半径 （m）	人力车		3
	汽车		8
厂内道路纵坡 （%）	一般地段最大纵坡		8
	困难地段最大纵坡		10
	最小纵坡		0.4

（3）道路边缘与建筑物、构筑物、铁路围墙、树木最小距离

当建筑物面向道路的一侧无出入口时，取 1.5m；有出入口，但无汽车引道时，取 3m；当建筑物面向道路的一侧有出入口，且有汽车引道时，取 6m 或 8m。

当围墙有汽车出入时，在出入口附近，道路边缘与围墙的最小的距离取 6.0m；当围墙无汽车出入口也无照明杆时取 1.5m。

道路边缘与乔木的最小距离取 1.0m；与灌木的最小距离取 0.5m。当道路与铁路交叉时，应避免开道岔并设在平直段上。

2.2.6　管线布置

（1）管线综合布置的内容

复合材料厂工程管线主要包括上水管道、下水管道、热力管线、压缩空气及仪表管线、原料及成品管线、燃料管线、电缆及通讯电线等。管线综合布置是指对各种工程管线汇总，即将各种管线的名称、标志、位置等布置情况绘制在管线综合图上。

（2）管线布置的原则

① 管线布置应满足生产工艺的要求，力求简捷，方便施工和维修；

② 管线宜直线敷设，并与道路、建筑物的轴线及相邻管线平行；

③ 尽量减少管线与铁路、道路及管线的交叉，当交叉时，一般宜成直角交叉；

④ 除雨水及下水道外，其他管线一般不宜布置在道路下面；

⑤ 易燃、可燃液体或气体管线不得穿过可燃、易燃材料的结构物或堆场；

⑥ 地下管线应满足一定的埋深要求，一般不宜重叠敷设；

⑦ 地上管线应尽量集中共架（共杆）布置，并不应妨碍运输及行人通行，不影响建筑物采光，不影响厂容整齐美观。管线跨越道路、铁路时，应满足公路、铁路运输和消防的净空要求；

⑧ 在山区建厂，管线沿山坡布置时，应注意山坡的稳定性，防止被山洪冲倒。

2.2.7　绿化美化布置

绿化美化布置是总平面布置的一个重要组成部分，是防治环境污染必不可少的、经济有效的措施，它对改善城市和厂区的环境起着极其重要的作用，应在总平面布置时统一考虑。工厂绿化的作用主要有：减少空气中烟尘及有害气体的含量；消除或减轻噪声；改善部分厂区或车间的小气候条件，对爆炸性较大的车间有一定的隔离作用；另外，还可以加固坡地和堤岸、美化厂区等。

（1）厂区绿化美化设计原则

绿化美化必须首先服从生产要求，不能因绿化美化而扩大厂区面积、建筑间距，延长生产流程线路，使人流、货流绕道或交叉。同时，树木及美化设施还必须与竖向布置相配合，不得影响设备的安装及地上、地下管线的铺设和维修。道路两侧可进行绿化，但应考虑树木长大后不妨碍货物的运输。

绿化美化布置还应贯彻因地制宜、就地取材的原则，尽量做到自己动手，统一规划，分期建设，逐步实现。应防止脱离工厂实际，单纯追求美观的倾向。此外，还应考虑地理气候

特征、植物的生长状况、群众的风俗习惯、民族特点，在山区建厂时，应尽量利用和保存自然环境。

（2）厂区绿化美化布置

绿化的主要对象有：厂区与生活区的防护地带、厂区道路、厂区主要出入口、职工室外活动场地、工厂围墙附近、部分工程构筑物以及车间周围等地区。

厂区道路的绿化，是工厂绿化的重点之一，一般是在人行道、车行道的两旁种植树木。种植时，应注意不使绿化影响地下管道的布置；道路转弯处应不遮挡司机视线；不遮挡车间的天然采光，力求整齐、美观、经济。绿化带不宜过长，须留适当空隙，以便穿行。

道路绿化一般以高大稠密的乔木为主，使成林荫，并配以适当的灌木，结合人行道和车行道的具体情况加以布置。

厂前区是主要绿化带之一，它的绿化美化将直接影响工厂的外观，应与城市的绿化密切配合。工厂主要出入口及行政、生活区周围的绿化布置，应结合美化设施和建筑群体统一考虑。恰当地设置一些需要的小建筑，常见的有围墙、大门、画廊、布告板、雕像、喷泉、花坛等，既满足使用上的要求，又烘托建筑群体，使建筑外观生动活泼。小建筑设计要朴素、美观、大方，布置时与周围环境密切配合，同厂区绿化布置统一考虑。

绿化布置的实施首先考虑厂前区与厂区干道，其他部分逐步建设完善。除厂区出入口外，一般不应在工程建设中投资，而是在建厂后，发动群众，自己动手，逐步建成。厂区的绿化时间，一般在管线铺设和道路施工后第一个适于植树的季节进行。

图 2-2 为复合材料厂总平面设计图。该厂以树脂车间和典型的成型工艺车间为主体，没考虑玻璃纤维及制品的生产。厂区与生活区分开，厂区仅设三班休息房间。

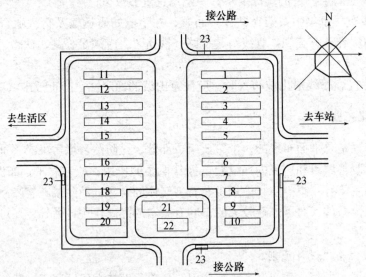

图 2-2　复合材料厂平面布置图示

1—树脂车间；2—手糊车间；3—浸胶车间；4—层模压车间；5—卷管车间；6—缠绕车间；7—锅炉房；
8—食堂；9—三班房；10—车库；11—原材料库；12—原材料库；13，14—成品库；15—机加工车间；
16—成品检验车间；17—浴室；18—变电所；19—电工房；20—球场；21—办公室；22—花园；23—警卫室

第3章 复合材料厂车间工艺布置

复合材料厂车间工艺布置是工艺设计的重要组成部分，它的任务是确定车间的厂房布置和设备布置。厂房布置是对整个车间的厂房和各个组成部分，按照它们在生产中和生活中所起的作用进行合理的平面布置和安排；设备布置是根据生产流程情况及各种有关因素，把各种工艺设备在一定的区域内进行排列。车间工艺布置中的两项内容是互相联系的。在进行厂房布置时，必须以设备布置的草图为依据，以此为条件，对车间内生产厂房、辅助厂房及其所需的面积进行估算。而详细的设备布置又必须在已确定的厂房布置的基础上进一步具体化。

车间工艺布置的基本原则是要做到生产流程顺畅、紧凑，力争缩短物料的运输距离，并充分考虑设备安装、操作和检修的方便以及其他专业对布置的要求。

3.1 复合材料厂车间工艺布置的要求

在进行复合材料厂车间工艺布置前，必须对车间内外的情况进行了解，一般要掌握以下情况：

(1) 车间外部环境

① 车间在厂区总平面图中所占的位置，周围设施情况，与车间有关的车间、工段、部门在总图上的位置，这些外部条件往往制约车间总的布置。

② 车间所在地的地形条件和周围环境。它主要包括两方面的内容，一是本车间所在地的地形开阔程度，以便考虑厂房的平面及立面布局；二是车间所在地的水文地质情况，如地下水流向、地耐力等。

(2) 车间内部情况

1) 熟悉工艺流程

车间工艺布置首先要保证工艺生产的顺利进行。所以在设计前要熟悉工艺生产的主要流程及辅助流程，以便设计时满足工艺生产的要求。

2) 了解设备

设备布置是车间工艺布置的重要内容之一。在设计之前，应了解所选用的设备情况。

① 掌握设备基础资料，包括设备一览表中所包含的设备的种类、台数、尺寸、重量等，还要清楚每条生产线的设备总台数。

② 进一步了解各类设备的安装、检修要求及操作情况，以便布置设计时考虑设备之间及各生产线之间保持适当间距。

③ 物料流动及数量，包括各生产工序的原料、半成品、成品、回收料及废料的数量（重量或体积）、特性、存放要求及运输情况。

④ 能量消耗，主要了解各个工序中水、电、汽等能量消耗情况，掌握最大耗能部门，以便在车间布置时使各公用工程部门尽可能地接近负荷中心。

⑤ 深入了解水、电、汽等公用工程对厂房的要求，以便安排合适的位置。例如，变配电室要求干燥，不宜放在潮湿车间楼下。又如分析室、仪表控制室等要求环境清洁、安静，应尽量不与空调室、水泵房等产生振动或发出噪声的部门布置在一起。

⑥ 生产、生活、安全方面的要求。

同时，还应该熟悉复合材料厂车间组成，一个较大的车间通常包括下列四个部分：a. 生产设施，包括生产工段、原料和产品仓库、控制室、露天堆场或贮罐区等；b. 生产辅助设施，包括除尘通风室、配电室、机修室、化验室等；c. 生活行政设施，包括车间办公室、更衣室、浴室、厕所等；d. 其他特殊用室，如劳动保护室、医疗室等。

3.2　厂 房 布 置

厂房布置取决于生产流程、生产要求和设备的安装维修等生产条件，适当照顾全厂的整体性和美观。厂房布置包括厂房的平面布置和厂房的立面布置。

3.2.1　厂房的平面布置

厂房的平面布置是根据生产工艺流程、生产特点、生产规模等生产工艺条件以及建筑本身的可能性与合理性来安排的。它主要考虑以下几个方面的要求：

① 厂房的面积：厂房的面积应考虑设备本身和生产操作所需的面积；设备安装和检修所需的面积；其他设施所需的面积，如变配电室，控制操作室，采暖、通风、收尘用的面积等；生产管理及生活用室所需的面积，如车间办公室、化验室、更衣室、浴室、厕所等；辅助面积，如机电修理室、材料室等；各种通道所需的面积。

建筑面积应力求合理紧凑，即在满足工艺要求和其他要求的前提下，尽量减少建筑面积。

② 厂房的平面轮廓：厂房的平面轮廓有长方形、L形和T形。长方形便于总平面图的布置，节约用地，有利于设备排列，缩短管线，易于安排交通出口。有较多可供自然采光和通风的墙面，因此厂房平面轮廓通常采用长方形。

③ 厂房的柱网布置：厂房中柱网布置既要便于设备排列和工人操作，又要有利于交通运输，同时尽可能符合建筑模数的要求，一般厂房采用 6m×6m 的柱网。必须加大时，不宜超过 12m。

④ 厂房的宽度：厂房为了采光、通风及经济性的要求，一般单层厂房宽度不超过 30m；多层厂房宽度不超过 24m；厂房常用宽度有 9m，12m，14.4m，15m，18m，也有用 24m 的。单层厂房常为单跨的，即跨度等于厂房宽度。多层厂房，考虑到经济情况，常用跨度控制在 6m 左右，一般车间的短边（即宽度）常为 2~3 跨，长边（即长度）则根据生产规模及工艺要求决定。

⑤ 应适当布置厂房出入口、通道和楼梯位置，厂房大门尺寸要考虑便于运输工具的进出。若大门尺寸小于厂房内所需安装的设备的外形尺寸时，应考虑预留安装门洞，其宽度和高度应比设备或其最大部件的宽度和高度大 0.5m 以上。

⑥各种地下构筑物，如排水沟、电缆沟、工艺设备管道的地沟、地坑等应统一考虑，合理安排，以减少基建工程量，并避免与建筑物基础、设备基础发生矛盾。

⑦厂房平面布置力求规整，并应考虑将来扩建的可能性，留有扩建的余地，还应考虑在扩建时，尽量不妨碍原有生产的正常进行，不拆除原有建筑和施工方便等。

3.2.2　厂房的立面布置

厂房的立面布置即空间布置，它主要考虑以下几个方面的要求：

①厂房的形式，厂房的立面有单层、多层、单层与多层相结合的形式，可根据生产工艺特点确定。

②厂房的层高，厂房每层高度主要取决于设备的高低、安装的位置、检修要求及安全卫生等条件。一般每层高度采用场 4~6m，最低不宜低于 3.2m，净空高不得低于 2.6m，每层高度尽量相同，且应尽可能符合建筑模数的要求。

③走廊、地坑、操作平台等通行部分的净空高度不得低于 2.0m，不经常通行部分不得低于 1.9m；空中走廊跨越公路时，路面上方的净空高度不低于 4.5m。

④在有高温及有毒害性气体的厂房中应适当增加层高，并考虑加开排热天窗，以利通风散热。

⑤有爆炸危险车间宜采用单层，厂房内设置多层操作台以满足工艺设备位差的要求。如必须设在多层厂房内，则应布置在厂房顶层。如整个厂房均有爆炸危险，则在每层楼板上设置一定面积的泄爆孔。这类厂房还应设置必要的轻质屋面和外墙及门窗的泄压面积。车间内防爆区与非防爆区（生活、辅助及控制室等）间应设防爆墙分隔。有爆炸危险车间的楼梯间宜采用封闭式楼梯间。

⑥在符合工艺要求和其他要求的情况下，厂房立面应力求简单，避免层数过多和高度过高，以便于施工和达到经济合理的效果。此外，厂房主立面应适当注意整齐美观。

3.3　设　备　布　置

设备布置就是要把车间内的各种设备按照工艺流程要求加以定位。除了主要设备以外，还包括附属设备。设备的定位既要与厂房建筑物需要相互适应，同时设备与设备之间也要相对定位。设备布置设计除要满足生产工艺要求外，还要便于设备的安装与检修，保障安全生产，节省基建投资并留有发展余地。

3.3.1　设备布置的要求与步骤

设备布置应满足以下几个要求：

（1）满足生产工艺要求

①设备布置设计首先要满足工艺要求，要保证工艺流程的顺序，保证工艺流程在水平和垂直方向的连续性。一般采用流程式布置，即把每个工艺过程所需的设备布置在一起，必要时也可采用同类设备集中和流程相结合的方式。

②操作中有联系的设备或工艺上要求靠近的设备应集中布置，并保持必要的间距，以便集中管理，统一操作。

③ 相同或相似设备应集中布置，并考虑相互调换使用的可能性和方便性，充分发挥设备的潜力。

④ 要充分利用位能，尽可能使物料自动流送，避免中间体的产品有交叉往返的现象。一般可将计量设备布置在最高处，主要设备布置在中层，贮槽及重型设备布置在最低层。

⑤ 设备布置时必须保证管理方便和安全。要留出操作、运输、安装、检修的位置，设备与墙的距离，设备与设备之间的距离，并留出运送设备的通道和人行道。设计时应遵守它们的标准规范。

（2）符合安全技术要求

复合材料生产中易燃、易爆、有毒的物品较多，布置设备时应充分考虑，以保证安全生产。

① 加热炉、明火设备、产生有毒气体的设备，应布置在下风处，盛有毒物料的设备不应放在厂房的死角处。对易燃、易爆车间应有效地加强自然对流通风，必要时采用机械送风和排风，使易燃、易爆物含量降至爆炸极限以下。

② 加热炉、明火设备与易燃设备、易爆设备，应保持一定的间距。易燃、易爆车间要采取防止引起静电现象及着火的措施。

③ 对接触腐蚀性介质的设备，除本身的基础要加防护外，对设备附近的墙、柱等建筑物也必须采取防护措施，必要时可加大设备与墙、柱间的距离。

（3）便于安装与检修

① 设备布置时必须考虑安装、检修的可能性及其方式、方法。

② 必须考虑设备运入、搬出车间的方法及经过的通道。

③ 厂房中要有一定的供设备检修及拆卸用的面积和空间。同类设备集中布置可统一留出检修场地；塔和立式设备的人孔应对着空场地或检修通道，应尽量布置在同一方向；列管式换热器应在可拆的一端留出一定空间以便抽出管子来检修，特别应防止检修孔、仪表管口及其他管口碰梁。

④ 设备的起吊运输高度应大于运输过道上最高设备高度400mm以上。

（4）保证良好的操作条件

① 有原料入口及成品出口的设备，应布置在厂房通道或离车间大门近的地方，以方便运输。

② 设备布置应避免妨碍门窗的开启、通风和采光。设备布置应尽量做到背光操作。

（5）符合建筑要求

① 笨重设备或生产中能产生很大振动的设备，尽可能布置在厂房的底层，以减少厂房的荷载和震动。

② 有剧烈振动的机械，其基础应与厂房脱开，避免和建筑物的柱、梁、楼板、墙等连在一起，以免影响建筑物的安全。

③ 设备布置时，要考虑到建筑物的柱子、主梁及次梁的位置，设备穿孔必须避开主梁。

④ 厂房内操作台必须统一考虑，避免平台支柱零乱重复，以节约厂房内构筑物所占的面积。

⑤ 在不影响工艺流程的情况下，将较高设备集中布置，可简化厂房体形，节约基建的投资。

⑥ 换热器应尽量考虑两三个重叠安装，以节省占地面积和管线。

⑦ 设备布置要充分利用框架空间，充分利用管桥上下的空间。

（6）设备布置的步骤

① 熟悉掌握有关图纸、资料。在进行设备布置设计前，通过有关图纸资料（工艺流程图、厂房建筑图、设备一览表等），熟悉工艺过程的特点，设备的种类和数量、设备的工艺特性和主要尺寸、设备安装高低位置的要求、厂房建筑的基本结构等情况，以便着手设计。

② 确定厂房的整体布置（分离式或集中式）。根据设备的形状、大小、数量确定厂房的轮廓、跨度、层数、柱间距等，确定生产用厂房及部位。

③ 认真考虑设备布置的原则，应满足各方面的要求。

④ 绘制设备布置草图。从第一层的平面布置入手，先绘出厂房外形轮廓，再在轮廓内进行布置。在设备较多时，用硬纸剪成装置外形，以便随意移动，反复布置，也可采用立体模型布置法。在进行设备布置时，可准备几个方案，反复评比，选出较理想的方案。绘出设备草图。

⑤ 绘制正式设备布置图。根据设备布置草图，考虑以下因素加以修改：总管排列的位置，做到管路短而顺；检查各设备基础大小，设备安装、起重、检修的可能性；设备支架的外形、结构，常用设备的安全距离；外管及上、下水管进、出车间的位置；操作平台、局部平台的位置大小等，绘制正式设备布置图。

3.3.2　设备布置图

设备布置图是设备布置设计中的主要图样，它表示一个车间（装置）或一个工段的生产和辅助设备在厂房内外布置的情况，在初步设计阶段和施工图设计阶段中都要按正投影原理进行绘制。

（1）图样的内容

1）一组视图：表示厂房建筑的基本结构和设备在厂房内外的布置情况。

2）尺寸及标注：在图形中注写与设备布置有关的尺寸和建筑轴线的编号、设备的位号、名称等。

3）安装方位标：指示安装方位基准的图标。

4）说明与附注：对设备安装布置有特殊要求的说明。

5）设备一览表：列表填写设备位号、名称、规格、型号、材质、重量、数量等。

6）标题栏：注写图名、图号、比例、单位、设计阶段等。

（2）设备布置图的具体绘图步骤

1）确定设备布置图的视图配置。

2）选定绘图比例和图纸幅面。

3）绘制平面图，从底层平面起逐个绘制：

① 画建筑物定位轴线；

② 画与设备安装布置有关的厂房建筑基本结构；

③ 画设备中心线；

④ 画设备、支架、基础、操作平台等轮廓形状；

⑤ 标注厂房建筑、构件及设备尺寸；

⑥ 标注定位轴线编号及设备位号、名称；

⑦ 图中如果分区，还需要分区界线并作标注。

4）绘制剖视图，绘制步骤与平面图大致相同，逐个画出各剖视图。在一套图纸内，剖视图名称不允许重复。剖视图与平面图可画在一张图上，按剖视顺序，从左到右，从下而上顺序排列。

5）绘制方位标，一般均采用北向为零度方位基准。

6）编制设备一览表及有关表格，注写有关说明，填写标题栏。

7）检查、校核，最后完成图样。

第4章 车间工艺流程的选择和
工艺设备的选型

4.1 选择车间工艺流程和设备的基本方法

4.1.1 选择车间工艺流程和设备的要求

本章所述各种成型工艺相应设备的选择是对工艺设计原则的具体运用。在实际工厂的工艺设计中，并没有单纯进行车间工艺流程选择这个步骤，工艺流程的选择必须结合在工艺计算中的设计布置，进行全面考虑。但为了叙述方便，本章将分别阐述各种成型工艺及其适用条件。

工艺设计人员必须熟悉各种工艺流程，选择工艺流程时必须综合考虑各种因素，如进入车间加工的物料的性质和数量，车间加工产品的质量要求，车间布置，场地的限制或要求，供热、供风条件等，切忌顾此失彼。

选择车间工艺流程和设备，应该力求使所选的流程和设备先进、可靠，能满足生产要求，能生产质量合格的产品，设备来源有保证，管理维修方便，而且能尽量满足节约能源和经济合理的要求等。为此，在选择流程和设备时，一般应进行方案对比，从技术上和经济上全面分析各种方案的利弊，如技术特征、设备性能、动力、燃料和材料消耗、建筑面积和体积、设备购置和设备维护费、劳动生产率及产品成本等，从而选出最适合的方案。

通常，车间工艺流程选择是在一定条件下进行的，只能在客观现实条件下选择技术经济效果相对较好的工艺流程。由于受实际条件的限制，理论上最好、最先进的工艺流程未被选用也是常有的事，尤其是复合材料厂的扩建、改建设计更是如此。因此，选择车间工艺流程时，应注意结合实际，不可片面追求先进性。

4.1.2 车间主机的选型计算

车间主机选型计算的步骤是根据所选择的车间工艺流程、主机型式及规格，先标定主机的生产能力（小时产量），然后根据要求主机的小时产量计算主机的台数，最后再核算主机的年利用率（按年平衡法）或主机每周运转小时数。

标定主机产量的原则：除了根据设备说明和公式推算以外，还应根据具体技术条件，参考同类型、同规格（或近似规格）的主机实际生产数据加以调整，避免由于主机产量标定不当而带来不良后果。主机产量标定过高时，工厂投产后长期达不到设计产量，完不成生产任务，会造成生产紧张的被动局面；而如果主机产量标定过低，则会造成设备利用率过低的浪费现象。

主机的数量可按下式计算：

$$n = \frac{G_H}{G_{台时}} \qquad (4\text{-}1)$$

式中 n——主机台数；

G_H——要求主机小时产量（t/h），由主机平衡计算可得；

$G_{台时}$——主机标定台时产量（t/h）。

上式算出的 n 应等于或略小于整数并取整数值，如算出的 n 不接近于整数时，则应采取相应措施，或者另行选择主机规格，标定主机产量，进行核算。

4.1.3 附属设备的选型计算

生产工艺流程中与主机配套的设备统称为附属设备。附属设备选型的基本原则是要保证主机生产的连续、均衡，不能因附属设备选型不当而影响主机的正常连续生产。因此，除了选择适当的型式以外，在确定具体规格和台数时，一般应该考虑附属设备对于主机具有一定的储备能力，即附属设备的小时生产能力应适当地大于主机所要求的小时生产能力。

附属设备的选型方法与主机大体相同，需要选择设备的型式或规格，确定设备的台数。在一般情况下，力求减少附属设备的台数。但对于某些需要经常维修或平时易出故障的附属设备，可以设置备用，以保证主机生产的连续进行。

4.2 各种成型工艺流程及设备

不同的生产工艺，其制品种类不同，尽管同种制品可采用不同的方法生产，但其产品的物理力学性能也有差异。若按成型方法和用途将复合材料产品加以分类，则有利于产品生产规范化和工艺设计规范化，提高产品的质量，制定产品标准和开拓产品的应用市场。按工艺方法不同，可将复合材料制品分为以下几类：

① 手糊成型制品：多用于造船工业、汽车制造工业、化工防腐工程和建筑材料工业中，如渔船、游艇、扫雷艇、汽车壳体、油箱、水箱、贮槽、管道、浴盆、波形瓦等产品。

② 喷射成型制品：生产效率较手糊成型高，尺寸大小不受限制，特别适用于大产品（如浴盆），设备简单，产品整体性能好，但产品强度低，劳动条件差，操作技术高。

③ 层压成型制品：主要为玻璃钢板材、覆铜箔板、电气绝缘板、装饰板等制品。

④ 模压成型制品：适用于大批量生产中小型玻璃钢制品，产品质量均匀，外观质量高，尺寸精度高，并可成型复杂形状产品，各种机械配件、耐腐蚀泵阀、汽车配件等。常见的有轴承、法兰圈、齿轮、摩擦片、电视机壳体、炮弹引信体、座椅等。但该工艺设备费用大，模具质量要求高，成型压力大。

⑤ 缠绕成型制品：由于缠绕工艺的特点仅适用于制造圆柱体、球体及某些正曲率回转体产品，因此其制品主要有内压容器，如压力容器、贮罐、压力管道、火箭发动机壳体等。制品充分发挥了玻璃纤维强度高的特点。

⑥ 卷制成型制品：主要生产玻璃钢管材、煤矿支柱、弹药防潮筒、钓鱼杆等。

⑦ 连续成型制品：由于连续成型工艺又可分为连续拉挤工艺、连续挤出工艺、连续制板成型工艺等，因此其产品种类也较多。拉挤成型工艺多生产热固性的棒材、管材及各种型材，而挤出成型工艺多生产热塑性的管材及各种型材，连续制板工艺主要生产玻璃钢波形

瓦、纸面石膏板等。该工艺生产效率高，制品质量稳定，长度不限，但设备投资大，只能生产线型制品或板材。

⑧ 注射成型制品：成型周期短，物料的塑化在注射机内完成，可使形状复杂的产品一次成型，生产效率高，成本低。

除上述各种成型工艺制品外，还有离心浇注成型制品、RTM 成型制品等多种，此处不再详述。

4.3　喷射成型工艺及设备

喷射成型工艺是为改进手糊成型工艺而开发的一种半机械化成型工艺。其工艺过程是将混有引发剂和促进剂的不饱和聚酯树脂从喷枪喷出，同时将玻璃纤维无捻粗纱用切割机切断并由喷枪中心喷出，与树脂一起均匀沉积到模具上。待沉积到一定厚度，用手辊滚压，使纤维浸透树脂、压实并排除气泡，最后固化成制品。喷射成型工艺流程如图 4-1 所示。

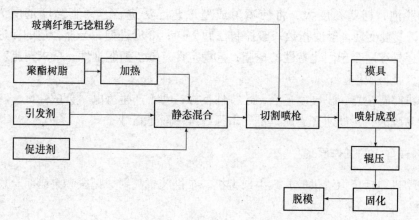

图 4-1　喷射成型工艺流程

4.3.1　喷射成型的分类

喷射成型有两种分类方法。按胶液喷射动力分为气动型和液压型。气动型是空气引射喷涂系统，靠压缩空气的喷射将胶液雾化并喷射到芯模上，部分树脂和引发剂烟雾被压缩空气扩散到周围空气中，造成环境的污染和材料的浪费，因此目前已很少使用了。液压型是无空气的液压喷涂系统，靠液压将胶液挤成滴状并喷涂到模具上。因没有压缩空气喷射造成的扰动，没有烟雾，材料浪费少。按胶液混合形式可分为：内混合型、外混合型和先混合型三种。内混合型是将树脂与引发剂分别送到喷枪头部的紊流混合器充分混合，因为引发剂不与压缩空气接触，故不产生引发剂蒸汽。缺点是喷枪易堵，必须用溶剂及时清洗。外混合型是引发剂和树脂在喷枪外的空气中混合。由于引发剂在同树脂混合前必须与空气接触，引发剂容易挥发，因此既浪费材料又引起环境污染。先混合型是将树脂、引发剂和促进剂分别送至静态混合器充分混合，然后再送至喷枪喷出。

4.3.2 喷射成型的特点

喷射成型的优点有：①生产效率比手糊法提高 2～4 倍；②利用粗纱代替织物，降低了材料成本；③成型过程中无接缝，制品的整体性好；④减少了飞边和剩余胶液的损耗；⑤可自由调节产品壁厚、纤维与树脂的比例及纤维的长度。

喷射成型的主要缺点有：①产品的均匀程度在很大程度上取决于操作工人的熟练程度；②树脂含量高，增强纤维短，制品的强度较低，耐温性能差；③因过量喷涂而造成原材料损耗大；④阴模成型比阳模成型难度大，小型制品比大型制品难度大；⑤现场粉尘大，工作环境恶劣；⑥初期投资比手糊成型大。

4.3.3 原材料选择的要求

原材料选择的要求有：①满足产品设计的性能要求；②适应喷射成型工艺的特点要求；③价格便宜，货源充足。主要是树脂和纤维的选择。

选择树脂时要注意以下问题：①黏度方面，要求树脂易于喷射并易于雾化，易浸润玻璃纤维，易于脱泡，树脂黏度大，将使喷射成型工艺无法进行。树脂黏度范围为 0.300～0.800Pa·s；②触变性，触变指数一般控制在 1.5～4；③促进剂，选择合适的促进剂；④固化特性，选择具有适合于固化特性的树脂；⑤稳定性；⑥浸渍脱泡性，要求树脂对玻璃纤维的浸润性好，且易脱泡。

选择纤维时要注意：①硬度适当，切割性良好；②不产生静电，分散性好；③与树脂的浸渍性好，易脱泡；④高速开卷时不乱，增强纤维一般是粗纱。

4.3.4 喷射成型机的工作原理

喷射成型机包括压力罐供胶式喷射成型机、泵供胶式喷射成型机和泵罐组合供胶式喷射成型机三种。

(1) 压力罐供胶式喷射成型机

见图 4-2，有两个胶罐，一个装树脂引发剂，一个装树脂促进剂。靠输入罐中一定压力的气体为动力，迫使胶液通过管道进入喷枪而被连续喷出。工作原理：两个压力罐 6 和 7 分别与两个胶液喷枪相连，喷射成型时，由压力气源供给的具有一定压力的气体，经气水分离器分为四路：一路经调压阀 5 分别进入两个压力贮罐，实现树脂胶液的连续喷射；一路经调压阀 3 进入喷枪体后部的汽缸中，用以调控喷枪胶液喷射量；一路经调压阀 9 用于驱动纤维切割喷射器气动马达带动切割辊旋转，实现纤维的连续切割；一路经调压阀 10 供给喷枪使胶液雾化和供给纤维切割喷射器喷射短切纤维。

(2) 泵供胶式喷射成型机

目前有两种类型：一种是树脂胶液与辅助剂分别由各自的泵供给各自的喷枪，在喷射过程中，在枪外空间交叉混合；另一种是树脂胶液和各组分辅助剂各自泵入静态混合器中，充分混合后再由同一个喷枪喷射，只用一个胶液喷枪，且喷枪结构简单、质量轻，喷射过程中引发剂浪费少。根据泵驱动方式可分为电动式和气动式。电动式结构复杂、笨重、移动不便，最大的缺点是不易控制。气动式结构简单、轻便，性能稳定，压力及流量波动小，工艺性好，适用性较强，缺点是需配备空压机。

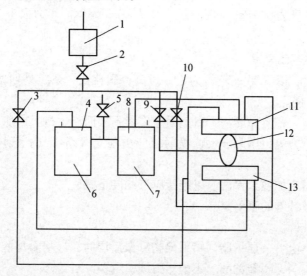

图4-2 双压力罐供胶式喷射成型机示意图

1—气水分离器；2—气阀门；4—放气阀；6，7—压力罐；8—安全阀；

3，5，9，10—调压阀；11—纤维切割喷射器；12，13—树脂喷射器

泵供胶式喷射成型机的工作原理是空压机通过配汽缸同时供给汽缸、喷枪、纤维切割喷射器一定压力的气体，通过改变辅助剂泵柱塞在摇臂上的位置，准确调控树脂同辅助剂间的流量配比。在泵与喷枪间串联一个静态混合器。树脂泵和辅助剂泵压出的树脂与辅助剂在这里得到充分混合，然后流入喷枪并在喷射气体作用下喷射到模具表面。同时，工作气体驱动纤维切割喷射器的气动马达，将玻璃纤维连续切割成短切纤维喷出，并同时混合粘附到模具上。

（3）泵罐组合供胶式喷射成型机

树脂由泵供给，辅助剂由压力罐供给，这样既有压力罐供胶结构简单的特点，又有泵供胶供胶量准确的特点。由于辅助剂用量少，可长时间不用上料，克服了压力罐频繁加料的缺点。

4.3.5 喷射成型工艺控制

（1）喷射工艺参数

① 纤维：含量28%～33%，长度25～50mm，纤维含量过低，辊压容易，强度太低；过大，滚压困难，气泡较多。纤维长度小于10mm，制品强度降低；大于50mm，不易分散。

② 树脂含量：采用不饱和聚酯树脂，含胶量为60%左右。含胶量过低，纤维浸渍不均，粘结不牢。

③ 胶液黏度：黏度应控制在0.3～0.8Pa·s，触变指数以1.5～4为宜，易于喷射雾化，易于浸渍玻璃纤维，易于排除气泡而又不易流失。

④ 喷射量：喷胶量8～60g/s。喷射量太小，生产效率低；喷射量过大，影响制品质量。

⑤喷枪夹角：为操作方便，选用20°夹角为宜，距模具350～400mm。

⑥喷射压力：黏度为0.2Pa·s时，压力0.3～0.35MPa。压力太小，混合不均匀；压力太大，树脂流失过多。

（2）喷射成型的工艺要点

①成型环境温度，以（25±5）℃为宜，过高，固化快，系统易堵塞；过低，胶液黏度大，浸渍不均，固化慢。

②制品喷射成型工序应标准化，以免因操作者不同而产生过大的质量差异。

③压力要稳定，为避免压力波动，喷射机应由独立管路供气。气体要彻底除湿，以免影响固化。

④树脂应根据需要加温、保温，以维持胶液黏度适宜。

⑤准确调节胶及纤维的喷射量。

⑥纤维切割要准确。

⑦喷射前在模具上喷一层树脂，喷射最初和最后层时，应尽量薄些，以获得光滑表面。

⑧喷枪移动要均匀，不能漏喷，不能走弧线。

⑨每一层喷完后应立即辊压，再喷第二层。

⑩调整好喷枪的角度和距离，进而调节纤维和胶液的喷涂直径，以期得到最好的脱泡效果。

⑪特殊部位应用特殊方法处理。

4.3.6 喷射成型设备

喷射成型机一般由下列几部分组成：①用于输送树脂或固化剂的泵；②固化剂压力罐；③洗涤溶剂压力罐；④增强材料切割器；⑤用于控制的各种空气调节器和计量器；⑥输送材料的各种软管；⑦喷枪。

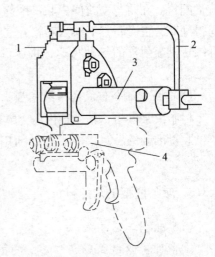

玻璃纤维切割喷射器是喷射成型机的主要组成部分，如图4-3、图4-4所示。它将由纱团引出的连续纤维切短为喷射成型所需的长度并连续地喷散在成型模具上。其工作性能直接影响喷射成型机的正常工作。它主要由切割辊、垫辊、牵引辊、气动马达、汽缸活塞、机壳等组成。牵引辊与垫辊一起连续地向切割辊和垫辊间输送纤维，纤维在旋转的切割辊与垫辊之间被切断并被喷射气流吹散，连续向外喷出。

图4-3 玻璃纤维三辊切割器示意图
1—机壳；2—进气管；3—气动马达；4—喷枪

树脂胶液喷枪是喷射成型机的重要组成部分，用于喷射树脂和辅助剂。各种喷射成型设备除喷枪外基本上是类似的。喷枪的种类繁多，按喷嘴数目，胶液喷枪可分为单喷嘴、双喷嘴和多喷嘴喷枪；按喷枪喷嘴开启控制方法，可分为气动控制和手动控制喷枪；按喷枪胶液雾化动力，可分为气压雾化和液压雾化喷枪；按树脂与引发剂的混合空间，可分为枪内混合式和枪外混合式喷枪。枪外混合型喷枪，具有四个喷嘴，其中两个用于树脂，两个用于固化剂（空气雾化），四个喷嘴安排在正方形的四个角

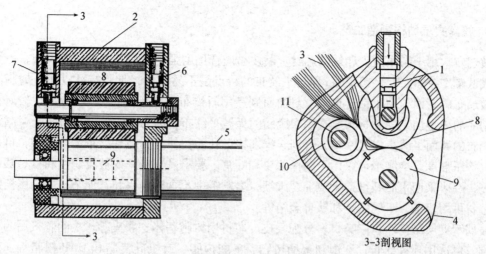

图 4-4　玻璃纤维三辊切割器剖面图

1—多头喷枪；2—切割器；3—玻璃纤维；4—出口；5—气管；6—活塞；
7—活塞；8—支承辊；9—切割辊；10—压力辊；11—轴；12—螺帽

上，中间是短切纤维的喷嘴。喷出的短切纤维被树脂和固化剂包围，因此，玻璃纤维不容易喷溅出来。这种喷枪不需要溶剂冲洗，但每次喷射结束后喷枪前端应洗干净。无空气枪外混合型喷枪，固化剂由压力罐输送到喷枪，在足够的压力下使固化剂雾化，不需要空气辅助。通过适当的调节，切割器将短切纤维喷入树脂和固化剂的喷射面内。无空气枪外混合型喷枪不需要用溶剂冲洗，但每次喷射结束，应该将喷嘴洗干净。而空气辅助内部混合型喷枪，是目前使用最普遍的一种喷枪，在内部将空气、固化剂和树脂混合在一起。短切玻璃纤维被喷到混合物喷射面的上面，一定量的玻璃纤维的喷溅是不可避免的。空气与固化剂和树脂混合，使制品易产生孔隙。这种喷枪需要用溶剂冲洗内部混合腔。

静态混合器是一种连续混合液流的新型而又简单的装置，在混合物料的过程中静止不动，用于树脂胶液和辅助剂的混合。螺旋式静态混合器和流道式静态混合器是喷射成型机常用的两种静态混合器。

4.4　夹层结构成型工艺及设备

4.4.1　概述

夹层结构是由高强度的蒙皮（表层）与轻质芯材组成的一种结构材料。玻璃钢夹层结构是指蒙皮为玻璃钢、芯材为玻璃布蜂窝或泡沫塑料等组成的结构材料。玻璃钢夹层结构的成型方法有手糊法和机械法两种。目前，大多采用手糊法，因为它设备简单，操作方便。

加入芯材的目的是维持两面板之间的距离，由于这一距离使夹层面板截面的惯性矩和弯曲刚度增大。这种结构可有效地弥补玻璃钢弹性模量低、刚度差的不足。由于芯材的密度小，用它制成的夹层结构，能在同样承载能力下，大大减轻结构的自重。

4.4.2 蜂窝夹层结构制造工艺

玻璃布常用于制作蒙皮和蜂窝芯材。蒙皮布应选用增强型浸润剂处理的玻璃布，一般用无碱或低碱平纹布，0.1~0.2mm厚。平纹布的特点是不易变形，不脱蜡可以防止树脂胶液渗到玻璃布的背面，产生粘连现象。对曲面制品用斜纹布（属于加捻布），变形性较好，有利于制品的成型加工。芯材布要选用未脱蜡的无碱平纹布，因为有蜡玻璃布可防止树脂渗透到玻璃布的背面，减少层间粘结，有利于蜂窝格子孔的拉伸。无碱平纹布不易变形，可提高芯材的挤压强度。绝缘纸可以用于制作蒙皮和蜂窝，要求具有良好的被浸润性和有足够的拉伸强度，一般采用木质纤维素纸或棉纤维纸，要求纸中不含有金属和其他杂质。金属箔制作蜂窝芯材可用铝箔、不锈钢箔和钛合金箔等。

玻璃钢夹层结构用树脂类材料分为蒙皮、芯材用树脂基体、蒙皮芯材之间胶接用的树脂粘结剂，可选用环氧树脂、不饱和聚酯树脂、酚醛树脂、有机硅树脂和DAP树脂等。蜂窝夹芯制作过程中的胶条通常用聚醋酸乙烯酯、聚乙烯醇缩丁醛胶和环氧树脂等。

蜂窝夹芯材料按其密度大小可分为低密度夹芯和高密度夹芯。低密度夹芯的芯材为纸、棉布、玻璃布浸渍树脂、泡沫塑料、铝蜂窝夹芯，蒙皮多采用胶合板、玻璃钢板、薄铝板，芯材与蒙皮胶接而成。高密度夹芯的芯材与蒙皮材料都采用不锈钢或钛合金，芯材制造及芯材与蒙皮的连接多采用焊接的方法。

布蜂窝夹芯（包括纸、棉布、玻璃布等）的制造方法有胶接拉伸法、塑性胶接法、模压法。模压法主要用于金属蜂窝制造，现在很少使用。而胶接拉伸法是目前广泛使用的一种方法。

胶接拉伸法是将粘结剂通过不同的方式涂在玻璃布上形成胶条，相邻两层涂有胶条的玻璃布应使胶条错开，形成一块蜂窝芯子板。粘结剂充分固化，将蜂窝芯子板放在切纸机上切成一条条具有所要求高度的蜂窝芯子条，然后将蜂窝芯子展开，即成蜂窝。根据涂胶方式的不同，胶接拉伸法又可分为手工涂胶法和机械涂胶法两种。

（1）手工涂胶法

手工涂胶法只需将胶涂成一条一条的形状，将布粘结在一起，胶液固化后，将两面层布拉开就可形成蜂窝。涂胶条的位置不同，形成不同形状的蜂窝。

①涂胶装置。由上下两块板构成，上板为涂胶板，可打开，铺放胶条纸；下板为平板，可向左右移动 $2a$（图4-5）的距离。

②涂胶板制作。设正六边形的边长为 a，则两相邻胶条的距离为 $4a$。由于粘结剂的胶液会沿着涂胶纸上胶缝的边沿向两边渗透，使蜂窝格子的胶接宽度大于 a，所以为了确保蜂窝格子为正六边形，在涂胶纸上刻的胶条宽度要稍小于 a。

③涂胶工序。下板上铺第一层布，盖上上板（涂胶板），刷胶；打开上板，铺第二层布，并使下板移动 $2a$ 位置，刷胶……因此，两层布之间每隔 $2a$ 距离就有一个胶条粘结。

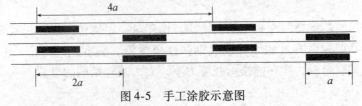

图4-5 手工涂胶示意图

（2）机械涂胶法

机械涂胶法有印胶法、漏胶法、带条式涂胶法、波纹式涂胶法。漏胶法生产效率较高，但漏胶嘴不易加工，胶条宽度不易控制，涂胶质量较差，设备清洗也不方便，故很少用。常用印胶法，如图 4-6 所示。其工作原理是玻璃布从放布筒 1 引出后，经过张紧辊 2 到第一道印胶辊，在布正面涂胶，然后经过导向辊到第二道印胶辊，在布的反面涂胶。涂胶后的玻璃布经过加热器加热，在水平导向辊 6 处与未涂胶的玻璃布叠合，一起卷绕到收布卷筒 8 上。收卷到设计厚度时，从收布卷筒上将蜂窝芯子板取下，加热固化后，切成蜂窝条备用。由印胶辊示意图，胶液通过带胶辊和递胶辊传到印胶辊的凸环上，当玻璃布和印胶辊接触时，胶液便被涂到玻璃布上去。第一道印胶辊和第二道印胶辊的凸环错位 $2a$。

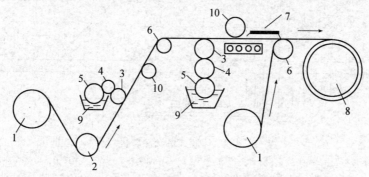

图 4-6　印胶式自动涂胶机工艺示意图

1—放布筒；2—张紧辊；3—印胶辊；4—递胶辊；5—带胶辊；6—导向辊；
7—加热器；8—收布卷筒；9—胶槽；10—调压辊

制造大面积的制品及异型制品时，加工的蜂窝块尺寸往往不能满足要求，因此需要拼接。拼接时取少许粘结剂，涂在拼接处，搭接长度为正六边形的边长，将搭接处用曲别针或夹具固定、加压、固化。

通常，蜂窝夹层结构成型与手工成型过程相同，按制造方法可分为湿法成型和干法成型，按成型工艺过程可分为一次成型法、二次成型法和三次成型法。

① 一次成型法是将内、外蒙皮和浸渍好树脂的蜂窝芯材，按顺序放在模具上，一次胶合固化成型。成型压力 0.01～0.08MPa。这种成型是湿法工艺，它适宜布蜂窝、纸蜂窝夹层结构的制造。其优点是生产周期短，成型方便，蜂窝芯材与内、外蒙皮胶接强度高。缺点是对成型技术要求较高。

② 二次成型法是将内、外蒙皮分别成型，然后与芯材胶接在一起固化成型（可以是先固化好的，也可是没有固化的）；优点是制件表面光滑，易于保证质量。

③ 三次成型法是外蒙皮预先固化好，再与芯材胶合进行二次固化，最后在芯材上胶合内蒙皮进行三次固化。优点是表面光滑，成型过程中可进行质量检查，发现问题及时排除。缺点是生产周期长。

4.4.3　夹层结构涂胶机的结构及原理

图 4-7 是印胶式蜂窝涂胶机。其工作原理为：在蜂窝涂胶机上放置两卷玻璃布，一卷通过涂胶辊 8 和 13 进行正反两面上胶。这两卷玻璃布分别放在布架 1 和 18 上，布架 1 的玻璃

布经过导向辊 3 和 4 到涂胶辊 8，在带胶辊 6 转动时，将胶槽 5 中的胶液带起，均匀地涂在传胶辊 7 上，传胶辊 7 又将胶液传至涂胶辊 8 的凸筋上，布架 1 上的布至涂胶辊 8 时与其凸筋相切，玻璃布做直线移动，涂胶辊 8 在布上相对滚动，于是涂胶辊 8 凸筋上的胶就印在玻璃布的正面上，通过正面印胶的玻璃布又经导向辊 9 至涂胶辊 13 以同样的道理进行反面印胶，玻璃布上正反两面的胶条均匀错移半个间距，如图 4-8 所示。图中实线表示玻璃布正面胶条，虚线表示反面胶条。经正反面印胶后的玻璃布，进入烘箱 15 烘干。不涂胶的玻璃布由放布架 18 放出，经导向辊 17 和 16，与从烘箱出来的印胶布叠合，一起到收布架 20，在一定的张力下进行卷迭，胶液经固化粘结以后便成型而得蜂窝格子。

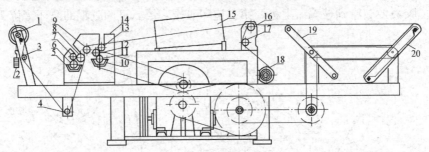

图 4-7　印胶式蜂窝涂胶机

1, 18—布架；2—张力重锤；3, 4, 9, 16, 17—导向辊；5, 10—胶槽；6, 11—带胶辊；
7, 12—传胶辊；8, 13—涂胶辊（花辊）；14—支撑板；15—烘箱；19—撑布架；20—收布架

蜂窝涂胶机的构造可分为上胶装置、干燥装置、收料（卷迭成型蜂窝格子）及传动装置等几个部分。

（1）上胶装置

上胶装置（图 4-7）的张力机构 2 使玻璃布产生一定的张力，玻璃布在张力的作用下能平整地进行上胶，提高上胶质量，收卷时能够卷紧。张力的大小靠拴在刹车带下面的重物来调节，增加重物时张力加大，反之则减小。上胶辊中的带胶辊 6 和 11，传胶辊 7 和 12 为表面光滑的空心辊筒，其作用是将胶槽内的胶液带起并均匀地传到涂胶辊 8 和 13 上，涂胶辊是带凸筋的实心辊筒，凸筋上又开有两道小浅槽，靠其凸筋部分对

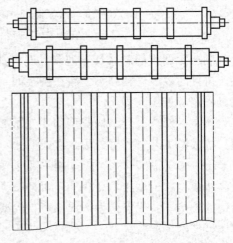

图 4-8　涂胶示意图

玻璃布上胶，胶量的多少靠每组上胶辊间的间隙大小来进行调节。其调节装置装在带胶辊和涂胶辊上，传胶辊上可不必装，此外为防止轴上下窜动，在涂胶辊的轴端装有轴向调节螺钉。

涂胶辊的结构如图 4-9 所示。

涂胶辊凸筋的宽度为 a，每个蜂窝格子的边长为 a_1，两凸筋的间距为 $4a_1$，凸筋上面又开有两道深为 h、宽为 b 的凹槽，其作用是避免透胶现象产生。正面印胶辊和反面印胶辊的凸筋间错开的距离为 $2a_1$，选取不同的 a 值时，即可得到不同规格的蜂窝。

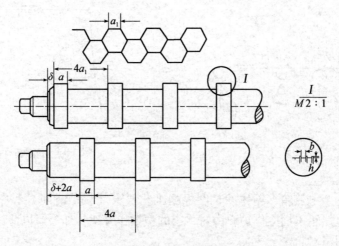

图4-9　涂胶辊结构

涂胶辊凸筋的宽度 a 应比每个蜂窝格子的边长 a_1 稍小一些，这是由于上了胶的玻璃布经过收料架的缠绕和叠块，再送入压机加压粘合之后，胶条会蔓延开，实际的胶条宽度就比涂胶辊凸筋的宽度大。a 和 a_1 的关系式为：

$$a = Ka_1 \tag{4-2}$$

式中　K——蔓延系数。

影响蔓延系数 K 的因素有很多，如胶液的种类、黏度、固化速度，溶剂的挥发性，胶辊的间隙（对于一定黏度的胶液），玻璃布的张紧度、吸水率、表面粗糙度，收料架的运转速度，生产操作时的温度、湿度等。从生产经验的长期积累得出 K 值的经验数据为：对于吸胶量不高的玻璃布、纸、铝制及其他的金属薄片，取 $K = 5/7$；对于吸胶量较高的纸或其他材料，取 $K = 15/17$。

制造涂胶辊的材料，要求耐磨、不锈蚀，有一定的刚度，运转时弯曲变形小。可以采用涂胶辊的轴为合金钢，而凸筋为铝合金，经过粘结固定的复合材料。这样即使磨损后也不用更换整个辊轴，只要更换凸筋即可继续使用。制造带胶辊和传胶辊的材料，采用合金钢，表面镀铬，表面跳动允差均为 0.02mm。

除了上述的上胶形式外，还有以下几种形式（图4-10～图4-13）。尽管这些上胶形式不同，但基本原理相同。

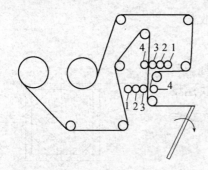

图4-10　上胶形式（一）

1—带胶辊；2—传胶辊；3—涂胶辊；4—压辊

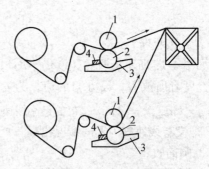

图4-11　上胶形式（二）

1—压辊；2—涂胶辊；3—胶槽；4—刮板

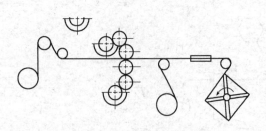

图 4-12　上胶形式（三）

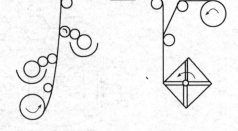

图 4-13　上胶形式（四）

（2）干燥装置

干燥装置是一个电热箱，箱体的长度根据工艺要求（烘干时间）和布速而定，其温度要求可以调节，电热箱以铝皮作炉膛内衬，小的型钢作骨架，外层蒙以薄铁皮，中间填以玻璃绒、石棉毡等耐温材料。

（3）收料及传动装置

收料及传动装置如图 4-7 所示。收料有平板框架收卷、方箱收卷和圆筒收卷三种。

① 平板框架收卷

如图 4-14 所示，收卷速度是不均匀的。平板框架转动使玻璃布卷在框架上，当框架运动到 AB 位置时，布的线速度为最大：

$$V_{max} = 2\pi r_{max} n \tag{4-3}$$

式中　V——线速度（m/min）；

　　　r——线速度方向至旋转中心的距离（m）；

　　　n——框架转速（r/min）。

过了 A 点，速度逐渐减小，到 CD 位置时，布的线速度为最小：

$$V_{min} = 2\pi r_{min} n \to 0$$

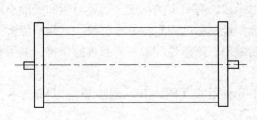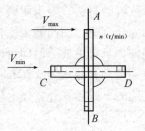

图 4-14　平板框架收卷

② 方箱收卷

如图 4-15 所示，收卷速度仍不均匀，但比平板框架收卷的速度有所改善。设方箱的边长为 a，布的最大线速度为 $V_{max} = 2\pi r_{max} n = \sqrt{2}\pi a n$。布的最小线速度为 $V_{min} = 2\pi r_{min} n = \pi a n$，即没有线速度为零的情况出现。

③ 圆筒收卷

收卷速度最均匀，其布的线速度始终为 $V = 2\pi r n$。但圆筒收料使得蜂窝的每一隔层形成为弧面，所以一般不宜

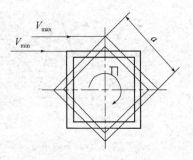

图 4-15　方箱收卷

采用，或尽量采取大直径的收料圆筒。

采用平板框架或方箱收料装置，收卷速度不均匀造成上胶时速度亦不均匀，在干燥加热箱内烘干的速度也是不均匀的，影响蜂窝质量。有些工厂在收料平板前加上一道与收料平板的板面相垂直的支撑板，如图 4-7 撑布架 19。在收布架收卷布的线速度为零时，撑布架支撑布的一面线速度达到最大，将布向上撑托，使布的运动速度不至于为零，以改善其不均匀的状况。

4.5　模压成型工艺及设备

模压成型工艺是将一定量的模压料放入金属对模中，在一定的温度、压力作用下，固化成型制品的方法。在模压成型过程中需加热加压，作用是使模压料塑化、流动，充满空腔，并使树脂发生固化反应。模压工艺利用树脂固化反应中各阶段的特性实现制品成型，当模压料在模具内被加热到一定的温度时，树脂受热熔化成为黏流状态，在压力作用下粘裹着纤维一起流动，直至充满模腔，此时称为树脂的"黏流阶段"。继续提高温度，树脂发生交联，分子量增大，流动性很快降低，表现为一定的弹性，最后失去流动性，树脂成为不溶、不熔的体型结构，此时称为"硬固阶段"。模压工艺中各阶段是连续出现的，其间无明显界限，并且整个反应是不可逆的。优点是有较高的生产效率，适于大批量生产，制品尺寸精确、表面光洁，可以有两个精制表面，价格低廉，容易实现机械化和自动化，多数结构复杂的制品可一次成型，无需损坏制品性能的辅助加工，制品外观及尺寸的重复性好。缺点是压模的设计与制造较复杂，初次投资较高，制品尺寸受设备限制，一般只适于制备中、小型玻璃钢制品。

模压成型工艺按增强材料物态和模压料品种可分为以下几类：

① 纤维料模压。树脂预混或预浸短切纤维模压料，然后模压成型制品。主要用于制备高强度异形制品或具有耐腐蚀、耐热等特殊性能的制品。

② 织物模压。将预先织成所需形状的两向、三向或多向织物经树脂浸渍后进行模压。由于通过配制不同方向的纤维而使制品层间剪切强度明显提高，质量比较稳定，但成本高，适用于有特殊性能要求的制品。

③ 层压模压。将预先浸渍好树脂的玻纤布或毡，剪成所需形状，经叠层放入模具进行模压。适于成型薄壁制品。

④ SMC 模压。将 SMC 片材（Sheet Molding Compound，片状模塑料），经剪裁，铺层，然后进行模压。适合于大型制品的加工（如汽车外壳、浴缸等），此工艺方法先进，发展迅速。片状模塑料是由不饱和聚酯树脂、增稠剂、引发剂、交联剂、低收缩添加剂、填料、内脱模剂、着色剂等混合物浸渍短切玻纤粗纱或玻纤毡，两表面加上保护膜（聚乙烯或聚丙烯薄膜）形成的片状模压成型材料。使用时除去薄膜，按尺寸裁剪，然后进行模压成型。

⑤ 碎布料模压。将预浸胶布剪成碎块放入模具，压成制品。适用于形状简单、性能一般的玻璃钢制品。

⑥ 缠绕模压。将浸胶的玻璃纤维或布带缠绕在模型上，进行模压。适于有特殊要求的制品及管材。

⑦ 预成型坯模压。先将短切纤维制成与制品形状和尺寸相似的预成型坯，置入模具，

加入树脂后进行模压。适于制造大型、高强、异形、深度较大、壁厚均一的制品。

⑧ 定向铺设模压。将单向预浸渍布或纤维，定向铺设，进行模压。适于成型单向强度要求高的制品。

4.5.1 模压料（短纤维模压料）

短纤维模压料的基本组分为短纤维增强材料、树脂基体和辅助材料。短纤维增强材料应用最多的是玻璃纤维，纤维长度为 30～50mm，含量为 50%～60%（质量比）。树脂基体材料应用最多的是酚醛树脂、环氧树脂。辅助材料是为了改善模压料的工艺性，满足制品的特殊性能要求。作为模压用的树脂基体材料，基本要求是有良好的流动特性，在室温常压下处于固体或半固体状态（不粘手），在压制条件下具有一定的流动性，使模压料能均匀地充满压模模腔；适宜的固化速度，在固化时副产物少，体积收缩率小，工艺性好（如黏度易调，与各种溶剂互溶性好，易脱模等），满足模压制品特定的性能要求。辅助材料的作用是改善模压料的工艺性，满足制品的特殊性能要求，主要包括各种稀释剂、玻璃纤维表面处理剂、粘结剂、脱模剂及颜料等。稀释剂用于降低树脂原始黏度，改进树脂原料的工艺性能。玻璃纤维表面处理剂用于改进树脂与增强材料的粘结及其界面状态。脱模剂分为两类：一类是外脱模剂如机油、硬脂酸（盐）、硅脂等，在压制前预先涂覆在模具上；另一类是内脱模剂，加入树脂内，如镁酚醛树脂中加入 3%～3.5% 质量的油酸（以苯酚为基准）等。

短纤维模压料呈混乱状态，纤维无一定方向。优点是模压时流动性好，适宜制造形状复杂的小型制品。缺点是纤维强度损失较大，密度大，模压时装模困难，模具需设计较大的装料室并需采用多次预压程序合模，劳动条件欠佳。

短纤维模压料的制备方法有预混法、预浸法和浸毡法三类。预混法包括手工预混法和机械预混法。手工预混适于小批量生产，机械预混适于大批量生产。制备工艺流程是先进行树脂调配，再选择合适的玻璃纤维，玻璃纤维的热处理、切割，纤维与调配好的树脂混合，再撕松，烘干制得模压料。我们以玻璃纤维/镁酚醛模压料为例，说明机械预混法生产步骤：①玻璃纤维在 180℃下干燥处理 40～60min；②将烘干后的纤维切成 30～50mm 长度并使之疏松；③按树脂配方配成胶液，用工业酒精调配胶液密度 1.0g/cm³ 左右；④按纤维：树脂 = 55：45（质量比）的比例将树脂溶液和短切纤维充分混合；⑤捏合后的预混料，逐渐加入撕松机中撕松；⑥撕松后的预混料均匀铺放在网格上晾置；⑦预混料经自然晾置后，在 80℃烘房中烘 20～30min，进一步去除水分和挥发物；⑧将烘干后的预混料装入塑料袋中封闭待用。机械预混法所用设备主要有纤维切割机、捏合机和撕松机。常用纤维切割机为三辊式切割器，改换切割辊刀片间距可调变切割纤维长度。捏合机的作用是将树脂与纤维混合均匀。捏合过程主要控制捏合时间和树脂黏度。捏合时间越长，纤维强度损失越大，时间过短，树脂与纤维混合不均匀。树脂黏度控制不当，既影响树脂对纤维的均匀浸润和浸透速度，又会对纤维强度带来影响。撕松机的作用是将捏合成团的物料进行蓬松。

预浸法是将玻璃纤维束整束通过浸胶、烘干、短切而制得。具体工艺流程是首先准备质量符合要求的粗纱，对粗纱进行热处理，同时按照配方进行树脂调配，将纤维进行浸胶、烘干、切割、存放。特点是纤维成束状比较紧密，在备料过程中纤维强度损失较小，模压料的流动性及料束之间的互溶性稍差。

浸毡法是将短切玻璃纤维均匀地撒在玻璃底布上，然后用玻璃面布覆盖，再使夹层通过浸胶、烘干、剪裁而制得。特点：短切纤维呈硬毡状，使用方便，纤维强度损失稍小，模压料中纤维的伸展性较好，适用于形状简单、厚度变化不大的薄壁大型模压制品。但由于有两层玻璃布的阻碍，树脂对纤维的均匀快速渗透较困难，且需消耗大量玻璃布，成本增加。浸毡法具体工艺流程是纱线准备、切割、撕松、撒毡、复合、树脂调配、浸胶、烘干，最终得成品。

模压料的质量指标有树脂含量、挥发物含量及不溶性树脂含量。模压料质量对其模塑特性及模压制品性能有极大影响，因此，必须在生产过程中对原材料及各工艺的工艺条件严格控制，主要控制的参数有树脂溶液黏度、纤维短切长度、浸渍时间、烘干条件等。

① 树脂溶液黏度。降低胶液黏度有利于树脂对纤维浸渍，并可以减少捏合过程的纤维强度损失。但黏度过低，在预混过程中会导致纤维离析，影响树脂对纤维的粘结。通常用密度作为黏度控制指标。酚醛预混料树脂胶液密度：$1.00 \sim 1.025 \mathrm{g/cm^3}$。

② 纤维长度。过长易相互纠缠产生结团，不利于捏合，过短影响强度。机械预混纤维长度一般不超过 $20 \sim 40 \mathrm{mm}$；手工预混纤维长度不超过 $30 \sim 50 \mathrm{mm}$。

③ 浸渍时间（捏合时间）。在确保纤维均匀浸透的前提下，尽可能缩短浸渍时间，因为捏合时间长，纤维强度损失大，且溶剂挥发过多增加撕松困难。

④ 烘干条件。烘干温度与时间是控制挥发物含量与不溶性树脂含量的主要因素。快速固化酚醛预混料烘干条件为 $80 ℃$，烘干 $20 \sim 30 \mathrm{min}$。慢速固化酚醛预混料烘干条件为 $80 ℃$，烘干 $50 \sim 70 \mathrm{min}$。环氧酚醛预混料烘干条件为 $80 ℃$，烘干 $20 \sim 40 \mathrm{min}$。

⑤ 其他。捏合机结构形式、撕松机结构形式、转速等对质量控制也有影响。

4.5.2　SMC 成型工艺

SMC 生产工艺主要包括树脂糊制备、上糊操作、纤维切割与沉降、浸渍、压实、稠化等工艺过程。

（1）树脂糊的制备及上糊操作

树脂糊的各组分在涂敷于 SMC 成型机承受膜（聚乙烯薄膜）上之前，必须预先进行严格计量和充分混合。树脂糊的制备一般有两种方法：批混合法和连续计量混合法。批混合法是将树脂和除增稠剂外的各组分计量后先行混合，再通过计量和混合泵加入 MgO 增稠剂，保证了每批树脂糊的增稠时间均一。优点是设备造价低，适合于小批量生产。

连续混合法是将树脂糊分为两部分单独制备，然后通过计量装置进入静态混合器。混合均匀后连续喂入到 SMC 成型机的上糊区。最终混料时间短，上糊时黏度比较稳定，不会随存放的时间而变化，但需用多个盛器，操作较复杂些。

（2）玻纤切割与沉降

切割——用三辊切割机切割。

沉降——为使切短的纤维均匀地沉降到下薄膜上，可设置打纱器或吹入空气，最后纤维靠自重沉降。

（3）浸渍和压实

浸渍、脱泡、压实主要靠各种辊及片材自身所产生的弯曲、延伸、压缩和揉捏等作用实现。常用的有两种结构：

① 辊筒环槽压辊式，有多对压辊，压辊的小辊（上辊）为环槽式，而且相邻压辊的环槽位置不同，造成片料的反复挤压捏合，起到浸渍压实的作用。

② 弯曲双带式，靠两条弯曲的牵引带张力提供压力。使片料反复弯曲捏合，起到浸渍压实的目的。

（4）收卷

当片料通过浸渍压实区后，用收卷装置将其卷成一定质量的卷。

（5）熟化与存放

熟化即提高片料的黏度，要求黏度达到模压黏度范围。室温熟化：7 ~ 14d；40℃熟化：24 ~ 36h。存放期限：室温 3 个月；2 ~ 3℃6 个月。

SMC 的配方考虑因素有制品性能和可模压性，即模压时应具有良好的均匀性和流动性。工艺参数为：①幅宽：0.45 ~ 1.5m，由设备确定；②厚度：1.3 ~ 6.4mm；③纤维：含量 25% ~ 35%，长度 12 ~ 50mm；④聚乙烯薄膜厚度：0.05mm；⑤SMC 单重：3 ~ 4kg/m²；⑥树脂糊黏度：10 ~ 50Pa·s；⑦涂敷量：3 ~ 12kg/min。

4.5.3　模压制品生产

模压制品的生产有以下几个步骤：

① 片状模塑料的质量检查。压制前应了解料的质量、性能、配方、单重、增稠程度等，应去除质量不好、纤维结团、浸渍不良、树脂积聚部分的料。

② 剪裁。按制品结构形状、加料位置、流动性能，决定剪裁要求，片料多裁剪成长方形或圆形，按制品表面投影面积的 40% ~ 80% 来确定。

③ 模压料预热和预成型。预热可以改善料的工艺性能，提高模压料温度，缩短固化时间，降低成型压力，提高产品性能。模压料的预热方法有加热板预热、红外线预热、电烘箱预热、远红外预热及高频预热等。红外线预热的热效率高，物料受热均匀，温度 60 ~ 80℃。电烘箱预热温度易于控制、恒定、使用方便，但物料内外受热不均，最好应具有热鼓风系统，温度 80 ~ 100℃。模压料预成型是将模压料在室温下预先压成与制品相似的形状，然后再进行压制。预成型操作可缩短成型周期，提高生产效率及制品性能。

④ 装料量的估算。装料量等于模压料制品的密度乘以体积，再加上 3% ~ 5% 的挥发物、毛刺等损耗。所以，装料量等于制品的质量加上 3% ~ 5%。

⑤ 脱模剂选用。内、外脱模剂结合使用，内脱模剂有硬脂酸、油酸、石蜡等，外脱模剂有硅酯、硅油等。

4.5.4　模压成型主要设备

模具是模压成型的主要工艺设备，能制造出一定形状、尺寸、外观及各种性能均满足设计要求的制品。对模具的要求要能承受 20 ~ 80MPa 的高压；能耐成型时模塑料对模具的摩擦；在 175 ~ 200℃时，其硬度应无显著下降；能耐模塑料及脱模剂的化学腐蚀；表面光滑；尺寸符合制品要求；在结构上要有利于模压料的流动及制品的取出，并能满足工艺操作上的要求。

设计模具时应考虑制品的物理机械性能；模压料的成型工艺性能；制品成型后的收缩率；制品及模具形状应有利于物料流动和排气；有利于稳定快速加热；结构尽量简单，降低成本。

（1）结构与模具的关系

1）出模斜度。制品的内外表面沿脱模方向与模具之间的夹角。为了脱模方便，需要一定的出模斜度，$1° \sim 1.5°$。

2）壁厚与加强筋。模压制品的壁厚不宜设计太大，否则不易传热，导致内部固化不完全，冷却慢，并造成材料浪费。壁厚过小，成型时流动阻力大，大型复杂制品物料难以充满模腔。热固性模压制品一般控制在 $1 \sim 6mm$；热塑性模压制品一般控制在 $2 \sim 4mm$。如果在此厚度范围内不能满足制品的力学性能要求，可考虑增设加强筋，或改变形状增加刚度。加强筋可在不增加整个制品厚度的条件下，增强制品的强度和刚度，并可避免由于模压料固化收缩产生的变形翘曲。

3）圆角和边缘修饰。在转角处采用圆弧过渡，有利于充模、脱模，有利于模具加工和模具强度，同时还有利于制品的外观修饰。

4）孔。模压件上通常有通孔、盲孔、形状复杂的孔及螺纹孔等。这些孔均应设置在不易削弱制品强度的地方。在孔之间及孔与边壁之间均应留有足够距离。孔与边缘的最小距离不应小于孔直径。模压件孔的成型，亦即模具（型芯）的设计如下：

① 通孔与盲孔成型可直接完成；

② 较深的孔采用先成型一部分，另一部分由机械加工完成；

③ 直径小（如 $d < 1.5mm$）而深的孔，且中心距要求精度高，应以钻孔为宜；

④ 对于斜孔或形状复杂的孔可采用拼合的型芯来成型，以避免抽侧型芯。

5）金属嵌件。模塑在模压件里的金属件称为金属嵌件，其目的是提高制品的强度、硬度、抗磨性、导电性等，以满足使用要求，弥补因模压件结构、工艺性的不足而带来的缺陷；此外，能提高制品尺寸的稳定性和制造精度，降低材料消耗。但是，采用金属嵌件，能使模具结构复杂，并降低制品生产效率，因此应尽可能避免采用。

（2）压模结构与分类

1）压模结构

压模结构可分为装于压机上压板的上模和装于下压板的下模。上下模闭合使装于加料室和型腔中的模压料受热、受压，变为熔融态充满整个型腔。当制品固化成型后，上下模打开，利用顶出装置顶出制件。压模结构主要由型腔、加料室、导向机构、抽芯机构、脱模机构、加热系统等组成。型腔是直接成型制品的部位。由于模压料比容较大，成型前单靠型腔往往无法容纳全部原料，因此，在型腔之上设一段加料室。导向机构用以保证上下模合模的对中性。模压带有侧孔和侧凹的制品，模具必须具有各种侧向抽芯机构，制品方能脱出。

2）模具分类

按模具的固定方式分为移动式模具、固定式模具和半固定式模具。移动式模具的分模、装料、闭合、脱模等都在机外进行，模具本身不带加热装置且不固装在机台上。其结构简单，制造周期短，造价低，但劳动强度大，生产效率低，适合于试制产品或小批量生产。固定式模具（固装在压机上）本身带有加热装置，整个生产过程即分模、装料、闭合、成型及顶出制品等都在压机上进行。固定式模具使用方便，生产效率高，劳动强度小，模具使用寿命长，适于大批量生产大型制品；但模具结构复杂，造价高，且安装嵌件不方便。半固定式模具介于上述两种模具之间，阴模可移动，阳模固定在压机上，适于大批量生产小型制品。

按分型面特征分类，包括水平分型面、垂直分型面和复合分型面。分型面是为了将已成型好的模压件从模具型腔内取出或为满足安放嵌件及排气等成型的需要，将模具分成若干部分的接触面。

按上下模的配合结构特征分类包括：

①溢式压模（敞开式，图4-16），结构特点是无加料腔，模腔总高度基本上就是制件高度；凸模与凹模无配合部分，压制时过剩的模压料极易溢出；有环形挤压面 b，宽度较窄以减少制品的毛边。优点是结构简单，成本低，制品易取出，易排气，安放嵌件方便，加料量无严格要求，模具寿命长。缺点是由于凸模与凹模无配合部分，压制时过剩的模压料极易溢出，造成原料浪费；制品密度较低，力学性能不高；凸模与凹模配合精度较低；合模太快时，塑料易溢出，浪费原料；合模太慢时，由于物料在挤压面迅速固化，易造成制品毛边增厚。溢式模具适于压制扁平的盘形制件，特别是对强度和尺寸无严格要求的制品。

②不溢式压模（密闭式，图4-17），模具的加料室为型腔上部的延续，无挤压面。优点是压机所施压力几乎全部作用在模压件上，制品承受压力大，密实性好，机械强度高。缺点是加料量必须精确，高度尺寸难于保证；凸模与加料腔内壁有摩擦，易划伤加料腔内部，进而影响制品外观质量；模具必须设置推出机构，否则很难脱模；一般为单型腔，生产效率低。

③半溢式压模（半密闭式，图4-18），在型腔上另有一断面尺寸大于制件断面尺寸的加料室，凸模与加料室动态配合，加料室与型腔分界处有一环形挤压面。优点是不必严格控制加料量，加料量稍有过量，过剩的原料通过配合间隙或在凸模上开设专门溢料槽排出，不会伤及凸模侧壁。

④带加料板压模（图4-19），这类模具介于溢式模具和半溢式模具之间，兼有这两种模具的多数优点，主要由凹模、凸模、加料板组成。加料板与凹模合在一起构成加料室。加料板是一个浮动板，开模时悬挂在凸模与型腔之间。结构虽然比较复杂，但比溢式压模优越之处是可采用高压缩比的材料，制品密度较好。比半溢式压模优越的地方是开模后型腔较浅，便于取出制件和安放嵌件，同时开模后挤压边缘上的废料容易清除干净。这种模具的制造成本与半溢式压模相近。

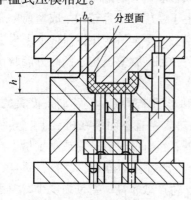

图4-16 溢式压模

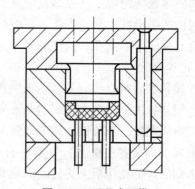

图4-17 不溢式压模

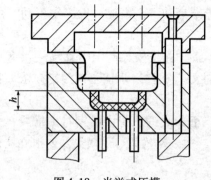

图 4-18　半溢式压模

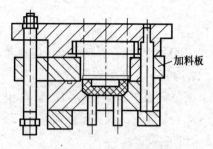

图 4-19　带加料板压模

（3）液压机

1）液压机的工作原理

液压机是模压成型的主要设备，其作用是提供模压工艺成型所需要的压力及开模脱出制品的脱模力。液压机是利用液体来传递压力的设备。液压机的液压传递系统由动力机构、控制机构及执行机构组成。

① 动力机构。主要是油泵，一般采用容积式油泵。为了满足执行机构运行速度的要求可由一个油泵或多个油泵组成。常用的低压泵是齿轮泵（油压≤2.5MPa）。中压泵可采用叶片泵（油压≤6.3MPa）。高压泵一般都用轴向柱塞泵（油压≤32MPa）。

② 执行机构。即液压缸（油缸）。除产生成型压力的主油缸外，还有顶出制品的顶出油缸及其他辅助油缸。油缸型式多采用活塞式及柱塞式。

③ 控制机构。其作用是控制和调节液体介质（油或水）的压力、流量和流动方向，以满足液压系统的动作和性能要求。主要是各种阀类，如方向控制阀、压强控制阀、流量控制阀等。

2）液压机的分类

① 按控制方式分为手控式、半自动式和自动式。

手控式，采用手动方法控制液压系统中的阀及启闭各种电器装置来实现操作，手控式压机经一次操作只能作单项行程运动。

半自动式，除了加料及取出制品外，其余有关压力操作加压、保压、泄压，制品顶出及温度、压力、时间的控制都自动进行，这类压机经一次操纵可以完成压制工艺的各种动作，且连续进行，各执行机构由原位置经动作再返回原位置。

自动式，在生产制品固定不变的压机上，可采用各种方式（如液压推进制品、加料装置、机械手等）来实现加料及取出制品自动化，以达到实现所有操作全自动化。

② 按液压传动形式可分为集中传动式和单独传动式。

集中传动式，采用集中的液压泵并将高压油液储存在蓄压器中供一组液压机使用，每台液压机上没有动力机构，只有控制机构和执行机构。

单独传动式，每台液压机上都有单独的液压泵动力机构及完整的液压传动系统，能满足较多工艺要求，适宜于生产较高要求的制品。

③ 按油缸传动方式可分为上压式和下压式。

上压式，油缸在压机的上部，动横梁在压机的上部运动，下横梁一般固定不动（用作工作台）。

下压式，油缸在压机的下部，上横梁一般固定不动，而下横梁则上下移动（没有动横梁）。此类压机有上下两根横梁，整机重心低，稳定性好。往往采用往塞式油缸，依靠自重回程，结构简单，造价较低。

④ 按液压机机身结构分为框架式和三梁四柱式。框架式的机身由槽钢将上横梁、下横梁焊接成一个框架，或者整体铸造。三梁四柱式有上横梁、动横梁、下横梁及四根立柱构成一个封闭的机身。

3）液压机的性能参数

① 压力

a. 公称压力（p_c）。液压机标牌或说明书中所示的公称压力，是液压机的最大计算压力。

b. 最大使用压力（p_s）。液压机实际施加于模具的压力。

c. 液压机效率（f）。$f = \dfrac{p_s}{p_c} \times 100\%$，一般在 85% 以上，经常检查液压机的效率是非常重要的。

d. 最大回程压力（p_w）。在没有顶出油缸的液压机中，常利用回程压力（kN）来顶出制品。

e. 最大顶出压力（p_T）。利用液压机回程压力带动顶出机构时，最大顶出压力（p_T）等于最大回程压力（p_w）减去顶出机构的全部重量再减去顶出机构的摩擦力。

② 液压机的最大及最小成型压力，液压机所能产生的最大成型压力，是随制品受压投影面积的减少而增加，理论上没有限制。实际上不允许成型压力过大，以免损坏模具和压机工作台面。有的规定常用液压机最大成型压力不允许超过 80MPa。最小成型压力是考核压机性能的一项指标。

4）液压机选型

① 最大使用压力（p_s）。最大使用压力应大于模压制品所需要的总成型压力，即公称压力（p_c）与液压机效率的乘积应大于模压制品投影总面积与制品单位成型压力的乘积，制品单位成型压力的数值取决于压模构造、制品的形状和尺寸、模压料种类及预热情况。

② 工作台面尺寸。液压机工作台面尺寸适宜，模具宽度应小于压机立柱或框架之间的距离，使压模能顺利进入压机模板，压模的最大外形尺寸不宜超过模板（工作台面）尺寸，以便于压模安装固定。压机上下模板多设有"T"形槽，槽开设方向或对角线交叉或平行。压模的上下模可用螺栓分别固定在上下模板上。

③ 上下模板间距。压机上下模板之间的最小距离 H（mm）须满足：H 小于等于 h，h 是压模总高度（闭模厚度），单位是 mm，h 等于 $h_上$ 加上 $h_下$ 减去 $h_凸$。若不能满足，则应在压机上下模板间加垫板解决。

④ 活塞缸最大行程（mm）。应满足当模压时能对模具施压，启模时能从模具中取出制品。此外，液压机还必须具备和满足模压工艺的温度制度、压力制度及运行速度的要求。

常见的部分国产上压式液压机规格见表 4-1。

表 4-1　部分国产上压式液压机规格

型号	YX(D)-45①	YA71-45	Y71-63	YX-100	Y71-100	Y32-100-1	Y71-160	SY-250	YA71-250	Y71-30	Y71-500	YA71-500
公称压力(kN)	450	450	630	1000	1000	1000	1600	2500	2500	3000	5000	5000
液体最大工作压强(MPa)	31.4	31.4	31.4	31.4	31.4	25.5	31.4	29.4	29.4	31.4	31.4	31.4
最大回程力(kN)	70	60	200	500	200	306	630	1250	1000	1000	—	1600
活塞最大行程(mm)	250	250	350	380	380	600	500	—	600	600	600	600
模板最小开档(mm)	80	—	—	270	270	—	—	600	600	600	—	—
模板最大开档(mm)	330	750	750	650	650	845	900	1200	1200	1200	1400	1400
最大顶出力(kN)	—	120	200	200	200	184	500	340	630	500	1000	1000
最大顶出行程(mm)	150	175	200	自动165 手动280	自动165 手动280	200	250	—	300	250	300	300
电动机功率(kW)	1.1	1.5	3	1.5	2.2	10	7.5	—	10	10	17	13.6
工作台尺寸(mm)	400×360	400×360	600×600	600×600	600×600	700×580	700×700	1000×1000	1000×1000	900×900	1000×1000	1000×1000
外形尺寸(mm)	1050×610×2180	1400×740×2180	2530×1270×2645	1400×970×2478	1560×880×2470	1400×1100×3400	1950×1700×3350	2650×1000×3700	2420×1910×3660	2613×2540×3760	1800×2800×4270	2580×1910×4930
机器质量(t)	1.2	1.17	3.5	1.5	2	3.5	4	8	9	8	14	14

① 45 表示油压机的公称压力的吨位，如 45t（即 450kN），其他类推。

5）模压的操作对液压机的要求

模压时从加料到取出制品的系列操作中，除了液压机本身的结构、性能必须考虑如何有利于操作及有利于实现自动操作外，还装有各种金属装置以实现各种操作。如多层压机的进料、出板装置；模压液压机上的加料、取出制品、清模等装置。有的液压机还有移动平台，工作台可自动顶起、移出，以适应机外操作的需要。有的液压机还设有机外卸模装置等。

复合材料模压成型工艺常见的几种玻璃钢模压料的成型压力见表4-2。复合材料模压制品成型时的压力与很多因素有关，某一个制品采用某一种模塑料，其模塑料工艺性能、模具结构等因素亦可在一定范围内变动。表4-2显示，复合材料模压成型的压力变化的幅度比较大。早年发展的酚醛、环氧类模压料所需的成型压力较大，与一般的塑料及橡胶模压制品类不同，近年来大量发展的聚酯料团，特别是团状及片状模塑料所需的成型压力则较小，而后者是目前的发展趋势。

表4-2　复合材料模压成型压力

物 料 名 称		成型压力（MPa）
镁酚醛预混料		30～50
环氧酚醛模压料		15～30
环氧模压料		5～20
聚酯料团	一般制品	0.7～5
	复杂制品	5～10
片状模塑料	特种低压成型料	0.7～2
	一般制品	2.5～5
	复杂制品	5～15
热塑性片状模塑料		3～5

从复合材料生产工厂的现实情况及制品所需成型压力对液压机总的压力要求来看，有必要将复合材料模压液压机分为两类：

①高成型压力的液压机。这类液压机的台面充分使用时（即使用的台面所能提供压制的最大制品面积。一般是最大台面四周留100mm操作空间，并规定模具外模厚50mm时来计算台面所能压制的最大制品投影面积），其最大总压力所提供的成型压力一般在5MPa以上。

②低成型压力的液压机。这类液压机的台面充分利用了对其最大总压力所能提供的成型压力，一般在5MPa以下。这类压机的主要特点是台面大，可以成型大型的玻璃钢制品。目前的趋势是发展大致可以提供1MPa甚至更小成型压力的大台面液压机，而且发展成片状模塑料专用的液压机系列。

6）SMC 专用液压机的特点

SMC 专用液压机与普通液压机不同，具有下述特点：

① 压力不高，工作台面大。SMC 制品要求单位面积成型压力较低，但工作台面积大（工作台面积可达 $10m^2$ 以上）。

② 活塞空载运行速度高。SMC 成型时间短，为避免合模前物料局部固化，空载运行速度要高，可达到 200～300mm/s，比普通液压机高 4～6 倍。

③ 具有多种加压速度。在模具闭合时，要从快速空载运行转入慢速加压。特别是对于大型制品，为保持物料较好的流动性，要求按一定"加压曲线"加压（缓慢增加或分级增加）。因此，活塞运行速度要能进行调控。

④ 具有对制品的模内涂层功能（IMC 功能），可使模化的 SMC 制品表面达到 A 级。

⑤ 新型 SMC 液压机还具有下列功能：微机控制，控制系统分开环、闭环两种；能自动调节液压机上下台面平行度；下台面装置导轨，便于压制大型制品时装料及脱模取出制品；进料出槽全自动。

4.6　层压工艺及设备

4.6.1　概述

层压工艺是将浸有或涂有树脂的片材层叠，送入层压机，在加热加压的条件下，固化成型玻璃钢制品的一种成型工艺。该技术起始于 20 世纪 30 年代，目前在航空、航天、汽车、船舶、电讯等工业广泛应用。主要产品有玻璃布层压板、木质层压板、棉布层压板、纸质层压板、石棉纤维层压板、复合层压板等。

层压的工艺特点是生产的机械化、自动化程度较高；产品质量稳定；但一次性投资较大，适合于批量生产。层压成型工艺属于干法成型，先将纸、布、玻璃布等浸胶，制成浸胶布（纸）半制品，再经加温加压成型。层压板根据增强材料类别可分为纸层压板、木层压板、棉纤维层压板、石棉纤维层压板、玻璃纤维层压板等品种。纸层压板主要用于制造电绝缘部件，薄板可用于制造桌面板、装饰板、电视机外壳等。由于其耐水性差，不适合于潮湿的条件，以免发生翘曲。棉纤维层压板具有较高的物理机械性能，良好的耐油性，一定程度的耐水性，在机械制造工业中多用于垫圈、轴瓦、轴承及皮带轮等。石棉纤维层压板具有良好的耐化学腐蚀性能，可用于制造贮槽、贮罐、管道等化工设备。玻璃纤维层压板作为结构材料，用于飞机、汽车、船舶及电器工程与无线电工程等。

4.6.2　胶布制备工艺及设备

(1) 制备工艺

胶布生产所用原材料分为增强材料和树脂，增强材料有玻璃布、石棉布、合成纤维布、玻璃毡、石棉毡、石棉纸、牛皮纸等。树脂有酚醛树脂、氨基树脂、环氧树脂、不饱和聚酯树脂、有机硅树脂等。

胶布是生产复合板材、管材以及布带缠绕制品的半成品。胶布制备工艺过程是玻璃布经化学处理或热处理后，浸渍树脂胶液，并控制胶含量，在一定温度、时间条件下烘干，除去大部分溶剂等挥发物，并使树脂有一定程度的固化，即得所需玻璃纤维胶布，如图 4-20 所示。

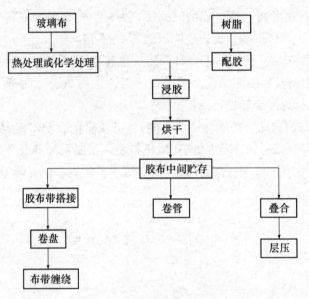

图 4-20　层压工艺流程图

为了确保浸渍质量，需要合理地选择和控制树脂胶液的黏度和浸渍时间，同时也应注意浸渍过程中的张力，以及挤压辊、加热温度和车速之间密切配合。

1）胶液黏度。树脂胶液的黏度是浸胶工艺中含胶量控制的主要因素，过大的树脂黏度不易渗透内部，黏度太小，则表面挂不住胶，使其表面胶层太薄，溶剂消耗量增大造成浪费。实际生产时是通过调节胶液浓度和胶槽夹套加温（保持 25～30℃温水加热）来控制黏度；通过控制胶液比重调节胶液浓度。

2）浸胶时间。浸胶时间是基层材料在胶槽内通过胶液的时间。浸胶时间过短，玻璃布不能被树脂胶液充分浸透，上胶量不够，或胶液大部分在玻璃布的表面，影响胶布质量，从而影响层压制品的质量。一般控制在 15～45s，不同的布浸透时间不同。

3）张力控制。玻璃布的张力是由玻璃布在浸胶过程中施加的牵引力而产生的。张力大小取决于布的自重及布与各导向辊之间的摩擦力。张力要均衡，大小要适中，张力太大，布横向收缩变形，张力太小拉不紧。合适的张力可以使布平整地进入胶槽。

4）浸胶布的烘干温度与时间。烘干的任务是除去胶布中的低分子物等挥发分，使树脂由 A 阶转向 B 阶。开始时，挥发分均匀地分布在树脂胶液中，由于表面与干燥介质接触，表面的挥发分气化而造成材料内部和表面的浓度差，物料内部的挥发分经扩散作用向其表面移动，不断在表面气化，由于干燥介质连续不断地将气化的挥发物带走，从而使物料达到干燥的目的。

不饱和聚酯树脂的固化通常分为三个阶段，即 A 阶、B 阶和 C 阶。A 阶树脂是线型树脂,能溶解于丙酮中,一般是指从合成釜中生产得到的树脂。B 阶树脂是 A 阶树脂经进一步反应而转变成支链型的树脂,部分树脂已接近凝胶,因此 B 阶树脂只能部分溶解于丙酮中。C 阶树脂是已转变成体型结构的不溶不熔的完全固化的树脂。热固性树脂在受热时,能自动地从 A 阶树脂转变为 B 阶树脂,进而成为 C 阶树脂。

胶布的干燥有两个阶段:第一阶段是表面气化阶,表面气化速度决定干燥速度,随周围介质浓度增加而减小;第二阶段是内部扩散阶,速度大小决定了胶布干燥速度的快慢。物料层的厚度、结构对干燥速度有很大影响。

① 烘箱温度的控制。卧式上胶机:进口段 90 ~ 110℃,中部烘干段 120 ~ 150℃,出口段 100℃ 以下。立式上胶机:进出口段 30 ~ 60℃,中部 60 ~ 80℃,顶部第三阶段 85 ~ 130℃。玻璃布上下来回一次,由较低温度区进口,经过最高温度区,由较低温度区出口。卧式上胶机和立式上胶机均采用较低温度到较高温度的干燥过程的原因是保证使树脂不过早地由 A 阶转变为 B 阶,使干燥过程能很好地按表面气化来控制,充分地将物料内的挥发物排除,同时使部分树脂缓慢均匀地由 A 阶转变为 B 阶。第三阶段温度较低,目的是使聚合反应停止,若在过高的温度条件下收卷,余热将包覆在胶布里面,导致树脂继续发生缩聚反应,使胶布中不溶性树脂含量增加,甚至使胶布失去使用效果。

② 干燥时间的控制。胶布的干燥时间是指在箱体内停留的时间。对于一定的烘箱长度,干燥时间等于烘箱有效长度与胶布运行速度的比值。胶布的干燥时间取决于干燥温度、干燥过程中布面的风速,以及所用树脂的热固化时间和胶布的质量指标要求。对于确定的烘箱温度和布面风速,干燥时间取决于树脂的热固化时间和流动度。

③ 气流控制。在干燥过程中,随着风速的增加,一方面使气流内挥发物浓度降低,另一方面使布面的气压降低,有利于挥发物的排除。通常,布面风速控制在 3 ~ 4m/s。

(2) 浸胶机

玻璃纤维及其织物经过浸渍树脂、加热、收料等过程,以制得玻璃胶布、带、丝,提供给层压、卷管、缠绕等成型工艺所用。制得玻璃胶布、带、丝的专用设备称为浸胶机。浸胶机的种类分为玻璃布浸胶机、玻璃纤维单丝浸胶机和无纬带机组。

浸胶机的制品是胶布,也可以经过裁剪成胶带。按浸胶机的加热箱的形式分卧式浸胶机和立式浸胶机。这些浸胶机大致都由浸胶、加热、收料、传动等装置组成。

1) 卧式浸胶机

卧式浸胶机如图 4-21 所示。它的加热箱为卧式烘箱(图 4-22)。箱体长度不少于 10m,最长可达 16 ~ 20m。由于箱体内壁辐射热的影响,如胶布离壁太近,会因受热不均而导致工艺指标不同,一般玻璃布的宽度如为 1m,箱体内壁宽要不少于 1.7m。箱体要有适当的高度,以便提供蒸汽加热管的排布,或电阻加热器的安装及排气通风设备安装所需要的空间位置。加热筋采用型钢作骨架,薄钢板作密封保温板,用保温材料作夹层,箱体两端留有胶布进出操作用门。下部装有鼓风机循环热风,布面风速 3 ~ 4m/s,上部装有排气罩。支撑胶布的托辊装在箱体两端进出口处,出胶布因自重而使它在箱体内向下悬垂,采用热风循环后可将胶布向上托起,减少胶布向下悬垂的现象。箱体内散热排管比托辊低 60 ~ 70cm,箱体两端装有绳轮并套上钢丝绳,供开车时玻璃布穿过箱体用。

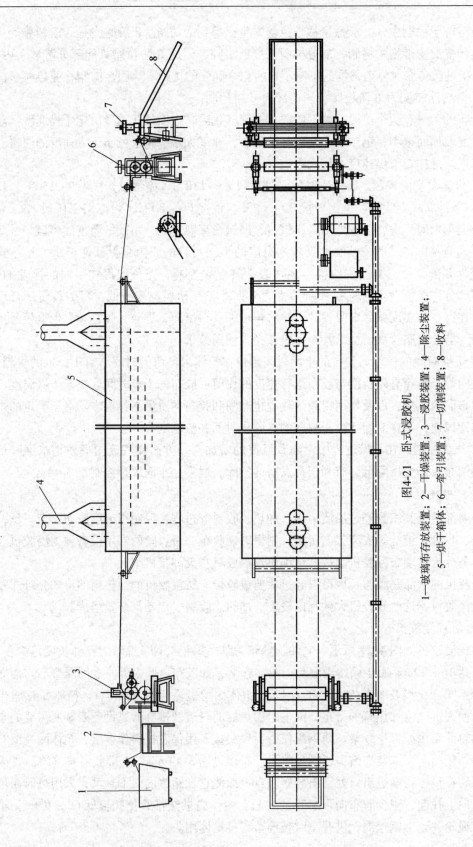

图4-21 卧式浸胶机

1—玻璃布存放装置；2—干燥装置；3—浸胶装置；4—除尘装置；
5—烘干箱体；6—牵引装置；7—切割装置；8—收料

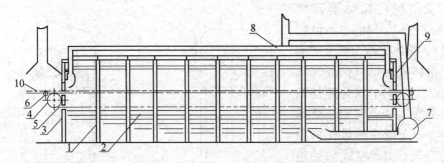

图 4-22　卧式浸胶机加热箱

1—骨架；2—散热管；3—保温板；4—绳轮；5—钢丝绳；6—托辊；

7—送风机；8—热风循环管；9—排气罩；10—胶布

加热箱加热温度根据工艺要求分为进口、出口、中间三段，分别加以控制和调节。

加热箱可以采用蒸汽、电阻、红外线辐射、高频、电子射线加热等方式，以蒸汽和电阻加热较为常用。

蒸汽加热即饱和水蒸气通过蒸汽散热管及其表面的放热片将热能加于周围空气介质，再以对流的方式传给玻璃胶布。由于饱和蒸汽冷凝时放出大量热，而且当冷凝水冷却时也放出热量，给热系数大，所需传热面积小，加热均匀，输送方便，且可以改变压强来调节加热蒸汽的温度，不会有局部过热的现象。其主要缺点是加热温度不高，一般不超过 180℃（约相当于 10 个绝对大气压），温度再高，水的饱和蒸汽压就太高。因此一般在加热温度不高的情况下应用较广，浸胶机加热箱采用蒸汽间接加热的方式是适宜的。使用蒸汽加热要经常排除不凝性气体，否则会降低蒸汽的传热效果；同时冷凝水要不断排除，否则它将占据一部分传热面积，也会降低传热效果。

电阻加热即是使电流通过一种金属或非金属的专用电阻元件，使之产生热能，借辐射和对流的方式传至玻璃胶布。在加热箱内采用电阻加热，温度容易控制在规定的范围内，同时可以根据需要，把它分成几个独立的加热区，分别予以自动控制，温度的准确度可达 ±（2~5）℃，因此可以避免由于加热不当而产生废品的危险。为了安全，电热丝要密封，一般采用铁铬铝电热丝，加热温度可达 200℃ 以上，但耗电量较多。

加热箱采用径向翅片式蒸汽散热排管加热，它可以增加传热面积，促进空气介质的湍流，从而提高传热效率，而且比较紧凑。它的形式有列管和蛇管两种，蛇管的安装形式有并联和串联两种，一般常用蛇管串联接法。

卧式浸胶机采用机械传动装置。它由内整流子电机或直流电机驱动减速器，再通过传动轴带动涂胶辊和收料辊转动。传动过程要求涂胶辊和收料辊的线速度相同，但由于机械加工上的误差或长期使用的磨损，它们的线速度会有差异，因此必需通过调速器调节其线速度，使其达到相同。传动过程还要求稳定、不跳动，胶布的线速度能够调节，以适应工艺条件变动的需要。一般卧式浸胶机胶布线速度为 3~9m/min。

2）立式浸胶机

立式浸胶机如图 4-23 所示。它与卧式浸胶机相比，占地面积小，厂房要求高，通风条件好，废气易排除。

立式浸胶机的加热箱高度10m，也有的高达14m（不包括排气烟囱），箱体越高，热量的利用越好。箱体截面足以保证气流的速度不小于4m/s，决定箱体截面，还应考虑到尽可能地降低循环空气量，以及减少热量在周围介质中的损失。由于立式加热箱类似烟囱，所以气流运动速度较快，对胶布的加热主要以对流传热的方式进行。胶布受热时中间的温度要比两边高些，影响制品的质量指标，要弥补这一缺点，一般箱体的内壁宽度要比胶布的宽度大40cm。箱体也采用型钢作骨架，薄钢板作保温板，内填保温材料作夹层，用蒸汽或电热棒加热，箱体底部密封，不让冷空气侵入，顶部采用两层挡板，不使热量大量溢出，箱体内机械通风使热风循环。胶布与散热管边距离不小于100mm，顶部导向轮采用直径200mm厚壁无缝钢管加工，有一定的加工精度要求，保证胶布不跑偏，导向辊内通冷却水冷却，防止胶液粘辊。

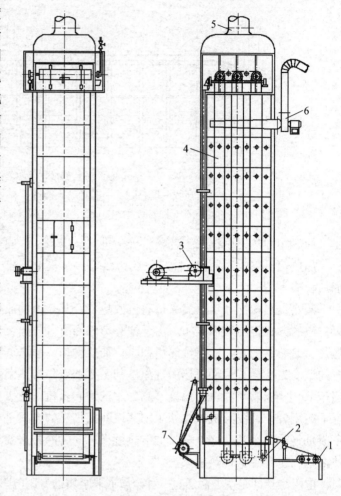

图4-23 立式浸胶机
1—送布装置；2—浸胶装置；3—牵引装置；4—烘干箱体；
5—除尘装置；6—热风循环装置；7—收卷装置

立式浸胶机加热箱的温度，按照工艺的要求也同样要分为上、中、下三段，分别予以控制。

立式浸胶机也同样采用机械传动装置控制胶布线速，挤压辊式浸胶机布速一般为3～9m/min，淋胶式浸胶机的布速一般为1～2m/min。由于淋胶式浸胶不经过挤压辊，所以它是通过控制导向辊和收料辊的转速来控制胶布的线速度。电机通过蜗轮蜗杆减速传至立轴，通过立轴把上下导向辊和收料辊联系起来转动。

有些工厂将现有的卧式或立式浸胶机一台作两台用。一台卧式浸胶机可以使两匹玻璃布同时并排或分上下两层进入浸胶装置内浸胶，再进入加热箱内加热，经过收料成玻璃胶布或带。一台立式浸胶机可以使两匹玻璃布同时从加热箱底部的中间分别浸胶后，进入加热箱加热，再从箱体的左右两侧同时出料。这样既节省了占地面积和加热源，又提高了劳动生产率。

3）玻璃纤维单丝浸胶机

玻璃纤维单丝浸胶设备如图4-24所示。玻璃纤维长纱经过表面处理后浸渍，经过烘干制成半干状预浸渍胶束或胶带。无纬胶带直接用于绑扎电枢和干法缠绕等，作为模压用的预浸渍纤维束，则需经切丝机构切为定长的纤维胶束。

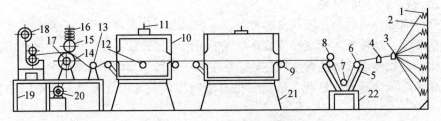

图 4-24 单丝浸胶设备示意图

1—纱架；2—纱筒；3—瓷扣 1（集束环）；4—瓷扣 2（集束环）；5—浸胶槽；6—张力轮；
7—浸胶辊；8—刮胶辊；9—张力辊；10—烘箱；11—温度控制仪器；12—电热管；
13—牵引机张力管；14—牵引机主动轮；15—压力辊；16—压力辊调整器；17—牵引机链轮；
18—冲床式切割机；19—切割机支架；20—电动机；21—烘箱支架；22—浸胶槽支架

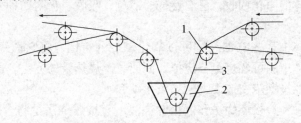

图 4-25 无纬带浸胶装置
1—导向辊；2—胶槽；3—无纬带

4）无纬带机组

无纬带浸渍设备如图 4-25 及图 4-26 所示。它与单丝浸胶设备大致相同。在无纬带生产设备中，从纱架牵引出的玻璃纤维纱经集束后需加整经，使纱束平整地铺成带状，并经浸渍、烘干而成无纬带，通过收卷装置卷成盘。

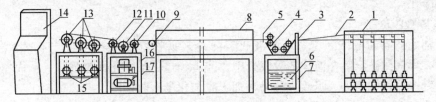

图 4-26 无纬带生产设备示意图
1—纱架；2—集束环；3—竹篦；4—胶槽；5—括胶板；6—胶液贮槽；7—夹套；
8—红外灯加热烘箱；9，10，12—导向辊；11—主传动辊；13—无纬带收卷盘；
14—电器控制箱；15—力矩马达；16—减速箱；17—直流电机

在无纬纱架上有 30 个宝塔纱自由退解，经张力盘、导纱钩、行箅排成带形纱（即整经），通过带有环向沟槽的导向辊，进入胶槽，经过带沟槽的浸胶辊，经支承辊分成两层进入烘箱分段烘干，经收卷辊筒收卷并包装。在无纬带浸渍设备中，以直流电机作主传动，用力矩马达收卷成盘，带子的走速可通过直流电机的转速来控制。

（3）浸胶机的废气处理

废气处理的一般方法是：浸渍树脂溶液的玻璃布经过加热箱烘焙后，放出大量的有机溶剂蒸汽和低分子物等废气。这些气体中含有大量的酚、醛、酒精、甲苯、二甲苯等成分，如果把它们排入大气，不仅污染了周围的环境，还造成物质财富的浪费，因此需要将废气很好地进行净化回收处理。

从空气中有毒物质的净化回收角度考虑，存在状态可分为两大类：一类是气体或蒸汽与空气混合的状态，这种气体或蒸汽分散在空气中属于均相分散系统；另一类是气溶胶，包括雾、烟、尘，是固体或液体的微小颗粒分散在空气中，属于非均相分散系统。

空气中有毒物质的净化回收，就是要把有毒物质从空气中分离出来，予以处理或回收利用。

从空气中分离有毒气体或蒸汽，就是利用混合气体的有关特性。混合气体是以分子状态混合的，不能用重力、惯性力、电场力、过滤、洗涤等机械性质的方法使它们分离，而只能利用各组分（有毒气体蒸汽）与惰性气体（空气）的不同溶解度、不同蒸汽压、不同化学反应以及选择性的吸着（吸附与吸收）作用来使它们分离。到目前为止，空气中有毒气体的分离技术或有毒气体的净化回收，已有燃烧、冷凝、吸收、吸附四种方法。

① 燃烧净化法

这是利用回收气体中某些有毒气体可以氧化燃烧的特性，将它燃烧变成无害物质的方法，也就是将回收气体中的可燃组分烧掉，而回收燃烧热量的方法。这主要用于净化空气中有机溶剂的蒸汽，经过燃烧变成无害的二氧化碳和水。

燃烧净化法有两种：直接燃烧法和催化燃烧法。直接燃烧法是将含有可燃组分的空气，加热燃烧到相当高的温度，把可燃组分烧掉。催化燃烧法，是将含有可燃组分的空气预热到较低温度，然后通过催化剂，使可燃组分经过催化氧化，变成无害物质并释放热量。

② 冷凝回收法

这是利用有毒气体不同蒸汽的特性，用冷却的方法使它从空气中凝结出来，予以回收。冷凝回收的冷却方法也有直接冷却和间接冷却两种，但冷凝原理一样。一般往往将冷凝回收法作为净化措施的前处理，即将废气先冷凝回收一部分有用物质，然后再送去燃烧或吸附，最后予以净化。

③ 液体吸收法

这是利用适当的液体（水、水溶液或溶剂）来吸收空气中的有毒气体或蒸汽的方法。空气中的有毒气体被溶解在液体的吸收剂中，或者经过化学变化而被吸收，从而使空气得到净化或有毒气体得到回收。吸收也分为物理吸收与化学吸收两种。

④ 固体吸附法

这是利用固体吸附剂的表面张力，将空气中的有毒气体吸附，使它与空气分离的方法。现在用于净化回收的主要是用活性炭吸附空气中的苯及其他有机溶剂蒸汽，然后通入蒸汽使活性炭解吸（脱附）再生，循环使用，解吸排出的有机溶剂蒸汽则通过冷凝予以回收。

从浸胶机废气的条件来看，以采取燃烧净化方法较为适用。

冷凝回收法不适用，因为废气中含溶剂蒸汽的浓度一般为 $10\sim30g/m^3$，而 20℃时苯的饱和蒸汽压 75mmHg，相当于 $320g/m^3$，20℃时乙醇的饱和蒸汽压 44mmHg，相当于 $111g/m^3$，把 160℃左右的加热箱废气冷却到常温 20℃时，苯和乙醇等有机溶剂根本冷凝不出来。冷冻需要相当低的温度，因而所需费用太大。

液体吸收法不适用，因为废气含有多种性质不同的溶剂蒸汽，有溶于水，有不溶和稍溶于水的，因而不易找到能够吸收所有溶剂蒸汽的吸收液。

固体吸附法，用活性炭是可以把各种溶剂蒸汽都吸附下来，但是活性炭必须脱附再生以便重复使用，脱附下来的回收液也含有多种溶剂，分离困难。而且废气中含有许多酚醛初级聚合物和游离酚，需要在吸附前加以碱洗，又有含酚废水的问题要解决。

至于燃烧净化法，虽然不能回收原来的物质，但是可以达到净化的目的，废气中不含较难燃烧的卤素化合物及硫化物，也是采用燃烧法的有利条件。把废气提高到燃烧温度或销毁温度要消耗热量，仅氢（H）、碳（C）本身氧化燃烧也放出热量，可以通过热量回收利用来补偿。

4.7 缠绕成型工艺及设备

缠绕成型工艺是将浸过树脂胶液的连续纤维或布带，按照一定规律缠绕到芯模上，然后固化脱模成为复合材料制品的工艺过程。其工艺流程如图 4-27 所示。

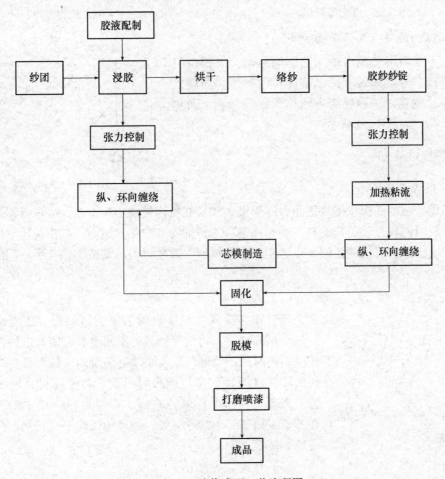

图 4-27 缠绕成型工艺流程图

4.7.1 缠绕线型分类

（1）环向缠绕

芯模自转一周，导丝头近似移动一个纱片宽度的缠绕，称环向缠绕（只能缠绕直筒段），如图 4-28 所示。

（2）螺旋缠绕

芯模绕自轴匀速转动，导丝头以特定速度沿芯模轴线方向往复运动的缠绕方式称为螺旋缠绕，如图 4-29 所示。

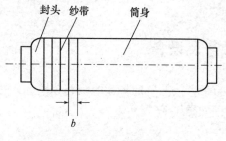

图 4-28　环向缠绕

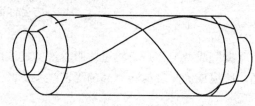

图 4-29　螺旋缠绕

（3）纵向缠绕（又称平面缠绕）

导丝头在固定平面内做匀速圆周运动，芯模绕自轴慢速旋转，导丝头转一周，芯模转动的微小角度近似一个纱片宽度，这种缠绕方法称为纵向缠绕，又称为平面缠绕，如图 4-30 所示。

4.7.2 缠绕设备

（1）链式缠绕机

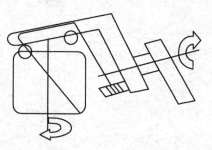

图 4-30　纵向缠绕

这类缠绕机的芯模水平放置，以环形链条和丝杠机构带动小车运动，可进行螺旋和环向缠绕。缠绕时芯模自轴匀速旋转。小车在平行芯模轴线方向往复运动。芯模转速与供给纤维的小车速度控制在一定的比值，以缠绕一定的线型。改变线型以调节主轴与小车间的机械传动链来实现。

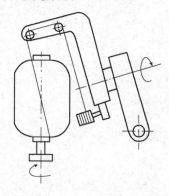

图 4-31　绕臂式缠绕机原理图

（2）绕臂式（立式）缠绕机

绕臂式（立式）缠绕机的芯模垂直放置。缠绕原理（图 4-31）是缠绕时，将绕臂倾斜一小角度，以避开芯模两端金属接嘴，同时用调整倾斜角度来改变缠绕角。位于绕臂端部的导丝头随绕臂旋转，作匀速圆周运动。芯模绕自身轴线慢速旋转。绕臂（导丝头）每转一周，芯模自转一微小角度，反映在芯模表面是一个纱片宽度。纱片与两端极孔相切，依次连续缠绕到芯模上去。

（3）滚转式缠绕机

滚转式缠绕机（图 4-32）适用于干法和湿法平面缠绕。

缠绕时，芯模一方面绕一与芯模轴线相交并垂直纤维迹线的轴线转动，连续翻转；一方面芯模又绕自身轴线自转。翻转一周，芯模自转与一纱片宽相应的角度。由于滚转动作使制品尺寸受限制，这类缠绕机不如前两类机器使用广泛。

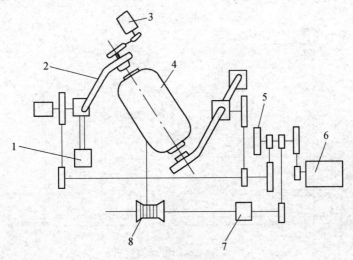

图 4-32　滚转式缠绕机

1—平衡铁；2—摇臂；3—电机；4—芯模；

5—制动器；6—电机；7—离合器；8—纱团

（4）跑道式缠绕机

这种缠绕机适用于平面缠绕的大型制品。围绕芯模有一环形轨道，装置纱架和导丝头的小车沿环形轨道运动。小车绕芯模运转一周，芯模自转一微小角度，从而形成了平面缠绕线型。环形轨道平面必须与芯模轴成一角度，以便从导丝头出来的纱片能避开芯模两端极孔的接嘴。芯模轴可水平或倾斜放置。

（5）电缆机式纵环向缠绕机

如图 4-33 所示，这种缠绕机适用于缠绕没有封头的圆筒形容器或定长管道。装有纵向纱团的转环 2 与芯模 3 同步回转，并可沿芯模轴往复运动，以完成纵向缠绕。纱片从转环上的纱团拉出敷到芯模上构成纵向层，然后将纱团 8 的纱片缠在纵向层上，构成环向层。纱团 8 装在转环两边的小车 4 上，以保证纵向层与环向层的比例是 1:2。当转环快要接近芯模端头时，在转环前面的（以转环运动方向为准）那个环向缠绕纱团停止工作，切断纤维并进行修整补充。当转环越过芯模端面并停止工作

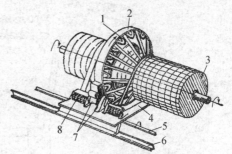

图 4-33　电缆机式纵环向缠绕机

1—纵向层纱层；2—转环；3—芯模；

4—小车；5—小车丝杆；6—小车导轨；

7—转环旋转传动机构；8—环向缠绕纱架

时，环向缠绕继续进行，直到随后把切断的纤维固定到芯模的端部。然后，重复进行上述缠绕过程。

这种缠绕机采用干法缠绕，可通过热空气加热、辐射加热或接触加热来软化预浸纱。加热元件或热空气喷管安装到一个套在芯模的环上。

（6）球形容器缠绕机

如图 4-34 所示，可使用无捻粗纱和玻璃布带，芯模可直立或横卧放置。这类机器广泛用于缠绕球形容器整体和压缩空气用容器。

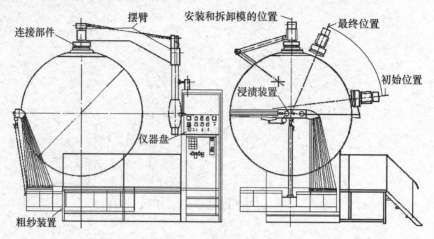

图 4-34　球形容器缠绕机

球形芯模悬臂连接在摆臂上。摆臂既能摆动，球芯模又能在摆臂上绕自轴转动。绕丝嘴与浸胶装置都固定在转台上，站台内装置纱架。胶量以计量泵进行控制。

在缠绕过程中，球形容器缠绕机有四种运动，如图 4-35 所示。

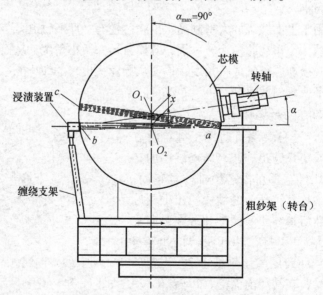

图 4-35　球形缠绕机缠绕起始位置图

① 纱架和浸渍系统（转台）的转动，绕丝嘴速度约为 60m/min；

② 芯模绕自轴转动，转台与芯模的转速比约为 25:1，但随球体大小而变化；

③ 摆臂的转动，转角是转台转数的函数；

④ 缠绕起始不在赤道圆上进行，而在 a—b 方向进行。缠过一定数量后，球轴以 a 为转动中心开始摆动，并转过弧长 bc。于是缠绕开始在 a—c 方向逐步进行。

4.7.3　小车环链式缠绕机的总体结构

小车环链式缠绕机（图 4-36）的主体结构有三部分：床头箱、小车及床身。辅助设备主要有浸胶装置、张力控制装置、纱架等。

（1）床头箱

床头箱一是传送电动机动力；二是变速。螺旋与环向缠绕传动轮系及挂轮架都在床头箱中，它不但将电机转速调变为符合工艺要求的转速，而且要保证主

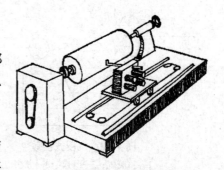

图 4-36　小车环链式缠绕机

轴与小车的转速比满足缠绕线型设计的要求。为了能对不同直径制品采用最佳缠绕速度，要求主轴转速能无级调控。为了使主轴速度与导丝头速度（小车速度）之比保持稳定，小车传动系统与主轴采用同一台电机驱动为宜。当缠绕制品的尺寸规格、缠绕角以及纱片宽度改变时，要求缠绕机的转速比也改变。传动系统中配置挂轮，就是为了适应这种改变。

（2）床身

床身包括装置和支承小车轨道、丝扛、环链、链轮和尾座。为了能承受各部分的质量和缠绕张力，要求床身坚固变形小。尾座的前后距离及链轮位置均应能调变，以适应缠绕不同尺寸规格的制品。尾座构造与车床尾座相同，用手动螺旋控制顶尖的进退。床身长度取决于可绕制的最长产品长度。

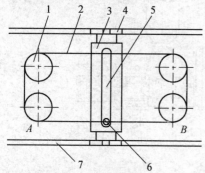

图 4-37　环形链条与小车

1—链轮；2—环链；3—小车；
4—车轮；5—导槽；6—拨销；7—导轨

（3）小车

螺旋缠绕时，小车的往复运动是靠固定在环形链条上拨销带动的（图 4-37）。当小车行至位置 A 或 B 时，拨销在小车底板上一个横槽内移动，而此时小车就停止不动。这样就形成了小车的往复直线间歇运动。小车上还装一对开螺母与丝杆连在一起，从而由丝杆驱动小车进行环向缠绕。由于环链和丝杆不能同时驱动小车，因此在进行螺旋缠绕时，需将对开螺母打开，使小车与丝杆脱开，以免发生事故。

（4）浸胶装置

浸胶装置虽然是辅助设备，但其构造效能却是控制浸胶效果和影响产品质量的重要因素之一。根据对增强材料表面涂覆胶液方式不同，浸胶装置分为沉浸式、胶辊接触式（表面带胶）、滴胶式、加压或真空浸胶等。缠绕工艺通常采用前三种浸胶方法。

沉浸式浸胶（图 4-38）是通过挤胶辊压力大小来控制含胶量。胶辊接触式浸胶（图 4-39）是通过调节刮刀与胶辊的距离，以改变胶辊表面胶层厚度而达到控制含胶量的目的。这种调节装置灵敏，操作简便。胶槽应装备恒温水浴，控制胶液温度，以达到控制胶液黏度满足工艺要求的目的。

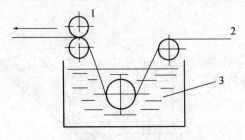

图 4-38　沉浸式浸胶
1—挤胶辊；2—纤维；3—胶槽

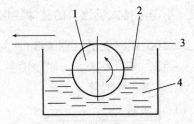

图 4-39　胶辊接触式浸胶
1—胶辊；2—刮刀；3—纤维；4—胶槽

滴胶式浸胶原理（图4-40），直流电机带动减速箱，减速箱再分别带动计量泵，把两个组分料液通过调节比例后送到静态混合器中，经混合后的树脂胶液滴到匀胶辊上，匀胶辊中用热风加热使辊保持固定温度，从而保证胶液的黏度。具有一定黏度的胶液在经过匀胶辊和压辊之间的空隙时形成一薄膜，缠绕的纤维经过辊后，一定量的树脂胶液就涂到纤维上。滴胶量的大小可用电位器调节电机的转数控制。

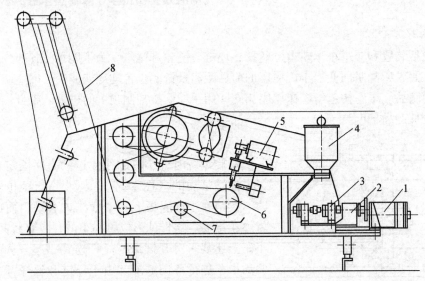

图 4-40　滴胶式浸胶示意图
1—电机；2—减速箱；3—计量泵；4—料仓；5—静态混合器；6—匀胶辊；7—导向辊；8—纤维

（5）纱架

纱架分为随动和固定两类。随动纱架实为纱架车，随装置导丝头的小车同步运动。当缠绕长制品时，可避免导丝头（小车）与纱架间的松线现象。

4.7.4　固化炉

（1）固化炉的功用和特点

对复合材料制品提供热固化环境的加热炉通称固化炉。固化炉与普通工业加热炉既有共同处也有不同点，其特殊要求如下：

① 制品所用的基体体系不同以及结构尺寸不同，所要求的固化温度制度亦不同，即需要不同的加热温度范围、升温速度、恒温温度及恒温时间等。固化炉必须满足制品固化温度

制度的要求。

② 一般固化炉炉腔较大，应采取使炉内温度场均匀的措施，如采用热风循环、合理分配电热功率密度、分段调控温度、经济适用的控温系统。

③ 为使制品受热均匀和在固化过程中不流胶，固化炉应具有使制品转动的辅助设备。

④ 纤维增强热固性塑料制品在固化过程中放出的挥发性物质易燃、有毒，固化炉应具有通风装置，以保证安全。

⑤ 固化炉为间歇式生产，固化温度比工业炉炉温低得多，一般在200℃以下。

（2）固化炉的加热方式

固化炉的加热方式有电阻加热、远红外线加热、蒸汽加热，尤以前两种应用较为普遍。

电阻加热与其他加热方式相比，其优点为：温度调控方便、准确，只要把合适的电阻元件接入电网，就能发热。通过改变线路的电气参数（电流或电压）可达到调节功率的目的，并可实现自动控制，加热元件不受炉型限制，炉体结构紧凑，占地小，造价较低，维护方便，热效率一般可达50%～80%。

红外线加热也较常用。红外线波长范围为0.76～1000μm，介于可见光和微波之间。红外线加热靠红外线发射元件将热射线（电磁波）直接辐射给被加热物体，再转变成热能。不同物体对不同波长的红外线的接受能力不同，一般高分子物质吸收波长的范围约为3～40μm，采用远红外线加热较适宜。红外线加热的优点是无需借助介质传递热量，热量损失少，热效率高。此外，设备费用低，安全及控制方便等优点也是突出的。

蒸汽加热，采用较高压力的饱和蒸汽，可获得超过100℃的加热温度。通过换热设备间接加热制品。蒸汽加热的特点是可以节电、安全、加热缓和、不会过热，但采用这种加热方法需要的锅炉、换热装备等工程设备耗费较多，维修工作也较大。所以，只有在可从其他生产的蒸汽系统中取用蒸汽时，或者有大量制品需经常使用固化炉时，采用此加热方法才适宜。

（3）电阻固化炉的结构

间歇作业式砖砌电阻固化炉应用较为普遍。炉腔尺寸主要取决于产品的最大尺寸和最高生产数量，同时还要考虑制品在炉内的位置、炉腔温度场、电热元件、辅助设备及炉内构件的维修等因素。

几种典型的电阻式固化炉结构如图4-41～图4-45所示。

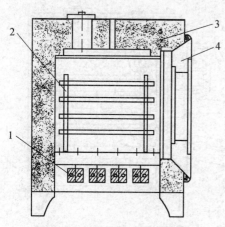

图4-41　自然通风式干燥箱图

1—加热元件；2—支架；3—保温层；4—箱门

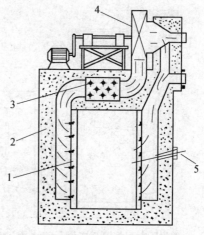

图4-42　强迫循环通风式干燥箱

1—支架；2—保温层；3—加热元件；4—风机；5—热电偶

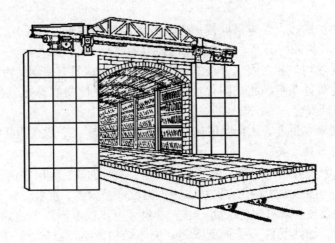

图 4-43　砖砌式电阻炉

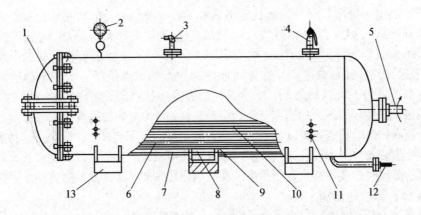

图 4-44　加压固化炉

1—炉门；2—压力表；3—热电偶；4—安全阀；5—接旋转机构的转轴；
6—轨道；7—铁皮；8—保温层；9—壳体；10—管状加热器；
11—接线柱；12—空气压缩机接嘴；13—底座

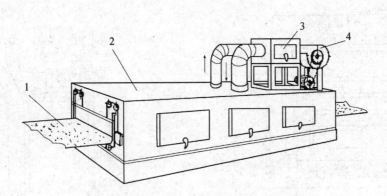

图 4-45　连续作业式烘干炉

1—物料；2—箱体；3—热风室；4—风机

4.8　拉挤成型工艺及设备

4.8.1　拉挤成型工艺

拉挤成型是指玻璃纤维粗纱或其织物在外力牵引下，经过浸胶、挤压成型、加热固化、定长切割，连续生产玻璃钢线型制品的一种方法。它不同于其他成型工艺的地方是外力拉拔和挤压模塑，故称为拉挤成型工艺。

拉挤成型的工艺流程为：玻璃纤维粗纱排布→浸胶→预成型→挤压模塑及固化→牵引→切割→制品。

图 4-46 为卧式拉挤成型工艺原理图。无捻粗纱纱团被安置在纱架 1 上，然后引出通过导向辊和集纱器进入浸胶槽，浸渍树脂后的纱束通过预成型模具，它是根据制品所要求的断面形状而配置的导向装置。如成型棒材可用环形栅板，成型管可用芯轴，成型角形材可用相应导向板等。在预成型模中，排除多余的树脂，并在压实的过程中排除气泡。预成型模为冷模，有水冷却系统。产品通过预成型后进入成型模固化。成型模具一般由钢材制成，模孔的形状与制品断面形状一致。为减少制品通过时的摩擦力，模孔应抛光镀铬。如果模具较长，可采用组合模，并涂有脱模剂。成型物固化一般分为两种情况：一是成型模为热模，成型物在模中固化成型；另一种是成型模不加热或给成型物以预热，而最终制品的固化是在固化炉中完成的。图 4-46 所示的原理图是制品在成型中模塑固化，再由牵引装置拉出并切割成所要求的长度。

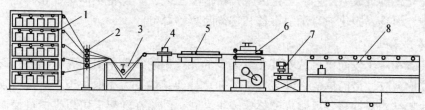

图 4-46　卧式拉挤成型原理图

1—纱架；2—排纱器；3—胶槽；4—预成型模；5—成型固化模；
6—牵引装置；7—切割装置；8—制品托架

4.8.2　拉挤成型工艺分类

拉挤成型工艺，根据所用设备的结构形式可分为卧式和立式两大类。卧式拉挤成型工艺由于模塑牵引方法不同，又可分为间歇式牵引和连续式牵引两种。由于卧式拉挤设备比立式拉挤设备简单，便于操作，故采用较多。卧式拉挤工艺，因模塑固化方法不同，也各有差异，分述如下。

（1）间歇式拉挤成型工艺

所谓间歇式，就是牵引机构间断工作，浸胶的纤维在热模中固化定型，然后牵引出模，下一段浸胶纤维再进入热模中固化定型后，再牵引出模。如此间歇牵引，而制品是连续不断的，制品按要求的长度定长切割。

间歇式牵引法的主要特点是：成型物在模具中加热固化，固化时间不受限制，所用树脂的范围较广，但生产效率低，制品表面易出现间断分界线。若采用整体模具时，仅适用于生产棒材和管材类制品；采用组合模具时，可配有压机同时使用，而且制品表面可以装饰，成型不同类型的花纹。但模制型材时，其形状受到限制，而且模具成本较高。

（2）连续式拉挤成型工艺

所谓连续式，就是制品在拉挤成型过程中，牵引机构连续工作，如图4-46所示。

连续式拉挤工艺的主要特点是：牵引和模塑过程是连续进行的，生产效率高。在生产过程中控制胶凝时间和固化程度，模具温度和牵引速度的调节是保证制品质量的关键。此法所生产的制品不须二次加工，表面性能良好，可生产大型构件，包括空心型材等制品。

（3）立式拉挤成型工艺

此法是采用熔融或液体金属槽代替钢制的热成型模具，克服了卧式拉挤成型中钢制模具价格较贵的缺点。除此之外，其余工艺过程与卧式拉挤完全相同。立式拉挤成型主要用于生产空腹型材，因为生产空腹型材时，芯模只有一端支撑，采用此法可以避免卧式拉挤芯模悬壁下垂所造成的空腹型材壁厚不均等缺陷。

值得注意的是：由于熔融金属液面与空气接触而产生氧化，并易附着在制品表面而影响制品表观质量。为此，需在槽内金属液面上浇注乙二醇等醇类有机化合物作保护层。

以上三种拉挤成型法以卧式连续拉挤法使用最多，应用最广。目前，国内引进的拉挤成型技术及设备均属此种工艺方法。

4.8.3 拉挤成型设备

无论是立式拉挤成型工艺，还是卧式拉挤成型工艺，其设备主体基本相同，一般包括送纱架、胶槽、模具、固化炉、牵引设备和切割装置等部分。

（1）送纱装置

送纱装置相对比较简单。从安装在纱架上的无捻粗纱纱筒中引出无捻粗纱，通过导纱装置进入浸胶槽浸胶。最简单的送纱装置是纱架。纱架结构及大小取决于产品规格及所用纱团的数量。纱架结构根据需要可制成整体式或组合式。纱筒在纱架上可以纵向或横向安装，简易纱架如图4-47所示。需要精确导向时，通常使用孔板导纱器或塑料管导纱器。

连续原丝毡、玻纤织物等增强材料通常被裁剪成窄带使用。无捻粗纱或织物的送进过程中一般速度较慢，不会出现拉断现象。

（2）浸胶装置

浸胶装置是由树脂槽、导向辊、压辊、分纱栅板、挤胶辊等组成。由纱架引出的玻璃纤维无捻粗纱，在浸胶槽中浸渍树脂，并通过挤胶辊控制树脂的含量。胶槽长度根据浸胶时间长短而定。树脂在胶槽中停留时间不宜过长，胶槽中的胶液应连续不断地更新，以防止胶液中的溶剂挥发。树脂黏度加大，不利于对增强材料的浸透。为便于清洗，一般胶槽中部件尽

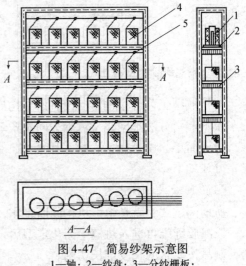

图4-47　简易纱架示意图
1—轴；2—纱盘；3—分纱栅板；
4—纱筒；5—导纱钩

量少用螺栓连接。在停止生产时，放掉胶槽内树脂，故胶槽应留有放胶口。为保证胶液黏度适当稳定，胶槽最好采用可调水温的夹层结构。

挤胶辊的作用是使树脂进一步浸渍增强材料，同时起到控制含胶量和排除气泡的作用。分栅板的作用是将浸渍树脂后的玻璃纤维无捻粗纱被分开，确保增强材料在拉挤制品中，按设计的要求合理分布，也是确保制品质量的重要环节，特别是对截面形状复杂的制品尤为重要。最简单的浸胶装置参见图 4-48。

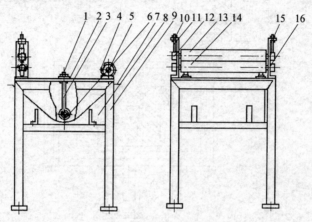

图 4-48　简易胶槽的构造图

1—压杆调整螺母；2—压杆支撑板；3—压杆；4—导向辊；5—导向辊轴承；6—压辊；7—胶槽；
8—胶槽支架；9—支架；10—上挤胶辊调整螺母；11—挤胶辊调整螺杆；12—上挤胶辊轴承；
13—上挤胶辊；14—下挤胶辊；15—调整螺杆支架；16—下挤胶辊轴承

（3）预成型模和成型模

预成型模的作用是使浸透了树脂的增强材料进一步除去多余的树脂，排除气泡，并使其形状接近于成型模的进口形状。拉挤成型棒材时，一般使用管状预成型模；制造空心型材时，通常使用芯轴预成型模；生产异型材时，大多使用形状与型材截面形状接近的金属预成型模具。在预成型模中，材料被逐渐地成型到所要求的形状，并使增强材料在制品断面的分布符合设计要求。

在连续拉挤中，成型模一般为钢模，内表面镀铬，以降低牵引力，减少摩擦，延长模具使用寿命，并使制品易脱模。成型模具按结构形式可分为整体成型模和组合式成型模两类。

整体成型模如图 4-49 所示。其成型模孔是由整体钢材加工而成，一般适于棒材和管材。模外有载热体加热套。热成型模前端装有循环水冷却系统，其目的是避免树脂过早固化，影响下一步成型。

空心型材模具示意图如图 4-50 所示。其槽孔是由上下模对合而成，这种类型的模具易于加工，可生产各种类型的型材，但制品表面有分型线痕迹。

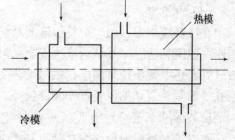

图 4-49　整体成型模示意图

芯模 1 固定在轴承 6 上。而轴承支撑处用销钉 5 将芯模固定，保证牵引过程中芯模不被拉动。芯模的另一端悬臂伸入上模 8 和下模 9 所

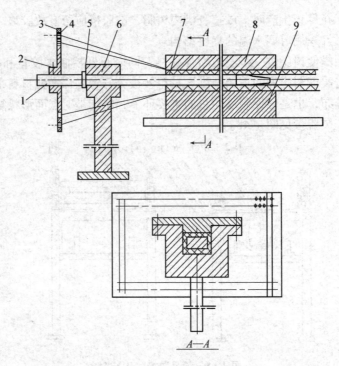

图 4-50 空心型材模具示意图

1—芯模；2—顶丝；3—分纱器；4—孔；5—销钉；6—轴承；7—制品；8—上模；9—下模

形成的空间内，与上下模一起构成产品所需的截面形状。芯模上用顶丝 2 固定分纱器 3。分纱器将浸有树脂的玻璃纤维纱按制品截面形状，均匀分布后进入模具中。模具长度一般由固化时间和牵引速度等条件决定。

为减少脱模时芯模产生的阻力，将芯模尾部 200 ~ 300mm 处加工成 $\frac{1}{300}$ ~ $\frac{1}{200}$ 的锥度。而外模入口处常制成喇叭口形状，以便使多余的树脂流回胶槽。

模具设计是否合理，直接影响拉挤制品的质量及牵引力的大小。有时因阻力过大，制品难以从模具中牵引出来。为了避免这种现象，一要严格固化温度；二要使模具结构合理，表面光滑。为减少模具表面磨损，一要表面镀铬；二要涂刷一层耐高温脱模剂，有利于延长模具的使用寿命。

（4）固化炉

在拉挤成型中，固化炉是保证制品充分固化所需的装置。固化炉温度要严格控制，确保与牵引速度相适应。其结构取决于制品形状及几何尺寸。设计时，除考虑固化炉结构、加热方式外，还要便于拉挤操作；根据工艺要求，炉中温度分段控制，炉体适当保温，并设有观察孔、控温装置和抽风装置安装部位等。固化炉的加热方法通常有电阻加热和远红外加热。

（5）牵引装置

牵引设备要根据拉挤制品种类及所需牵引力来选择，分为机械式和履带式两种。现代化牵引设备一般都采用液压机械传动。牵引功率为 30 ~ 150kW。

牵引速度视制品工艺要求而定，通常为 0.1 ~ 3m/min。若采用快速固化配方，牵引速度可大幅度提高。牵引机通常采用无级调速。

（6）切割装置

切割是在连续生产过程中进行的。当制品长度达到要求时，制品端部拨动限位开关，接通切割电机电路，切割装置便开始工作。首先是装有橡皮垫的夹具，夹紧制品，然后用砂轮或其他刀具进行切割。切割过程由两种运动完成，即纵向运动和横向运动。纵向运动是切割装置跟随制品同步向前移动。横向运动是切割刀具的进给运动。

在切割过程中，刀具的磨耗非常严重，选择刀具材料很重要。实践证明，用厚度不大的砂轮取代钢制圆锯来切割玻璃钢制品效果较好。如果将砂轮两面做成带有网状般的突出物并用金属薄膜覆盖，其效果更为理想。另外，金刚石砂轮锯切玻璃钢制品比碳化硅砂轮具有更显著的效果。它具有生产效率高、成本低、加工质量好、安全可靠、减轻劳动强度和改善工作条件等优点。

图4-51是一种小车式切割装置，它由大车、小车14及支架三部分组成。拉挤成型时，制品连续地被牵引装置从模具中拉出，达到要求长度时，制品顶撞限位开关，使牵引电磁铁和切割小车电机8的线路接通。电磁铁的铁芯被拉下，使连杆22和16将制品抱紧。由于与制品抱紧在一起的牵引磁铁固定在大车上，因此，牵引力推动制品移动时也带动大车与制品同步前移。

切割小车电机8转动，带动塔式皮带轮4回转，塔轮一方面使装在砂轮轴上的皮带轮转动，一方面使大皮带轮3转动。大皮带轮轴上装有小锥齿轮2，它与装在丝杆9上的大锥齿轮1相啮合。丝杆上的传动螺母7固定在大车上，因而丝杆转动能使小车前后移动。旋转的砂轮装在向前运行的小车上，进行切割。切割完毕，先切断牵引电磁铁电路，电磁铁芯回到原位，然后使切割电机8反转，使小车退回原位、大车门由重物27拉回原位。

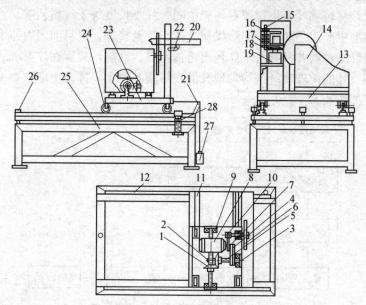

图4-51 小车式切割装置

1—大锥齿轮；2—小锥齿轮；3—大皮带轮；4—塔式皮带轮；5—轴；6—切割砂轮片；7—螺母；
8—电机；9—丝杆；10—皮带轮；11—小车导轨；12—大车导轨；13—大车；14—切割小车；15—导向杆；
16—连杆；17—弹簧；18—拉杆；19—牵引电磁铁；20—产品；21—滑轮；22—连杆；23—小车车架；
24—小车车轮；25—大车底架；26—限位开关；27—重物；28—调整螺钉

4.9 挤出成型工艺及设备

挤出成型工艺是生产热塑性复合材料（FRTP）制品的主要方法之一，其工艺过程是先将树脂和增强纤维制成粒料，然后再将粒料加入挤出机内，经塑化、挤出、冷却定型而成制品。

挤出成型工艺广泛用于生产各种增强塑料管、棒材、异形断面型材等。其优点是能加工绝大多数热塑性复合材料及部分热固性复合材料，生产过程连续，自动化程度高，工艺易掌握及产品质量稳定等。其缺点是只能生产线型制品。

4.9.1 FRTP 粒料生产工艺及设备

短纤维增强 FRTP 是将玻璃纤维或其他纤维（长 0.2 ~ 7mm）均匀地分布在热塑性树脂基体中的一种复合材料，其生产工艺一般都要经过造粒和成型两个过程。

增强粒料分为长纤维和短纤维两种：长纤维粒料的纤维长度等于粒料长度，一般为 3 ~ 13mm，而且纤维平行于粒料长度方向排列；短纤维材料的纤维长度一般为 0.25 ~ 0.5mm，纤维和树脂无规混合。长纤维粒料生产的制品其力学性能较高，短纤维粒料则用于生产形状复杂的薄壁制品。

（1）长纤维粒料生产工艺及设备

1）造粒工艺

长纤维粒料是将玻璃纤维束包覆在树脂中间，纤维长度等于粒料长度。

长纤维粒料的生产工艺简单，连续操作方便，质量较好，是目前国内外采用最多的造粒工艺。但是，长纤维粒料并没有真正体现出增强塑料的性能，只有在注射机或挤出机中，依靠螺杆混合作用，才能使玻璃纤维均匀地分散在树脂基体中，体现出增强效果。长纤维粒料的生产工艺流程如图 4-52 所示。

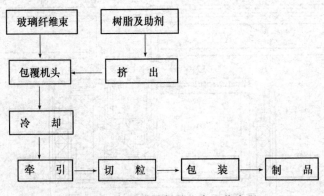

图 4-52 长纤维粒料的生产工艺流程

生产长纤维增强粒料的设备布置工艺有两种形式：平面布置和立体布置。平面布置是指所有生产线上的设备都布置在一个水平面上，如图 4-53 所示。立式布置是将挤出机安装在高台上，机头口朝下，牵引和切粒机安装在机头下的地面上，如图 4-54 所示。一般多采用平面布置，因为这种布置操作检验比较方便。但立式布置占地面积小，故也有采用的。

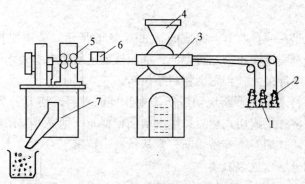

图 4-53 增强粒料设备平面布置

1—玻璃纤维；2—送丝机构；3—挤出机；4—加料斗；5—牵引辊；

6—水冷或风冷；7—切粒机

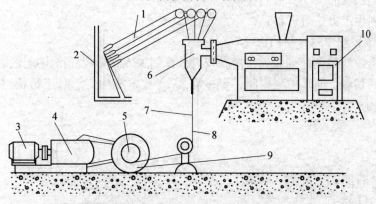

图 4-54 增强粒料设备立体布置

1—玻璃纤维；2—送丝机构；3—马达；4—无级变速箱；5—牵引滚筒；6—机头；

7—冷却水；8—增强料条；9—切粒机；10—挤出机

2）设备

造粒需要的设备有挤出机、纱架、机头、牵引机和切粒机等。

挤出机将在挤出成型工艺部分详细介绍。

长纤维增强粒料的质量与多种因素有关，但主要的影响因素是包覆机头的形式和构造。

① 机头

生产长纤维粒料的机头由型芯、型腔和集束装置三部分组成（图 4-55）。玻璃纤维通过型芯中的导纱孔进入机头型腔，与熔融的树脂混合。为了使树脂能充分浸渍纤维，机头内设有集束板或集束管，使熔融树脂进一步浸透纤维，成为密实的纤维树脂混合料条。

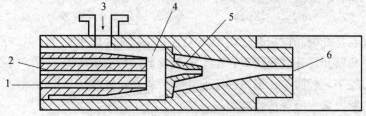

图 4-55 长纤维增强塑料包覆机头结构

1—送丝孔；2—型芯；3—熔融树脂；4—型腔；5—集束装置；6—出料口

②牵引和切粒

牵引和切粒一般是在一台机器上完成的，如图4-56所示。牵引机构是由两对牵引辊完成，第一对牵引辊的牵引进度比第二对辊低，从而保证了两道牵引辊之间有一定的张力，防止料条堆积，但张力不能过大，否则会将料条拉断。

造粒是用切刀将料条连续不断地切成所需要长度的粒料。切刀分为滚切式和剪切式两种。一般塑料造粒，多选用滚切式切刀；生产增强粒料时，则需要选用剪刀式切刀。因为料条中的玻璃纤维用滚切式切刀不容易切断，常从粒料中拉出。

（2）短纤维粒料生产工艺及设备

与长纤维粒料不同，短纤维粒料中的纤维是均匀分布在树脂基体中。它适用于柱塞式注射成型机和形状较复杂的制品生产。

1）短纤维粒料生产工艺

短纤维物料生产方法有三种：

①短切纤维原丝单螺杆挤出法

此方法是将短切玻璃纤维原丝与树脂按设计比例加入到单螺杆挤出机中混合、塑化，挤出条料，冷却后切粒。对于粒料树脂，要重复2~3次才能均匀。对于粉状树脂，则可一次性挤出造粒（图4-57）。

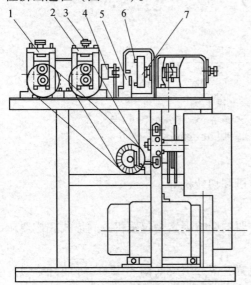 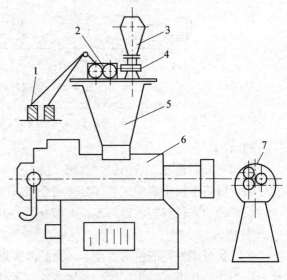

图4-56　增强塑料切粒机装配示意图
1—第一牵引辊；2—第二牵引辊；3—弹簧调节螺帽；
4—导料管；5—定刀；6—动刀；7—动刀盘

图4-57　短切纤维与树脂粉料一次造粒
1—玻纤纱锭；2—切割器；3—加料斗；4—计量器；
5—混合料斗；6—挤出机；7—切粒机

此方法的优点是纤维和树脂混合均匀，能适应柱塞式注射机生产。其缺点是：玻璃纤维受损伤较严重；料筒和螺杆磨损严重，生产速度较低；劳动条件差，粉状树脂和玻璃纤维易飞扬。短纤维造粒工艺较简单，国内已工业化生产的有短纤维增强聚丙烯粒料，试制成功的有聚砜、聚碳酸酯及聚甲醛等增强粒料。

②单螺杆排气式挤出机回挤造粒法

此方法是将长纤维粒料加入到排气单螺杆挤出机中，回挤一次造粒。如果粒料中挥发物较少，则可用普通挤出机回挤造粒。

此方法的优点是：生产效率高；粒料质地密实，外观质量较好；劳动条件好，无玻璃纤维飞扬。缺点是：用长纤维粒料二次加工，树脂老化几率增加；粒料外观及质量不如双螺杆排气式挤出机造粒好。如果考虑到长纤维造粒过程工序多，劳动生产率低。此方法对设备要求不高，国内采用的厂家较多。

③ 排气式双螺杆挤出机造粒法

此方法是将树脂和纤维分别加入排气式双螺杆挤出机的加料孔和进丝口，玻璃纤维被左旋螺杆及捏合装置破碎，纤维和树脂在料筒内混合均匀，经过排气段除去混料中的挥发性物质，进一步塑炼后经口模挤出料条，再经冷却、干燥（水冷时用），然后切成粒料。其流程图如图 4-58 所示。粒料中的纤维含量，可由调整送入挤出机的玻璃纤维股数和螺杆转速来控制。单螺杆挤出机主要是靠机头压力产生均质熔体，双螺杆挤出机完全是靠螺杆作用使树脂充分塑化，并与纤维均匀复合。因此，它除了具有排气式单螺杆挤出造粒的优点外，比单螺杆挤出机更有效地挤出造粒和利用松散物料。此方法是今后制造增强粒料的发展方向。

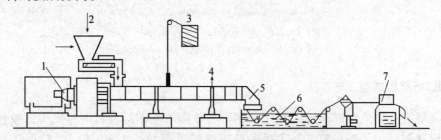

图 4-58　用玻璃纤维粗纱增强热塑性塑料流程图

1—计量带式给料器 ZSK/V；2—热塑性塑料；3—玻璃纤维粗纱；
4—排气；5—条模；6—水浴；7—料条切粒机

2）设备

生产短纤维粒料的设备主要是挤出机和造粒机头，它不需要单独的牵引和切粒机。

① 挤出机

生产短纤维粒料的挤出机有两类：一类是单螺杆排气式挤出机；另一类是双螺杆排气式挤出机。

② 造粒机头

长纤维粒料的造粒是采用冷切法。其原因是不使纤维从粒料中抽出。短纤维粒料的造粒是采用热切法。因为从机头挤出来的料条中纤维已很短，可以不经冷却直接通过造粒机头造粒。造粒机头的构造如图 4-59 所示，它由模体、出条孔板、分流器、多孔板等装配组成。

随着塑料工业的发展，造粒技术不断提高，国产双螺杆造粒机的产量已达 500kg/h。国外已有产量超过 15t/h 的造粒机，其螺杆直径为 460mm，转速为 110r/min，采用水中热切法。

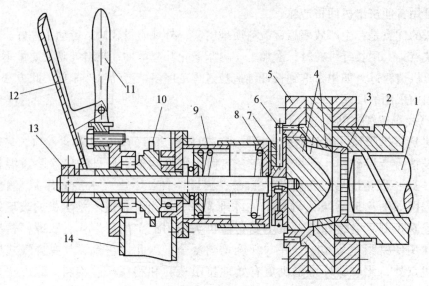

图 4-59　切粒机头

1—螺杆；2—机筒；3—多孔板；4—分流器；5—出条孔板；

6—切刀；7—刀盘；8—托刀盘；9—弹簧；10—链轮；

11—手柄；12—离合器；13—旋转轴；14—支架

4.9.2　FRTP 挤出成型工艺

挤出成型需要完成粒料输运、塑化和在压力作用下使熔融物料通过机头口模获得所要求的断面形状制品。增强粒料在挤出机的挤出成型过程如图 4-60 所示。粒料从料斗 6 进入挤出机，在热压作用下发生物理变化，并向前推进。由于过滤板 1、机头和机筒 3 阻力，使粒料压实、排气，与此同时，外部热源与物料摩擦热使粒料受热塑化，变成熔融黏流态，凭借螺杆推力，定量地从机头挤出。挤出过程中的压力和温度变化情况，如图 4-61 所示。

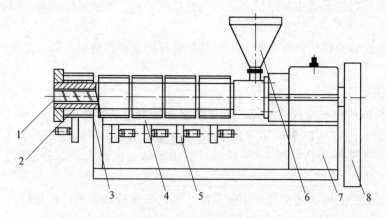

图 4-60　挤出成型示意图

1—多孔板、过滤板；2—螺杆；3—机筒；4—加热器；5—冷却风机；

6—料斗；7—减速齿轮箱；8—电机、传动系统

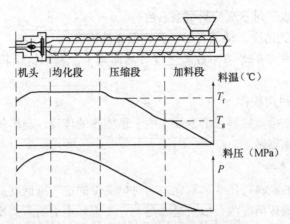

图 4-61　挤出过程中的压力和温度变化

综上所述，挤出成型主要包括加料、塑化、成型、定型四个过程。粒料在挤出机内沿螺杆长度方向划分为加料、压缩和均匀三段，其长度分配比例见表 4-3。

表 4-3　三功能段沿螺杆长度分配比例表

基材种类	加料段	压缩段	均化段
非结晶塑料	全长 10%～15%	全长 50%～65%	全长 20%～25%
结晶塑料	全长 30%～65%	全长 5%～15%	全长 25%～35%

注：全长是指螺杆长度。

（1）加料段工作原理

加料段由加料区（料斗）、螺杆固体输送区和迟滞区组成（图 4-62）。其功能是对加入的粒料进行压实和输送。

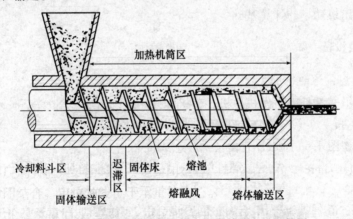

图 4-62　塑料在普通螺杆挤出机中的挤出过程简图

在此段内，粒料主要是受热、前移，仍保持固态。因此，螺杆容积可以保持不变。螺槽内粒料的填满程度与其形状、干湿程度和加料机构有关。粒料在机筒内的运动可分解为旋转运动和轴向运动。旋转运动是由粒料与螺杆的摩擦作用被螺杆带动旋转，轴向移动是靠螺纹旋转时产生的轴向分力向前推进。当粒料与螺杆的摩擦力大于其与机筒的摩擦力时，粒料随螺杆转动；反之，粒料与螺杆的摩擦力小于机筒的摩擦力时，粒料沿轴向移动。当需要粒料沿轴向移动时，可采取下列方法控制摩擦系数：

① 提高螺杆表面光洁度，使其高于机筒表面光洁度。

② 粒料熔融前与钢铁的摩擦系数随温度升高而增大。利用这个特点，使加料段的料筒温度高于螺杆温度。

③ 机筒表面开设纵向槽沟。

根据实验观察，在接近加料段的末端，由于摩擦热的作用，与机筒内壁接触的粒料已达到黏流态温度，并开始熔融。

（2）压缩段工作原理

在此段内，松散的粒料被压实、软化，同时把夹带的空气压回到加料口排出。粒料在此段内由于螺杆和螺槽的逐渐变浅，以及过滤网、分流板和机头的阻碍作用，物料逐渐形成高压，进一步被压实。螺杆在加料口的螺槽容积与均化段最后一个螺槽容积之比，称为压缩比。与此同时，物料受到外部加热、螺杆与机筒的强烈搅拌、混合和剪切等作用，温度不断升高，熔融态物料量不断增加，固态物料逐渐减少，至压缩段末端，全部物料已转变为黏流态。

压缩段的长短和压缩比大小与物料性能有关，例如低密度聚乙烯的软化温度范围（83～111℃）较窄，硬聚氯乙烯的软化温度范围（75～165℃）较宽，两者的熔化特性不同，因而前者压缩段可以短些，后者则需长些。

（3）均化段工作原理

均化段是把压缩段送来的熔融物料进一步塑化均匀，使其能定量、定压挤出，故亦称计量段和压出段。

到目前为止，研究得最多、最有成效的是均化段。对该段的流动状态、结构、生产率和功率消耗都有较详细的分析和研究，一般是以此段的生产率代表挤出的生产率，以它的功率消耗作为整个挤出机功率的计算基础。

4.9.3 挤出成型设备

（1）挤出成型机组的组成

挤出成型机组通常是由挤出机主机、辅机和控制系统组成。

1）挤出机主机

挤出机主机如图 4-63 所示，它由三部分组成：

① 挤压系统。由料斗、机筒、螺杆组成。其功能是使粒料加入机筒后，经搅拌、塑化，然后由机头挤出。

② 传动系统。它保证螺杆按需要的扭矩和转速均匀旋转。

③ 加热和冷却系统。它通过对机筒加热或冷却，保证物料在机筒各段内的温度要求。

2）挤出机辅机

挤出机辅机是由机头、定型装置、冷却装置、牵引装置、切割装置和堆放装置组成。

① 机头。制品成型的主要部件，更换机头型孔，可制得不同断面形状的制品。

② 定型装置。其作用是稳定挤出型材形状，对其表面进行修正。一般采用冷却式压光方法。

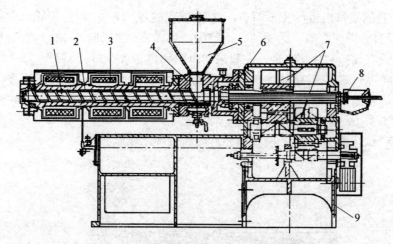

图 4-63　卧式塑料单螺杆挤出机构图

1—螺杆；2—机筒；3—加热器；4—料斗支座；5—料斗；
6—止推轴承；7—传动系统；8—螺杆冷却系统；9—机身

③ 冷却装置。其作用是使挤出制品充分冷却硬化。

④ 牵引装置。将挤出的制品均匀地引出。牵引速度的快慢在一定程度上可以调节断面尺寸，对生产率有一定影响。

⑤ 切割装置。按照产品设计长度，将挤出的制品切断。

⑥ 堆放装置。将切好的制品整齐地堆存、入库。

3）控制系统

一般挤出机都配有电器控制设备，先进的挤出机则多用电子计算机控制。控制设备除保证机组正常运行外，对提高产品质量和尺寸精度有很大作用。

（2）挤出机主机的分类

1）分类及构造

挤出机的种类很多，按工作原理可分为螺杆式挤出机和无螺杆挤出机；按螺杆数量可分为单螺杆挤出机和双螺杆挤出机；按螺杆转速可分为普通转速挤出机和高速自式挤出机；按挤出过程排气状况分为排气式挤出机和分段组合螺杆挤出机；按用途分类分为造粒挤出机、混炼挤出机、超高分子质量挤出机；根据安装位置分为立式挤出机和卧式挤出机等。目前应用最广泛的是卧式单螺杆挤出机和双螺杆挤出机。

2）单螺杆挤出机

它的基本结构包括：加料装置、挤压系统、传动系统和加热冷却系统。

① 加料装置。一般为锥形漏斗，其大小以能容纳 1h 用料为宜。加料斗内有切断料流、标定料量和卸除余料等装置。好的加料斗还装有定时、定量供料及干燥和预热等装置。对粉状树脂，最好采用真空减压加料装置。加料口形状有矩形和圆形两种，一般采用矩形，其长边平行于螺杆轴线，长为螺杆直径的 1~1.5 倍，进料斗的侧面为 7°~15°倾斜角。

② 挤压系统。一般包括螺杆、机筒、端头多孔板。

a. 螺杆。通常将螺杆分成加料段 L_1，压缩段 L_2 和计量段 L_3（均化段）三段。也有分四段和五段，甚至更多段的，根据挤出原理给以新的功能段。

103

b. 机筒。机筒是挤出机的主要部件，工作过程的压力可达 30～50MPa，温度达 150～300℃。机筒材料必须强度高、耐腐蚀、耐磨损。目前多选用 38CrMoAl 材料和粉末状合金。机筒外部分段设有加热和冷却装置，一般采用电阻加热和水冷却。

c. 筒端多孔板。其作用是使物料由旋转流动变为直线流动，沿螺杆轴方向形成压力，增大塑化均匀性和支承过滤网。过滤板为圆形，其厚度为机筒内径的 1/5，整齐地排列着许多小孔，孔径为 3～6mm。

图 4-64 是 MSSJ-30～120/25 系列单螺杆挤出机的实物照片。

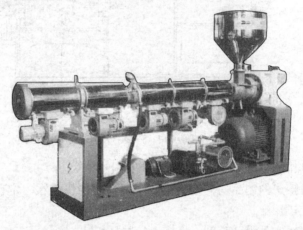

图 4-64　　MSSJ-30～120/25 系列单螺杆挤出机

3）双螺杆挤出机

双螺杆挤出机是在一个"8"形机筒内，装有两根互相啮合的螺杆，如图 4-65 所示。

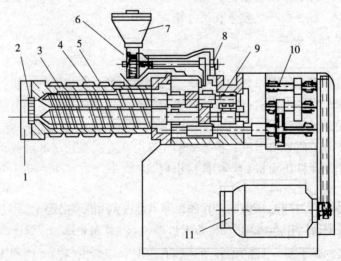

图 4-65　双螺杆挤出机结构简图

1—机头连接器；2—多孔板；3—机筒；4—加热器；5—螺杆；6—加料器；
7—料斗；8—加料器传动机构；10—减速箱；11—电动机

它由机筒、螺杆、加料斗、温度控制系统、传动装置和机座组成，各部分的功能与单螺杆挤出机相同，区别之处仅在于螺杆和机筒。双螺杆挤出机的螺杆每根可以是整体，也可以加工成几段组装，其形状可以是平行式，也可以是锥形。两根螺杆的回转方向分为同向和异向两种。

双螺杆挤出机与单螺杆挤出机相比，其优点较多：①由摩擦产生的热量较少；②物料在料筒内受到剪切比较均匀；③双螺杆的输送能力较大，挤出量比较稳定，物料在机筒内停留的时间较短，不易老化；④机筒可以自动清洗。

4）部分国产挤出机型号和性能

部分国产挤出机的主要技术参数见表4-4，表中 SJ 表示塑料挤出机，Z 表示造粒机，后面的数字代表螺杆直径，A 和 B 表示机型。

表 4-4　部分国产挤出机的主要技术参数

型号	螺杆直径 D_s	螺杆长径比	螺杆转速 (r/min)	生产能力 Q (kg/h)	主电机功率 N (kW)	加热功率 (kW)	加热段	机器的中心高 H (mm)	生产厂
SJ-30	30	20	11~100	0.7~6.3	1~3	3.3	3	1000	上海挤出机厂
SJ-30×25B	30	25	15~225	1.5~22	5.5	48	3	1000	
SJ-45B	45	20	10~90	2.5~22.5	5.5	4.8	3	1000	
SJ-65A	65	20	10~90	6.7~60	5~15	12	3	1000	
SJ-65B	65	20	10~90	6.7~60	22	12	3	1000	
SJ-Z-90	90	30	12~120	25~250	6~60	30	6	1000	
SJ-120	120	20	8~48	25~150	18.3~55	37.5	5	1100	
SJ-150	150	25	7~42	50~300	25~75	60	8	1100	
SJ-Z-150	150	27	10~60	60~200	25~75	71.5	6	1100	
SJ-90	90	20	12~72	40~90	7.3~22	18	4	1000	大连橡胶塑料机械厂
SJ-90×25	90	25	33.3~100	90	18.3~55	24	5	1000	
SJ₂-120	120	18	15~45	90	13.3~40	24.3	5	900	
SJ-150	150	20	7~42	20~200	25~75	48	5	1100	
SJ-200	200	20	4~30	420	25~75	55.2	6	1100	

4.10　注射成型工艺

注射成型是将粒状或粉状的纤维——树脂混合料从注射机的料斗送入机筒内，加热熔化后由柱塞或螺杆加压，通过喷嘴注入温度降低的闭合模内，经过冷却定型后，脱模得制品。

4.10.1　注射成型工艺原理

热塑性复合材料（FRTP）和热固性复合材料（FRP）的物理性能和固化原理不同，其注射成型工艺也有很大区别。

（1）FRTP 注射成型原理

FRTP 的注射成型过程主要产生物理变化。增强粒料在注射机的料筒内加热熔化至黏流态，以高压迅速注入温度较低的闭合模内，经过一段时间冷却，使物料在保持模腔形状的情况下恢复到玻璃态，然后开模取出制品。这一过程主要是加热、冷却过程，物料不发生化学变化。

注射成型工艺原理示意图如图 4-66 所示，将粒料加入料斗 5 内，由注射柱塞 6 往复运动把粒料推入料筒 3 内，依靠外部和分流梭 4 加热塑化，分流梭是靠金属肋和料筒壁相连，加热料筒，分流梭同时受热，使物料内外加热快速熔化，通过注射柱塞向前推压，使熔态物料经过喷嘴 2 及模具的流道快速充满模腔，当制品在模腔内冷却到定型温度时，开模取出制品。从注射充模到开模取出制品为一个注射周期，其时间长短取决于产品尺寸大小和厚度。

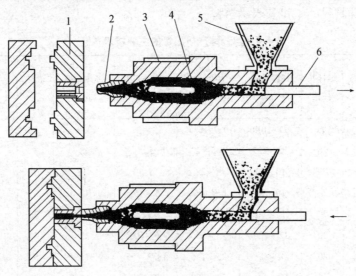

图 4-66 注射成型工艺原理示意图

1—模具；2—喷嘴；3—料筒；4—分流梭；5—料斗；6—注射柱塞

（2）FRP 注射成型原理

FRP 的注射成型过程是一个复杂的物理和化学过程。注射料在加热过程中随温度升高，黏度下降。但随着加热时间的延长，分子间的交联反应加速，黏度又会上升，开始胶凝和固化。实际加热过程中，热固性树脂的黏度变化可设想为两种作用的综合反应。

FRP 注射成型过程是将预浸渍料加入料筒，严格控制温度，适当加温加压，当物料运动到喷嘴时，黏度应达到最低值。然后在高压下迅速将熔融物料注入模腔，在热压作用下，物料固化定型，然后开模取出制品。FRP 注射成型和模压成型基本相似，但产品质量比模压成型容易控制，成型周期及生产成本也相应地要比模压成型短而且低。

FRTP 和 FRP 的注射成型特点对比如下：

① FRTP 可以反复加热塑化，物料的熔融和硬化完全是物理变化；FRP 加热固化后不能再塑化，固化过程为不可逆反应。在注射过程中，物料开始为物理变化，黏度降低，其后分子间发生交联，生成网络结构，逐渐固化变硬。

② FRTP 受热时，物料由玻璃态变为熔融的黏流态，料筒温度要分段控制，其塑化温度应高于黏流温度，但低于分解温度；FRP 在料筒中加热时，树脂分子链发生运动，物料熔融，但接着会发生化学反应、放热，加速化学反应过程。因此，FRP 注射成型的温度控制要比 FRTP 严格得多。

③ FRTP 注射成型时，料筒温度必须高于模具温度，物料在模腔内冷却时会引起体积收缩，故需要有相应的料垫传压补料。FRP 注射成型时，料筒温度低于模具温度，物料在模具内发生固化收缩的同时，也发生热膨胀，因此，充模后不需要补料。料垫主要起传压作用，应减少料垫，防止早期固化。

4.10.2　注射成型工艺过程

注射成型分为准备工作、注射工艺条件选择、制品后处理及回料利用等工序。

（1）准备工作

1）注射料选择及预处理

① 注射料选择。根据产品性能、工艺条件及注射机性能，合理地选择注射料。投产前必须掌握所选注射料的工艺性能，资料不全时要作补充试验，否则不能投产。当注射料不能满足产品性能和工艺条件时，应改换物料。

② 预处理。注射料的黏度要均匀，已结块的要粉碎，防止堵塞流道，影响加工。

注射料的含水量及挥发物含量应预先测定超过标准时，要干燥处理使其含水量降至 0.3% ~ 0.1% 以下。常采用的干燥方法有：热风干燥、红外线干燥及负压沸腾干燥等。干燥后的粒料要密封贮存。

2）料筒清洗

当换料生产时，一定要把料筒清洗干净。对于螺杆式注射机，可直接加料清洗。当所换新料比筒内残留料成型温度高时，则应将料筒及喷嘴温度升高到所换新料的最低加工温度，然后加入新料的回料，连续对空注射，直至喷嘴射出新料时，再加入新料，并把温度升高到新料加工温度，开始正常生产。柱塞式注射机的料筒清洗工作比较困难，因料耗多，费时间，故希望采用专机专料生产。对于小型注射机，最好拆卸清洗。

3）脱模剂选择

脱模剂以硬脂酸锌、液体石蜡和硅油等应用最广。

硬脂酸锌为白色粉末，无毒、适用范围很广，除聚酰胺外，其他树脂均能适用。但用量过多，会出现毛斑和混浊现象，影响外观质量。

液体石蜡又称白油，是一种无色透明液体，它特别适用于聚酰胺类树脂生产，除起润滑脱模作用外，还能有效地防止制品内部产生空隙。

硅油脱模剂，一次涂模后可以多次使用。但此种脱模剂价格贵，使用时要配以甲苯溶液，涂模后还要加热干烘，比较复杂，因此还没有普遍使用。

4）嵌件预热

制品中的金属嵌件，在放入模具前，需要加热。其目的是为了避免两种材料膨胀不均而产生热应力或出现应力开裂现象。

嵌件的预热温度越高越好，但不应高于物料的分解温度。实际生产中，由于条件限制，嵌件温度一般控制在 110 ~ 130℃ 之间。对于镀铬或铝合金、铜嵌件，预热温度可高达 150℃。

金属嵌件预热处理，仅对那些易产生应力开裂的树脂制品，如聚苯乙烯、聚碳酸酯、聚砜、聚苯醚等，或金属嵌件尺寸较大时才需要。

（2）注射成型工艺条件

注射成型工艺包括闭模、加料、塑化、注射、保压、固化（冷却定型）、开模出料等工序。

1）加料及剩余量

正确地控制加料及剩余量对保证产品质量影响很大。一般要求定时定量地均匀供料，保证每次注射后料筒端部有一定剩料（称料垫）。剩料的作用有两点：一是传压；二是补料。如果加料量太多，剩料量大，不仅使注射压力损失增加，而且会使剩料受热时间过长而分解或固化；加料量太少时，剩料不足，缺乏传压介质、模腔内物料受压不足，收缩引起的缺料得不到补充，会使制品产生凹陷、空洞及不密实等现象。

2）成型温度

料筒、喷嘴及模具温度关系到物料的塑化和充模工艺，应考虑到下述因素：

① 注射机的种类。螺杆式注射机的料筒温度比柱塞式低，这是因为螺杆注射机内料筒的料层较薄，物料在推进过程中不断地受到螺杆翻转换料，热量易于传导。物料翻转运动，受剪力作用，自身摩擦能生热。

② 产品厚度。薄壁产品要求物料有较高的流动性才能充满模腔，因此，要求料筒和喷嘴温度较高，厚壁产品的物料流量大，注模容易，硬化时间长，故料筒和喷嘴温度可稍低些。

③ 注射料的品种和性能。它是确定成型温度的决定因素，生产前必须作好所用物料的充分试验，优选出最佳条件。常用树脂注射成型条件见表4-5和表4-6。从表中数据可以看出，对于热塑性树脂来讲，料筒温度高于模具温度；对于热固性树脂来讲，料筒温度较低，模具温度高于料筒和喷嘴温度；对于增强粒料，料筒和喷嘴温度随纤维含量不同，一般比未加纤维的物料提高 10~20℃。

表 4-5　热固性塑料注射成型的温度条件

塑料名称	机筒温度（℃）	螺杆温度（℃）	喷嘴温度（℃）	模具温度（℃）
酚醛	80~88	82~127	107~177	165~190
脲醛	82	101	143	155
三聚氰胺甲醛	82	121	163	160~170
聚苯二甲酸二丙烯酯	99	107	163	175

表 4-6　热塑性塑料注射成型的温度条件

塑料名称	料筒温度（℃）			喷嘴温度（℃）	模具温度（℃）
	后段	中段	前段		
ABS	150~170	165~180	180~200	170~180	60~70
聚甲醛	160~170	170~180	180~190	170~180	90~120
尼龙1010	190~210	200~220	210~230	200~210	
尼龙66玻璃纤维增强	230~240	270~280	250~260	250~260	110~120
聚碳酸酯	210~240	240~280	240~285	240~250	90~110
聚丙烯	160~180	180~200	200~220	200~210	40~60
聚苯乙烯	140~160		170~190		
硬聚氯乙烯	160~170	165~180	170~190	160~180	60~70

4.10.3　注射成型设备

注射成型设备主要包括注射机和模具。与生产塑料的注射机和模具相比，生产 FRTP 制品的突出问题是玻纤对注射机和模具有较大的磨损和腐蚀，其制品的成型收缩率也较小，在设计和选择注射成型设备时，应充分考虑。

（1）注射机分类

注射机的分类方法很多，但常用的有两种：一是按物料塑化形式分；二是按机器的外形分。

1）按物料塑化形式分类

注射机分为柱塞式和往复式螺杆注射机两种。往复式螺杆注射机比柱塞式有更多的优点：

① 简化预塑结构，不需要分流梭，使注射压力降低很多。

② 螺杆转动使物料翻转，能产生摩擦热和加速热量传递，塑化效率高。

③ 因无分流梭，换料、换色方便。

④ 注射速度快。

⑤ 适应性广，能加工热敏树脂。

因此，目前除较小的制品外，一般都采用往复式螺杆注射机。

2）按外形特征分类

① 立式注射机（图 4-67）

其注射装置和合模装置呈垂直地面直线排列。特点是占地面积小，模具拆装方便；但料斗高，加料不便，不易实现自动化，仅用于小于 60cm^3 的注射产品。

② 卧式注射机（图 4-68）

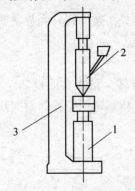

图 4-67　立式注射成型机

1—合模装置；2—注射装置；3—机身

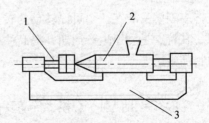

图 4-68　卧式注射成型机

1—合模装置；2—注射装置；3—机身

其注射装置和合模装置沿水平轴线排列。特点是机身低，上料、操作和维修都较方便。制品顶出后可自由落下，易实现自动化。缺点是占地面积大，模具装卸比较麻烦。

③ 角式注射机（图 4-69）

其注射装置和合模装置的轴线呈 90°排列。它的特点介于立式和卧式注射机之间，适用于加工中心部分不允许留有浇口痕迹的制品。

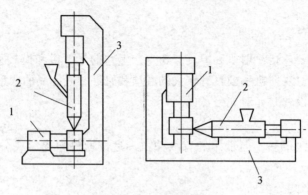

图 4-69　　角式注射成型机

1—合模装置；2—注射装置；3—机身

④螺杆预塑和柱塞注模式（图 4-70）

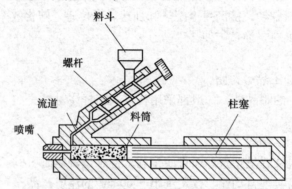

图 4-70　螺杆预塑、柱塞注模组合式成型机示意图

这是一种新型注射机，它采用了螺杆预塑，柱塞注模方式，兼有螺杆和柱塞式注射机的特点，生产效率最高。

⑤转盘式注射机

它是将多副模具装在一个可以转动的转盘上，可定时旋转，依次与固定的注射嘴接触，注模成型。其特点是缩短生产周期，提高注射机的生产率，特别适用于冷却时间长或安放嵌件费时的制品生产。

（2）构造

螺杆式注射机是由注射、合模、传动及控制四部分组成。

1）注射系统

注射机的注射系统包括螺杆、料筒、加料加热装置及喷嘴等。

注射机的螺杆与挤出机不同：

①注射机的螺杆既能转动又能作轴向移动，而挤出机仅作转动。

②注射机螺杆长径比和压缩比都比挤出机小，一般（L/D）为 15 ~ 18，压缩比为 2 ~ 2.5。

③注射机螺杆均化段螺槽比同直径挤出机螺杆深 15% ~ 25%。

④注射机螺杆有轴向位移，与挤出机螺杆相比，其加料段增长，均化段缩短。

⑤ 注射机螺杆头为尖锥形。

2）料筒

注射机的料筒与挤出机的构造和选材相同。

3）喷嘴

喷嘴的作用是使熔融物料在压力和高流速下充满模腔。喷嘴设计得好坏，会影响熔料压力损失、剪切热量、熔料射程及充模补缩等工艺参数。由于生产用的物料性质不同，喷嘴的结构也不相同，一般分为开式和闭锁式两种。喷嘴常用碳钢淬火制造，其硬度应高于模具主流道硬度，喷孔的直径比模具主流造孔径略小（约 $0.5\sim1\text{mm}$），可防止漏料和降低两孔间同心度要求。

（3）合模系统

合模系统是实现模具闭合和开启动作的机构，要求有足够的锁模力，足够的模板面积，适当的运动速度（闭时先快后慢，开时先慢后快）和有足够的模板强度。

1）全机械式合（锁）模装置

它是靠电机和曲柄连杆机构，实现模具的启闭动作，此法的优点是结构简单，制造容易，使用和维修方便、可靠。其缺点是噪声大、磨损厉害、模板行程短、模具高度调整范围小，仅适用于小制品生产。主要用于小型注射机上。

2）液压式合（锁）模装置

它是靠液体的压力经油缸活塞往复运动直接实现对模的启闭。其合模力为：

$$P_{cm} = \frac{\pi}{4}D_0^2 P_0 \times 10^{-1}$$ (4-4)

式中 P_{cm}——合模力（kN）；

D_0——合模油缸内径（cm）；

P_0——工作油压力（MPa）。

液压合模的优点是：结构简单，仅由油缸、活塞等组成，制造简单，调模简便，合模力调节方便及适用范围广。

顶出装置是设计在合模装置上的使制品脱模用的机构，分机械顶出和液压顶出两种。机械顶出是将顶杆固定在顶架上，其伸出长度根据模具厚度调节。开模时，移动模板后退，顶杆穿过移动模板的孔到达模具顶板，将制品顶出。此种方式比较简单，但使用不够方便。液压顶出是靠油缸实现顶出，使用方便，顶出力和速度可任意调节，但构造比较复杂。

3）传动部分

注射机的传动部分主要是液压装置。它由油泵、油马达及各类控制阀门等组成。通过油泵产生的压力油供应给各油路管道，驱动各种部件运动，油液的流动方向、压力及流量，主要由阀门控制，防止油泵超载等。

（4）注射机的参数

① 最大注射量。是指注射螺杆完成一次最大注射行程时，注射机达到的最大注射量。注射量的表示方法有两种：一种是以聚苯乙烯为标准，用注射出熔料的质量（g）表示；另一种是用注射出熔料容积（cm^3）表示。容积表示法与物料密度无关，用起来比较方便，我国注射机多采用此法。

② 注射压力。指注射时螺杆在熔融塑料单位面积上的作用力，以 MPa 表示。常用塑料

的注射压力和加工温度范围，见表4-7。

表 4-7　部分塑料成型时常用的注射压力和加工温度范围

塑料名称	流动性	注射压力（MPa）	加工温度（℃）
尼龙6	极良	70～120	227～300
尼龙66	—	70～120	240～350
尼龙610	—	70～120	220～300
尼龙1010	—	70～140	220～300
尼龙65（30%玻纤增强）	良	80～160	280～370
聚乙烯（低压）	极良	50～100	180～250
聚乙烯（高压）	—	20～80	160～230
聚苯乙烯（PS）	—	50～100	169～215
苯乙烯-丁二烯-丙烯腈（ABS）	良	60～120	180～280
苯乙烯-丁二烯	—	60～120	160～230
聚丙烯（PP）	极良	70～120	200～260
硬聚氯乙烯（PVC）	稍良	80～150	150～200
软聚氯乙烯	极良	40～80	150～190
PMMA	良	80～120	160～250
聚三氟氯乙烯	—	80～130	200～290
聚碳酸酯（PC）	稍良	80～140	280～340
聚甲醛（POM）	良	60～140	180～250
聚苯醚（PPO）	稍良	80～140	250～320
聚砜（PSF）	—	80～140	345～400

③注射速度。指螺杆射出最大注射量所需的最短时间。注射时间长，注射速度就慢。熔料进入模腔的间隔时间就长，在这种情况下，熔料易产生冷接，不易充满复杂的模具，注射速度可用下式表示：

$$v = \frac{S}{t} \tag{4-5}$$

式中　v——注射速度（m/s）；
　　　S——注射行程（螺杆移动距离，m）；
　　　t——注射时间（s）。

④塑化性能参数。注射机塑化部分的性能参数是由螺杆直径（D）、螺杆长径比（L/D）、塑化能力、螺杆转数（n）和驱动功率（N）等综合决定的。

第5章　物料衡算和能量衡算

5.1　物料衡算

5.1.1　物料衡算的作用与意义

依据质量守衡定律，以设备或生产过程作为研究系统，对其进出口处进行定量计算，称之为物料衡算。

在复合材料的生产过程中，物料衡算对于控制生产过程有着重要的指导意义。在实际生产过程中，物料衡算可以揭示物料的浪费和生产过程的反常现象，从而帮助找出改进措施，提高成品率及减少副产品、杂质和"三废"排放量。物料衡算还可以检验生产过程的完善程度，对生产工艺设计工作也有着重要的指导作用。物料衡算是计算原料与产品之间的定量关系，由此定出原料和辅助材料的用量、制订原料和辅助材料的单耗指标，以及生产过程中各个阶段的原料和辅助材料的损耗量及其组成。

物料衡算也是能量衡算、定型设备选型、非定型设备工艺计算和其他工艺计算的基础。通过物料衡算可以算出各工段所处理的物料量（各组分的成分、重量和体积），由此可以定出生产过程所需设备台数、容量和主要尺寸以及计算管道尺寸等。所以物料衡算是复合材料工艺计算的重要组成部分。

物料衡算的依据是物质质量守恒定律。在进行物料衡算时，要深入分析生产过程，掌握完整的数据，以便制订最经济合理的工艺方案，编制最佳工艺流程。

物料衡算可分为操作型计算和设计型计算。①操作型计算是指对已建立的工厂、车间或单元操作及设备等进行计算。可得到转化率、收率、原材料消耗定额等重要生产指标，以便判断控制日常生产正常化及为改进生产提供优化方向；另一方面可以算出三废生成量，对实行"三废"治理提供可靠的依据。在对原车间进行扩大生产时，进行物料衡算，可判断生产能力平衡状况，找出薄弱环节加以研究改进。②设计型计算是指对建立一个新的工厂、车间或单元操作及设备进行物料衡算，这是设计计算的第一步，也是整个设计的基础，在此基础上进行热量衡算、设备工艺计算，则可以确定设备选型，工艺尺寸，台数以及公用工程所需水、电、汽、冷冻、真空及压缩空气等需要量。

5.1.2　物料衡算常用基本概念和方法

（1）质量守恒定律

质量守恒定律是指进入一个系统的全部物料量必等于离开这个系统的全部物料量，再加上过程中损失量和在系统中积累量。依据质量守恒定律，对一研究系统进行物料衡算，可用下式表示：

$$\Sigma G_\text{进} = \Sigma G_\text{出} + \Sigma G_\text{损} + \Sigma G_\text{积} \tag{5-1}$$

式中　$\Sigma G_\text{进}$——输入物料量总和（kg）；

　　　$\Sigma G_\text{出}$——离开物料量总和（kg）；

　　　$\Sigma G_\text{损}$——总的损失量（kg）；

　　　$\Sigma G_\text{积}$——系统中积累量（kg）。

分批操作（间歇操作）的设备，当终点时，物料全部排出则系统内物料积累为零，对于稳定连续操作，系统物料累积量亦为零。在此情况下，上式可写成：

$$\Sigma G_\text{进} = \Sigma G_\text{出} + \Sigma G_\text{损} \tag{5-2}$$

（2）车间收率和阶段收率

在作整个车间的物料衡算时，常需要用车间收率和阶段收率这些基本概念。

车间收率和车间产品及原料消耗的关系如下：

$$车间收率 \qquad \eta_\text{总} = \frac{成品质量折算为原料量}{原料消耗量} \times 100\% \tag{5-3}$$

$$或 \qquad \eta_\text{总} = \frac{成品产量}{原料消耗量折算为成品量} \times 100\% \tag{5-4}$$

阶段收率则表示一个工段或工序的产品或半成品输出量，折算为投入物料量与实际投入物料量之间的比例关系，可用下式表示：

$$\eta_\text{阶段} = \frac{阶段产品或半成品输出量折算为投入物料量}{投入物料量} \times 100\% \tag{5-5}$$

车间收率与阶段收率之间的关系可用下式表示：

$$\eta_\text{总} = \eta_1 \eta_2 \eta_3 \cdots \eta_n \tag{5-6}$$

式中　η_1，η_2，η_3，…，η_n——各阶段收率。

（3）物料衡算的方法及步骤

一个工艺流程常由多个生产工序组成，要进行各工序、各设备的物料衡算，则需按一定的顺序进行。若从原料进入系统开始，沿着物料走向逐一计算，称为顺程法；相反，若从最后产品开始，按物料流程逆向的顺序进行计算，称为返程法。由于已知条件、设定条件不同，可分别选用不同的计算方法。对一些复杂的工艺流程作物料衡算，需要同时应用顺程法和返程法才能完成。

物料衡算常以工厂设计产量或所要求的处理量为基准进行。为了计算方便，有时设定产品量（如100kg）或处理量（如100kg）。如果工序中有蒸汽（或热水）直接加热或蒸汽逸出的操作，则要进行能量衡算，得出加入量与减少量，在物料衡算中予以加减。

复合材料生产中主要有连续式和间歇式两种生产方式。连续化生产又分为带有物料再循环和不带物料再循环两种情况。在进行物料衡算时，必须遵循一定的步骤和顺序，才不致发生错误，延误设计进程。物料衡算的步骤如下：

1）画出物料衡算流程示意图

绘制物料流程图时，要着重确定生产工艺路线，考虑物料的来龙去脉。每一种物料都要表示在图上，并注明每种物料的质量、组成、体积、温度和压力等数据，不允许有差错和遗漏，并反复核对。如果是待求项，需用字形符号标写清楚。

2）列出化学反应式

列出各个过程的主、副化学反应式，明确反应前后的物料组成和它们之间的定量关系。需要注意的是，当副反应很多时，对那些次要的，而且所占比重很小的副反应可以略去，而对那些产生有毒物质或明显影响产品质量的副反应，其量虽小，却不能略去，因为这是以后进行某些精制分离设备设计和"三废"治理设计的重要依据。

3）确定计算项目

根据物料流程示意图和化学反应式，分析物料在每一台设备中的数量、成分和品种发生了哪些变化。近一步明确已知项和待求项。根据已知项和待求项的数学关系，寻找简捷的计算方法，以节省计算时间和减少错误发生率。

4）收集数据

计算项目确定后，需要收集的数据和资料也就明确了。应收集的数据资料一般包括：生产规模、生产时间（年工作时数）、有关收率和转化率、原料、辅助材料、中间产品和产品的规格、有关物理化学常数等。在查找有关数据时，应注意数据资料的正确性、可靠性和适用范围。

5）选准计算基准

在物料衡算过程中，计算基准选得适当，可以大大简化计算手续。按照不同情况可以采用 t，kg，m^3 作为计算单位。一般来说，对于气体采用 m^3 作为计算单位比较方便。间歇生产过程的物料衡算一般以每批产量作为计算基准，而连续过程的物料衡算则采用每小时产量作为计算基准。在进行物料衡算过程中还必须注意，将量纲不一的单位统一为同一单位制，同时要保持前后一致，以避免发生差错。

6）进行物料衡算

根据物质质量守恒定律，凡是进入设备进行操作的物料量必须等于操作后离开设备的物料量。但实际生产中，在生产过程中物料必然有损失，即产出量少于投入量，其差额即为物料损失量。

$$\Sigma G_\text{入} = \Sigma G_\text{出} + \Sigma G_\text{损} \tag{5-7}$$

式中　$\Sigma G_\text{入}$——进入物料量的总和（kg）；

$\Sigma G_\text{出}$——离开物料量的总和（kg）；

$\Sigma G_\text{损}$——损失物料量的总和（kg）。

上述物料衡算式适用于整个生产过程，也适用于生产过程的任何一个步骤和每一台设备。在物料衡算中，可以进行总的物料衡算，也可以对混合物中某一组成进行物料衡算。根据上述物料衡算式和待求项的数目列出数学关联式，关联式的数目应等于未知项的数目。但当条件不足而导致关联数目不够时，要采用试差法求解，其次要编制好合理的计算程序，这在计算项目多采用试差法时显得尤为重要。

7）整理和校核计算结果

在计算过程中，每一步都要认真计算和认真校核，做到及时发现差错，防止差错延续扩大，避免造成大量返工。待计算全部结束后将计算结果整理清楚，列成表格。表中要列出进入和离开的物料名称、数量、成分及其百分数，再全面校核，直到计算完全正确为止。

8）绘制物料流程图

根据计算结果正式绘制物料流程图。物料流程图是表示物料衡算结果的一种简单、清楚的表示方法。它能清楚地表示出物料在流程或设备中的变化结果。物料流程图要作为设计成果，编入设计文件。

（4）连续过程的物料衡算

连续过程的物料衡算，按照上述步骤计算并不困难。但是，对于有物料再循环的连续过程，其物料衡算就比较复杂。下面重点介绍一下带有物料再循环过程的物料衡算。

在一些复合材料生产过程中，往往将未反应的原料再返回生产过程中去，使之继续反应，以提高转化率；有时为了降低消耗定额，提高经济效益，也采用再循环方法。

在带有物料再循环的连续生产过程中，返回设备的物料量有时比加入设备的新物料量还要多。此时，物料循环量要用循环系数法或解联立方程式的方法来计算。

循环系数法是通过求取循环系数来确定循环的物料量。循环系数与循环物料量的关系见下式：

$$K_p = \frac{G_{新鲜} + G_{循环}}{G_{新鲜}} \tag{5-8}$$

式中　$G_{新鲜}$——加入设备的新鲜物料量；

　　　$G_{循环}$——返回设备的循环物料量；

　　　K_p——循环系数。

当循环系数 K_p 为已知时，即可求得物料的循环量，因为新鲜物料量可由产量求得。而循环系数 K_p 与反应转化情况有关：

$$K_p = \frac{1}{1-\alpha} \tag{5-9}$$

式中　α——通过反应设备时物料未反应的百分率。

应用式（5-9）的条件是生产必须达到稳定运行，即要有足够的循环次数，其次新鲜物料与循环物料的组成要接近。

当原料、成品物料和循环物料的组成已知时，则采用解联立方程式的方法比较简便。联立方程式可以根据物料间的定量关系列出。如果未知数目多于联立方程式数目时，则需用试差法求解。

（5）间歇过程的物料衡算

间歇过程的物料衡算一般比较简单。在计算时要建立时间平衡关系，即设备与设备之间处理物料的台时数（台数与操作小时）要平衡，才不致造成设备之间生产能力相差悬殊的不合理状况。有时因复合材料生产单元过程的影响因素不同，以及间歇过程和连续过程同时并用，进行时间平衡时需要考虑不均衡系数。不均衡系数的选用需要根据生产的实际情况和经验数据来定。

对于间歇过程的物料衡算，在搜集数据时，必须注意搜集设备整个工作周期的操作顺序和每项操作的时间，必须把所有操作作为时间平衡的单独一项加以记载，因为每一项数据对以后的计算都是有用的。同时也可以从生产周期中每项操作的时间来分析影响生产效率的主要因素。

(6) 物料衡算的基本要素

物料衡算有两个基本要素，即计算的对象和计算的范围。

① 按计算的对象，可分为总物料衡算和某组分物料衡算，假如加入系统的物质有 a，b，c，…，而出系统的物质为 1，2，3，……，则物料总衡算可用图 5-1 （a）表示。假如这些物质中均含有组分 A，则对 A 组分的物料衡算可用图 5-1（b）表示。

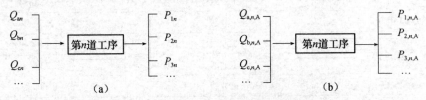

图 5-1　总物料衡算和 A 组分物料衡算图

(a) 第 n 工序总物料衡算图；(b) 第 n 工序 A 组分物料衡算图

一般说来，总物料衡算较简单，某组成的物料衡算较复杂，这需要将其组分的含量进行分析，并表示出来。

② 按衡算的范围，可分为全厂、全车间、全工段、某工序或某设备的物料衡算。计算时，需先明确计算范围，如图 5-2 所示。

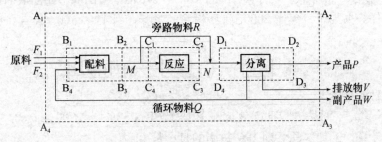

图 5-2　物料衡算范围示意图

如果对整个系统进行物料衡算，即按 $A_1A_2A_3A_4$ 边界线范围进行，则该系统物料平衡式为：

$$进料(F_1 + F_2) = 出料(P + V + W) \qquad (5\text{-}10)$$

为了求得系统内各设备单元间的物料流量，需将有关单元分割出来作为衡算系统。例如，按边界 $C_1C_2C_3C_4$ 划分出来，其物料平衡式为：

$$配料 M - 旁路物料 R = 反应物 N \qquad (5\text{-}11)$$

一个独立方程，可以解出一个未知数。若已知配料 M 和反应物 N，则可求出旁路的物料量 R。同样，可以把配料、分离工序单独分割作为衡算系统，若有必要，也可以把 $B_1C_2C_3B_4$ 包围的部分作为衡算范围。

对生产过程中一系列工序都要进行物料衡算时，若绘成表格形式，则可方便地进行计算。

5.1.3　物料衡算举例

以年产 2000t 196$^{\#}$ 不饱和聚酯树脂为例。

（1）196#不饱和聚酯树脂配方设计（表5-1）

表5-1　196#不饱和聚酯树脂配方设计

原材料名称	规　格	配　比
1，2-丙二醇	工业级	0.965mol
一缩二乙二醇	工业级	0.138mol
顺酐	工业级	0.5mol
苯酐	工业级	0.5mol
苯乙烯	工业级	33%
对苯二酚	工业级	0.009%
石蜡	工业级	0.018%
环烷酸铜	（8%Cu含量）	0.0118%

（2）物料衡算

1）物料衡算依据

根据196#树脂的配方设计，物料的实际投料量比理论投料量多加5%。

2）196#树脂日产量计算

根据设计任务书规定，年产2000t商品树脂，若年工作日按300d计算，则日产商品树脂为$W_{总}$：

$$W_{总} = \frac{年产量}{工作日} = \frac{2000 \times 10^3}{300} \approx 6670(kg/d)$$

苯乙烯的日消耗量$W_{苯}$：

$$W_{苯} = 商品树脂日产量 \times 33\% = 6670 \times 33\% \approx 2200(kg/d)$$

按固含量计算，未加苯乙烯前196#树脂的日产量$G_{固}$：

$$G_{固} = 商品树脂日产量 - 苯乙烯日耗量$$
$$= W_{总} - W_{苯} = 6670 - 2200 = 4470(kg/d)$$

3）196#不饱和聚酯树脂的投料量计算

根据196#不饱和聚酯树脂配方设计，要求计算每日生产树脂时各物料的实际投料量。

根据酸值，计算树脂的平均分子量M_n：

$$M_n = \frac{56 \times 1000}{酸值} = \frac{56 \times 1000}{35} = 1600$$

根据投料反应式，计算平均聚合度：

因为在投料量中，一缩二乙二醇的用量比较少，可把它作为 1，2-丙二醇来考虑。所以，

$$n = \frac{M_n - M_{水}}{362} = \frac{1600 - 18}{362} \approx 4.37$$

生产 4470kg 固体树脂，各种物料的理论用量是：

$$W_{顺酐} = n \times M_{顺酐} \times \frac{4470}{1600} = 4.37 \times 98.06 \times \frac{4470}{1600} \approx 1197 （kg）$$

$$W_{苯酐} = n \times M_{苯酐} \times \frac{4470}{1600} = 4.37 \times 148.11 \times \frac{4470}{1600} \approx 1808 （kg）$$

$$W_{丙二醇} = n \times M_{丙二醇} \times \frac{4470}{1600} \times 2 \times 0.965 = 4.37 \times 76.09 \times 2 \times 0.956 \times \frac{4470}{1600} \approx 1776 （kg）$$

$$W_{一缩二乙二醇} = n \times M_{一缩二乙二醇} \times 2 \times 0.138 \times \frac{4470}{1600} = 4.37 \times 106.12 \times 2 \times 0.138 \times \frac{4470}{1600}$$
$$\approx 358 （kg）$$

$$W_{脱水量} = [2n-1] \times M_{水} \times \frac{4470}{1600} = [2 \times 4.37 - 1] \times 18 \times \frac{4470}{1600} \approx 389 （kg）$$

总物料量 $G_{总}$ 为：$G_{总} = W_{顺酐} + W_{苯酐} + W_{丙二醇} + W_{一缩二乙二醇} + W_{苯乙烯} - W_{脱水量}$
$$= 1197 + 1808 + 1776 + 358 + 2200 - 389$$
$$= 6950 （kg）$$

辅助材料的用量计算

对苯二酚用量：

$$W_{阻} = G_{总} \times 0.009\% = 6950 \times 0.009\% \approx 0.63（kg）$$

石蜡用量计算：

$$W_{石} = G_{总} \times 0.018\% = 6950 \times 0.018\% \approx 1.25（kg）$$

环烷酸铜用量计算：

$$W_{环} = G_{总} \times 0.0118\% = 6950 \times 0.0118\% \approx 0.82（kg）$$

由于在不饱和聚酯树脂的合成过程中，考虑到物料的损失及纯度等因素的影响，一般各物料均比理论用量多加 5%，因此各物料的实际投料量为：

$W_{顺酐} = 1197 \times 105\% \approx 1257 （kg）$　　$W_{苯酐} = 1808 \times 105\% \approx 1898 （kg）$

$W_{丙二醇} = 1776 \times 105\% \approx 1865 （kg）$　　$W_{一缩二乙二醇} = 358 \times 105\% \approx 376 （kg）$

$W_{阻} = 0.63 \times 105\% \approx 0.66 （kg）$　　$W_{石} = 1.25 \times 105\% \approx 1.31 （kg）$

$W_{环} = 0.82 \times 105\% \approx 0.86 （kg）$

4）反应釜和稀释釜体积大小的确定

通过查阅《化学手册》找到各物料的密度，分别为顺酐密度 1.5；苯酐密度 1.527；丙二醇密度 1.060；一缩二乙二醇密度 1.118；苯乙烯密度 0.9063。根据下式计算投料体积：

$$V = V_1 + V_2 + V_3 + V_4 \tag{5-12}$$

式中　V——反应釜内物料的投料体积（cm^3）；

V_1——顺酐物料的体积（cm^3）；

V_2——苯酐物料的体积（cm^3）；

V_3——丙二醇物料的体积（cm^3）；

V_4——一缩二乙二醇物料的体积（cm^3）。

通过理论计算可获得日产一釜 196# 树脂时，各物料的实际用量为顺酐 1210kg、苯酐 1870kg、丙二醇 1850kg、一缩二乙二醇 370kg。由此算出反应釜内的投料体积 $V_总$：

$$V = V_1 + V_2 + V_3 + V_4 = \frac{1210}{1.5} + \frac{1870}{1.527} + \frac{1850}{1.05} + \frac{370}{1.118}$$

$$\approx 807 + 1224 + 1745 + 330$$

$$= 4100(L)$$

因其他辅助材料用量较少，故可忽略不计。根据化工合成选用反应釜的原则：一般投料量占反应釜体积的 70% ~ 85%，即投料系数为 70% ~ 85%，因此选用 5000L 反应釜是可行的。

同理可算出苯乙烯的投料体积为 2430L，综合酯化反应、脱水等因素，稀释釜选用 7500L 的规格是合理的（通常理论要求稀释釜体积为反应釜的 1.5 倍）。

5.2 能 量 衡 算

5.2.1 能量衡算解析

能量消耗费用是复合材料制品的主要成本之一，合理利用能量可以降低成本。因此，在复合材料的工艺设计中，能量衡算是十分重要的基本设计项目。能量衡算的目的在于定量地表示出工艺过程各部分的能量变化，确定需要加入或可供利用的能量，确定过程及设备的工艺条件和热负荷。

能量衡算主要包括热能、动能、电能和化学能等。能量衡算的主要任务如下：

① 确定各单元过程所需热量或冷量及传热速率，为其他工程，如供汽、给水等提供设计依据；

② 化学反应常伴有热效应，导致体系的温度变化，需确定为保持一定的反应温度所需的放热速率和传热速率；

③ 通过能量衡算，分析工程设计和操作中热量利用是否经济合理，以提高热量利用水平；

④ 确定泵、压缩机等输送机械和搅拌、过滤等操作机械所需功率。

在复合材料的工艺计算中，根据能量守恒原理：

能量积累率 = 能量进入率 - 能量流出率 + 反应热生成率 - 反应热消耗率

当过程没有化学反应时：

能量积累率 = 能量进入率 - 能量流出率

当过程没有化学反应，并处于稳态时：

能量进入率 = 能量流出率

复合材料生产一般在规定的压力、温度和时间等工艺条件下进行。生产过程中包括化学过程和物理过程，往往伴随着能量变化，因此必须进行能量衡算。在复合材料的生产中，一般无轴功存在或轴功相对来讲影响较小，可忽略不计。热量是一种最主要的能量形式，能量衡算实际上是热量衡算，因此，在本节中主要讨论热量衡算。热量衡算又可以分为单元设备热量衡算和系统热量衡算。

生产过程中所产生的化学反应热效应及物理状态变化热效应会使物料温度上升或下降，为了保证生产过程在一定温度条件下进行，则需环境对生产系统有热量的加入或放出，这便是热量衡算的目的。对新车间设计，热量衡算是在物料衡算的基础上进行的。通过热量衡算，可确定传热设备的热负荷，即在规定的时间中加入或移出的热量，从而确定传热剂的消耗量，选择合适的传热方式，计算传热面积。热量衡算和物料衡算相结合，通过工艺计算，可确定设备工艺尺寸，如设备的台数、容积、传热面积等。对已投产的生产车间或设备装置进行热量衡算，对合理利用热量、提高传热设备的热效率、回收余热、最大限度地降低产品的能耗有其重要意义。

在进行热量衡算时，首先要对复合材料生产过程中的单元设备进行热量衡算。通过热量衡算，算出设备的有效热负荷，由热负荷确定加热剂或冷却剂的用量、设备的传热面积等。单元设备热量衡算步骤有：

（1）绘制设备的热平衡图

在复合材料的生产过程中，进、出设备的热量大致可分为下列几种：物料带入设备的热量，过程的热效应，反应物带出的热量，传热剂传入或传出的热量，设备的热损失等。

对一个单元设备而言，上面所提到的热量形式不一定都有，也有可能还有其他形式的热量。为了帮助分析和减少差错，先绘制设备的热平衡图，在图上将进、出设备的各种形式的热量标注出来，并核实无误。

（2）确定热量衡算式

根据能量守恒定律，结合热量传递的特点，按设备热平衡图中标注的各种形式的热量，列出热量衡算式。

（3）收集有关资料

热量衡算涉及到物料量、物料的状态和有关物质的热力学参数，如比热容、潜热、反应热、溶解热、稀释热和结晶热等。这些热力学数据可以从有关的物性参数手册、书刊等资料上查得，也可以从工厂实际生产数据中取得。如果从上面的途径中无法得到有关数据，可以根据有关热力学关联式计算或通过实验测得。

（4）选择计算基准温度

在进行热量计算时，基准温度选择不恰当，会给计算带来许多不便。因此，在同一个计算中，要选择同一个计算基准温度，而且要使计算尽量简单、方便。一般情况下，选择 25℃ 为基准温度，较为简便。

（5）计算各种形式热量的值

在进行热量计算时，首先要拟订好计算程序，以免遗漏，特别是对于复杂体系的热量衡算，尤其要注意这一条。各种热量的具体计算方法见 5.2.2。

（6）列出热量平衡表

计算完毕后，将所得结果汇总，列出热量平衡表，检查热量是否平衡。

5.2.2 热量衡算计算方法

热量衡算按能量守恒定律，在无轴功的条件下，进入系统的热量与离开热量应该平衡，在实际中对传热设备的热量衡算可由下式表示：

$$Q_1 + Q_2 + Q_3 = Q_4 + Q_5 + Q_6 \qquad (5-13)$$

式中　Q_1——所处理的物料带入设备中的热量（kJ）；

　　　Q_2——加热剂或冷却剂与设备和物料传递的热量（符号规定加热剂加入热量为"＋"，冷却剂吸收热量为"－"，kJ）；

　　　Q_3——过程的热效应（符号规定过程放热为"＋"，过程吸热为"－"，注意 Q 与热焓相反，即 $Q = -\Delta H$。如过程放热，ΔH 为"－"，Q 为"＋"，kJ）；

　　　Q_4——离开设备物料带走的热量（kJ）；

　　　Q_5——设备各部件所消耗的热量（kJ）；

　　　Q_6——设备向四周散失的热量，又称为热损失（kJ）。

热量衡算的时间基准可与物料衡算相同，即对间歇生产可以每日或每批处理物料作基准，对连续生产以每小时作基准。但不管是间歇还是连续生产，计算传热面积的热负荷，必须以每小时作基准，而该时间必须是稳定传热时间。热量衡算温度基准，一般规定为25℃或0℃，也可以进料温度作基准。

从式（5-13）中可得：

$$Q_2 = Q_4 + Q_5 + Q_6 - Q_1 - Q_3 \qquad (5-14)$$

式中右端各项可用以下计算方法：

（1）Q_1 与 Q_4 计算

Q_1 或 Q_4 均可用下式计算：

$$Q_1(Q_4) = \Sigma G_i C_{PI}(t - t_0) \qquad (5-15)$$

式中　G_i——物料质量（kg）；

　　　C_{PI}——物料平均等压比热容 [kJ/(kg·℃)]；

　　　t——物料的温度（℃）；

　　　t_0——计算基准温度（℃）。

G_i 的数值可由物料衡算结果而定，t 的数值由生产工艺确定，C_{PI} 可从手册中查得，或用估算法得到。

（2）Q_5 计算

消耗在加热或冷却设备上的热量可按下式计算：

$$Q_5 = \Sigma G_i C_{PI}(t_2 - t_1) \qquad (5-16)$$

式中　G_i——设备各部件的质量（kg）；

　　　C_{PI}——设备各部件的比热容 [kJ/(kg·℃)]；

　　　t_1——设备各部件的初温度（℃）；

　　　t_2——设备各部件的终温度（℃）；

t_1 一般情况下可取室温，如 $t_1 = 25℃$，t_2 视具体情况而定。如传热器壁高温侧流体给热系数为 a_h，低温侧流体给热系数为 a_1，传热终了时，高温侧温度为 t_h，低温侧为 t_i，则：

当 $a_h \approx a_1$ 时，$t_2 = (t_h + t_i)/2$；

当 $a_h \gg a_1$ 时，$t_2 = t_h$；

当 $a_h \ll a_1$ 时，$t_2 = t_i$。

（3）Q_6 计算

设备向四周散失的热量 Q_6 可按下式计算：

$$Q_6 = \Sigma Aa_t(t_{wz} - t_0)t \times 10^{-3} \tag{5-17}$$

式中 A——设备散热表面积（m^2）；

a_t——散热表面向周围介质的联合给热系数 $[W/(m^2 \cdot \text{℃})]$；

t_{wz}——器壁向四周散热的表面温度（℃）；

t_0——周围介质温度（℃）；

t——过程连续时间（s）。

联合给热系数 a_t 计算如下：

当空气作自然对流、散热层表面温度为 50～350℃时，

$$a_t = 8 + 0.05t_{wz} \quad W/(m^2 \cdot \text{℃})$$

当空气作强制对流，空气流速 $u = 5m/s$ 时，

$$a_t = 5.3 + 3.6u \quad W/(m^2 \cdot \text{℃})$$

空气流速大于 5m/s 时，

$$a_t = 6.7u^{0.78} \quad W/(m^2 \cdot \text{℃})$$

对于室内操作的锅式反应器 a_t 的数值，可近似取作 $10W/(m^2 \cdot \text{℃})$。

以上介绍 Q_1，Q_4，Q_5 及 Q_6 的计算，目的是为了求得 Q_2。但关键在于求出过程热效应 Q_3，而此项数值在热量衡算中往往占有很大比重，故应给予足够重视。

（4）过程热效应 Q_3 计算

过程热效应可分为两类：一类是化学过程热效应，即化学反应热效应；另一类是物理过程热效应，即物理状态变化热，如溶解、结晶、蒸发、冷凝、熔融、升华及浓度变化等吸入或放出热量。纯物理过程无化学反应热效应，但物料经历化学变化过程，除化学反应热效应外，往往伴随着物料状态变化热效应，则两者应结合在一起考虑，可用下式计算：

$$Q_3 = Q_r + Q_p \tag{5-18}$$

式中 Q_r——化学反应热效应（kJ）；

Q_p——物理过程热效应（kJ）。

Q_r 为化学反应热效应，可通过标准化学反应热 q_r^0 按下式计算：

$$Q_r = \frac{1000G_A q_r^0}{M_A} \tag{5-19}$$

式中 q_r^0——标准化学反应热（kJ/mol）；

G_A——参与化学反应的 A 物质质量（kg）；

M_A——A 物质分子量。

标准化学反应热 q_r^0，是指原料和产物均在标准状态下（298K 及 1 个大气压）参与反应时所发生的热焓变化，习惯上用 ΔH_r^0 表示，"－"值表示放热，"＋"值表示吸热。这与热量衡算中的符号正好相反，为取得一致，则 $q_r^0 = -\Delta H_r^0$。

第6章 复合材料工艺配套项目的设计基础

6.1 土 建 设 计

工业建筑可以从不同角度进行分类。按其用途可分为生产建筑、辅助建筑、行政管理建筑和生活福利建筑等，此外还有许多构筑物，如栈桥、皮带廊、水塔和堆场等。按照建筑形式可分为单层的和多层的；按其组成分为独立厂房和联合厂房；按平面形式有矩形、L形、门形和山形的；按照建筑物的结构组合方式可分为单跨的和多跨的；按跨度大小可以分为小跨的（跨度在15m以下）和大跨的（跨度在30m以上）；按屋面形式可分为单坡和双坡的；按照建筑物内的生产状况，可分为热车间和冷车间；按照使用年限分为临时性建筑（使用年限在10年以下）和永久性建筑（使用年限在20年以上）；按照建筑物的材料和结构形式，又可分为为砖木结构、钢筋混凝土结构、砖混结构和钢结构等。

6.1.1 概述

对土建设计的要求，通常是指对工厂中厂房建筑、结构形式、建筑材料、建筑等级、围墙结构、防火、建筑模数、给排水等方面的要求。根据生产工艺特点，提出有关的技术指标，作为土建设计的依据。

（1）设计内容

1）土建设计一般包括建筑设计、结构设计和施工设计三部分；

2）建筑设计主要是根据生产工艺流程和工艺平面布置完成平面、剖面、立面和构造设计；

3）结构设计是进行结构选型、布置、计算和绘施工图；

4）施工设计是进行系统的施工组织和选择先进的施工工艺所做的设计。

（2）工业建筑的特点

1）工业厂房首先要满足生产工艺流程的需要，因此，平面面积和柱网尺寸较大，厂房柱距为6~12m，跨度可达30m以上；

2）一般厂房常置一台或数台起重机，因此，厂房结构构件的内力大、截面大、用料多；

3）厂房内部空间大，屋面面积大，因此，对屋面排水、防水的结构处理要求较高；

4）厂房结构常受较大的动载荷，因此，厂房基础受力大，对地质勘测要求较高；

5）生产过程中可能产生各种有害因素，如对人体有害的气体、噪声，对结构表面侵蚀性介质等，因此，设计上应采取相应的措施；

6）复合材料厂中常有易燃、易爆物质，因此，设计上应有很好的防火消防措施和足够的防爆卸压面积等；

7）厂房独立基础多，因此，基础土方开挖量大；

8）工业厂房大多采用预制构件，因此，施工中吊装工程量大。

（3）设计分类

1）按用途分

① 主要生产厂房：指备料、加工、包装等主要工艺流程用车间；

② 辅助生产厂房：指为生产厂房服务的车间，如复合材料中的机修车间、分析室等；

③ 动力用厂房：指为全厂提供能源的厂房，如发电厂、变电所、锅炉房等；

④ 贮仓设施：指贮存各种材料、原料、半成品和成品的仓库；

⑤ 运输设施：如各种车库、厂区铁路与道路栈桥等；

⑥ 给排水设施：如水泵、水塔等；

⑦ 管理与生活辅助建筑：如办公楼、实验室、食堂、医务室等。

2）按厂房层数分

① 单层厂房：多用于冶金、机械等；

② 多层厂房：多用于食品、电子、纺织、机密仪器、印刷等；

③ 混合层次厂房：多用于某些化工工业。

3）按生产状况分

① 冷加工厂房：指在常温情况下进行生产的车间；

② 热加工厂房：指在高温或融化状态下进行生产并在生产过程中散发大量余热、烟尘或有害气体的车间；

③ 恒温恒湿车间：指为保证产品质量必须在恒温恒湿条件下生产的车间；

④ 洁净车间：指在无尘、无菌超净条件下生产的车间。

6.1.2 柱和梁

（1）柱

1）砖柱

砖柱在复合材料厂房中应用较少，多用于辅助车间及仓库。常用的砖柱断面形式有矩形，也有 T 形和十字形的。为提高承载能力，有时可在砖柱上每隔一定高度，设置网状配筋或钢筋混凝土与砖的组合柱。

2）钢筋混凝土柱

钢筋混凝土柱在大型厂房中应用最广，有矩形、工字形和双肢形三种形式，最常见的是矩形的。有吊车的柱子，在吊车梁以上的部分受力较小，因此断面可比下面的小。矩形柱的外形简单，制作方便，便于现场预制和装配，一般用于高度不太大，吊车起重量小的厂房。

工字形柱较矩形柱自重轻，省混凝土，但它的断面较复杂，当采用现场预制时，施工较复杂，模板也较贵。双肢柱在厂房的高度很大，没有大吨位吊车时才采用。柱断是由本身刚度决定的。如果仍采用实腹式，耗用混凝土较多，自重也大。采用双肢柱较工字柱能节省更多的混凝土。

3）钢柱

钢柱多用于厂房高大、吊车起重量大和高温车间中。如果能够用钢筋混凝土柱代替钢柱时，为节省钢材，应尽量代用。

根据厂房的规模和荷重的情况，钢柱有实腹式、空腹式和分离式三种形式。它们在复合材料厂中较少采用。

（2）梁

梁的种类很多，有吊车梁、圈梁、联系梁、过梁、托架梁及基础梁等。它们除担负本身工作外，还起着骨架作用。

1）吊车梁

上面敷设吊车轨道的梁称为吊车梁。它是厂房承重结构的重要部分，根据材料的不同，可分为钢筋混凝土吊车梁、预应力钢筋混凝土吊车梁和钢吊车梁。正确选择吊车梁具有很重要的技术和经济意义。

① 钢筋混凝土吊车梁和预应力钢筋混凝土吊车梁

从金属消耗、耐火性能和自重方面进行比较，它们均优于金属吊车梁，并列增大厂房的纵向刚度。缺点是吊车轨道的装置较为复杂，并且对冲击力敏感。钢筋混凝土吊车梁为T形截面，适用于柱距6m，吊车起重量在30t以下的厂房。预应力钢筋混凝土吊车梁适用于柱距6~12m，起重量达200t的厂房。

② 钢吊车梁

为了节省钢材，只在下述情况下才采用钢吊车梁：在钢柱上敷设吊车梁时；钢筋混凝土柱的高度超过9m且桥式吊车工作量为中、轻级，起重量大于15t；或工作量为重级，起重量大于5t时。钢吊车梁有桁架式、实腹式、型钢和撑杆式等几种。桁架式吊车梁可以适应不同的起重量和较大的柱距。实腹式吊车梁应用较广，跨度为6m和12m时，中级工作制的起重量为5~250t。型钢吊车梁的制作简单，运输安装方便，一般用于跨度不大于6m，吊车起重量不大于5t。撑杆式吊车梁制作简单，用钢量省，但应加强梁的侧向刚度，适用于起重量不大于3t、跨度不大于6m的中级工作制手动或电动单梁吊车。

2）圈梁

沿建筑物四周外墙中设置钢筋混凝土或钢筋砖圈梁，可以加强砖石结构的整体刚度，防止由于地基的不均匀沉陷或较大振动荷载对房屋的不利影响。单层工业厂房当墙厚小于或等于24cm、檐口标高5~8m时，最少设置一道圈梁；标高大于8m时宜再增设一道，一般间距不大于4m。

3）联系梁

联系梁是承受墙重和柱间联系的构件，一般支承在牛腿上。联系梁的断面因墙厚而异，矩形的适用于一砖堵，L形的适用于大于一砖半的墙。

4）过梁

覆盖门、窗并承载门、窗孔上部砌体与楼板荷载的构件称为过梁。工业建筑中多采用预制的钢筋混凝土过梁。

5）托架梁

当柱距加大时，柱网与屋架间距尺寸不能互相配合，可在往上沿厂房的纵向设置托架梁，以支托两柱中间的屋架。托架梁一般采用钢筋混凝土的梁。

6）基础梁

为了减少施工中的挖土工程和承受自重的墙体基础工程，可以把墙直接砌在基础梁上，而基础梁则搁在两端柱的基础上。不论是钢筋混凝土结构还是钢结构，基础梁都不得低于室外地面，也不能高于室内地面。一般室内地面应比室外地面至少高出 150~200mm，以防雨水侵入。基础梁要低于室内地坪面 50~100mm，以便安装门框。

（3）墙

工业厂房中的外墙一般作为围护结构，用来抵风挡雨、防寒隔热和区分车间内外环境。它有时也作承重之用。根据热工性能，外墙可分为保温和非保温的。根据受力情况，可分为承重和非承重的。承重墙不但承担自重，还承担置于其上的各种荷载，如屋架、里面和吊车等传来的荷载。非承重墙只承担自身所受的重力。非承重墙一般有封闭式和填充式两种形式。封闭式墙位于柱的外围，与柱保持一定的联系。材料可以是普通砖，也可以是用其他材料制成的墙板。有现场砌筑的，也有预制装配的。现场砌筑的多由基础梁或基础承托，预制的墙板有的悬挂于厂房柱上，也有的直接承托在基础梁或基础上。填充式墙是砌筑于两柱之间的墙体，其材料和承托方式与封闭式墙基本相同。

6.1.3　单层厂房设计

（1）单层厂房结构类型

单层厂房承重结构主要有排架结构和刚架结构两种常用结构形式。

1）排架结构

排架结构是目前单层厂房中最基本的、应用比较普遍的结构形式，由屋架、柱子和基础等构件组成。其主要特点是把屋架看成是一根刚度很大的横梁，屋架与柱子的连接为铰接，柱子与基础的连接为刚接，常见类型有：

① 装配式钢筋混凝土排架结构（图6-1）　这种结构应用最为广泛，其所有构件都用钢筋混凝土或预应力钢筋混凝土。国家已将所有结构构件及建筑配件，编制成大批标准图集，

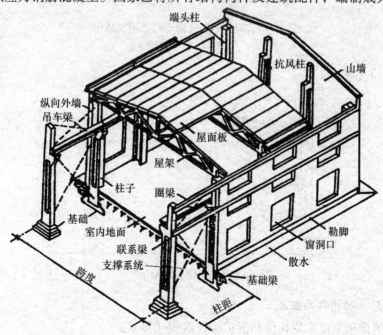

图6-1　装配式钢筋混凝土横向排架结构单层厂房构件组成

设计时可按适用条件选用。

由图 6-1 可见,基础、柱子、横梁和屋架等构成了厂房骨架,在骨架外面覆盖以外墙和屋面,组成了整个厂房的空间形体。前者称为承重结构,主要承担载荷;后者称为围护结构,主要用来分隔室内外空间,保护室内不受外界风雨和日晒等的侵袭。基础承受全部建筑物的重力,并将其传给地基。柱子和屋架牢固地联成横向构架,一排排构架与联系梁、圈梁、吊车梁和支撑等纵向构件组成了厂房的骨架。柱子承受由屋架、吊车梁、联系梁等传来的全部载荷,并将其传给基础。吊车梁设在柱子侧面挑出的牛腿上,外墙通过梁和基础梁等支承在柱子和基础上。屋面是由搭在屋架上的屋面板组成的,上面铺有保温隔热层和防水层等。为了排水,屋面应具有一定的坡度。地面上铺设地坪,在墙和屋面上还设置了门、窗和天窗。

② 钢屋架与钢筋混凝土柱组成的排架。

③ 砖石混合结构 它由砖柱和钢筋混凝土屋架组成。

2)刚架结构

刚架结构的主要特点是屋架与柱合并为同一个构件,柱与屋架连接处为一整体刚接,柱与基础一般为铰接,常见类型有:

① 装配式钢筋混凝土门式刚架结构 [图 6-2(a)、(b)]。

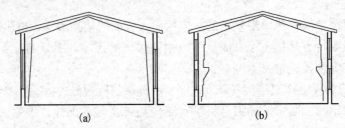

(a)　　　　　　　　　　(b)

图 6-2　装配式钢筋混凝土门式刚架结构

(a)三铰刚架;(b)两铰刚架

② 钢架结构(图 6-3)。

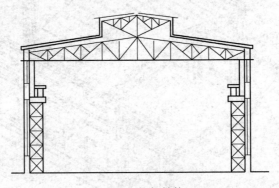

图 6-3　钢架结构

(2)单层厂房的构件的组成

单层厂房的排架是由承重构件和围护构件组成(图 6-1)。

承重构件有柱、基础、屋架、屋面板、吊车梁、基础梁、支撑系统构件。

围护构件有屋面、外墙、门窗和地面。

（3）柱网尺寸和定位轴线

1）柱网尺寸

柱网尺寸（图6-4）的确定实际上就是确定厂房的跨度和柱距。根据《厂房建筑统一基本规则》中的规定：厂房跨度≤18m时，应采用3m的倍数，即9m，12m，15m，18m；当大于18m时，应采用6m的倍数，即24m，30m和36m等；当工艺布置有明显优越性时，可采用21m，27m，33m的跨度。

2）定位轴线

定位轴线（图6-4）是确定厂房主要构件的位置及标志尺寸的基准线，同时也是设备定位、安装及施工放线的依据。

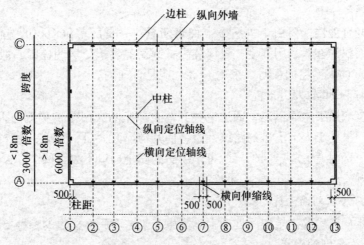

图6-4 单层厂房平面柱网布置及定位轴线的划分

① 横向定位轴线 系指与厂房横向排架平面平行（与厂房跨度纵向相垂直）的轴线。

② 纵向定位轴线 系指与横向排架平面相垂直（与厂房跨度纵向相平行）的轴线。

（4）厂房高度

在《厂房建筑统一化基本规定》中对柱顶、吊车梁、牛腿面及吊车轨顶等标高做了相关规定，设计时应符合这些规定（图6-5）。

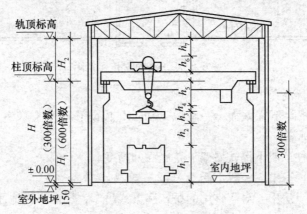

图6-5 厂房高度的确定

1）柱顶标高 H　有吊车和无吊车的厂房，自室内地面至柱顶的高度应为 300mm 的倍数。

2）吊车梁牛腿面标高　自室内地面至支承吊车梁的牛腿面的高度应为 300mm 的倍数。

3）轨顶顶标高 H_1　自室内地面至吊车轨顶的标高度应为 600mm 的倍数。

（5）单层厂房的平面设计

1）平面设计的内容

① 确定厂房平面的大小和尺寸；

② 确定柱网；

③ 布置车间内部通道及安排门的位置；

④ 考虑厂房扩建的可能性；

⑤ 合理安排生活间，满足车间人员的生活管理要求。

2）柱网选择

柱网布置的合理性主要由下列两个方面来衡量：一是厂单位面积的造价和材料的消耗量；二是厂房面积的有效利用程度。目前装配式钢筋混凝土厂房的柱距一般以 6m 为宜。在有条件采用 12m 的大型屋面板时，采用 12m 柱距是合理的。

3）车间内部通道与大门布置

为保证人流疏散安全而迅速，通道应整齐笔直。车间大门是供货流与人流交通共用的，工人出入的大门根据工人上下班的路线设置，使其与厂区大门、干道、生产间以及工作地点的联系方便，厂房内通道应连通外门，每个厂房的安全出口不少于两个。大门宽度主要取决于运输工具的规格。

（6）单层厂房的剖面设计

剖面设计是从厂房的建筑空间处理上满足生产工艺对厂房提出的各种要求。

1）厂房剖面高度的确定

厂房的剖面高度是指室内地面柱顶或下撑式屋架下弦底面的高度（图 6-6）。

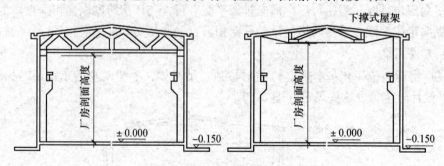

图 6-6　厂房剖面高度示意图

① 室内外地面标高差

单层厂房内外相差不宜太大，一般取 150mm，以防止雨水侵入室内，地形较平坦时整个厂房地坪取一个标高。

② 室内地面至柱顶或下撑式屋架下弦底面的高度。

a. 吊车设备的厂房中，一般不低于 4m。

b. 吊车设备的厂房中，对于常用的桥式和梁式吊车，厂房室内地面至柱顶的 H 为：

$$H = H_1 + H_2 \tag{6-1}$$

式中　H——地面至轨顶的高度（m）；

　　　H_1——地面至柱顶高度（m）；

　　　H_2——柱顶标高至轨顶标高（m）（图 6-5）。

③ 多跨厂房的高低跨

在多跨厂房中，若各跨的高度参差不齐，会使构件类型增多、构件外形复杂、施工不便，因此有如下规定：

a. 在采暖和不采暖的多跨厂房中，当高差值≤1.2m 时，不宜设置高度差；

b. 在不采暖的多跨厂房中，高跨一侧仅有一个低跨，且高差值≤1.8m，也不宜设置高度差。

2）剖面形式的选择

① 结合工艺与地形，例如地形坡度较大时，在工艺允许的条件下，可将各跨分别布置在不同标高的地坪上。

② 剖面空间的利用

当厂房内有个别高大设备或需要空间操作的工艺环节时，为了避免提高整个厂房的高度，可采取降低局部地面标高的方法。

3）天然采光

单层厂房大多采用天然采光，当天然采光不能满足要求时，才辅以人工照明。单层厂房的天然采光，通常采用侧面采光、顶部采光和混合采光三种形式。

4）自然通风

自然通风是一种既简单而又经济的通风方式，组织自然通风要注意以下几方面：

① 厂房选择良好方位。厂房主要进风面尽可能与夏季主导风向垂直，厂房之间应保持一定距离。

② 合理选择厂房的平面、剖面形式。在南方一般宜采用跨数少、宽度不大的平面、剖面。

③ 以热压为主的自然通风，热源宜布置在天窗下面。

④ 对以风压为主的自然通风的较窄厂房，主要是通过侧窗和大门进行穿堂通风，以热压为主的自然通风则通过低侧窗及大门通风，天窗及高侧窗排风。

5）屋面排水

屋面排水方式分为无组织排水和有组织排水两种（表 6-1）。

表 6-1　屋面排水方式选择

地面年降雨量（mm）	檐口高度 H（m）	天窗跨度 L（m）	相邻屋面高差 h（m）	排水方式
≤900	>10	12	≤4	有组织排水
	<10		<4	无组织排水
>900	>8	9	>3	有组织排水
	<8			无组织排水

① 无组织排水　屋面雨水由屋面挑檐自由泻落到地面的称为无组织排水，适用于降雨量不大的地区，檐口较低的单跨或多跨厂房的边跨及工艺上有特殊要求的厂房。

② 有组织排水　雨水通过屋面上设置天沟、雨水斗和雨水管有组织地汇集排至地下排

水管或室外明沟，称为有组织排水，分为外排水和内排水两大类。

（7）单层厂房的立面设计

厂房立面设计是指如何利用柱子、门窗、墙面、雨篷、窗台线等部件，结合建筑构图规律进行有机组合，使立面简洁大方，比例协调，具有明朗、朴实、大方的风韵。单层厂房立面设计要在已有造型的基础上，注意墙面、窗门的处理以及墙面装饰材料的运用。

墙面划分为垂直划分、水平划分和混合划分。

① 垂直划分。可以改变厂房墙面的扁平比例，使立面具有垂直方向感。

② 水平划分。采用通长的窗眉线或窗台线，将窗连成水平条带；或用不同材料的水平分段；或利用檐口、勒脚组成水平条带，可以使厂房外形简洁舒展。

③ 混合划分。是将垂直划分和水平划分有机结合，互相衬托，混而不乱，以取得生动和谐的效果。

一般单层厂房空间高、墙面长，因此窗的造型与组合应与墙面的划分协调，例如长条水平带形窗给人以统一感，并与墙面形成强烈的虚实对比。

在厂房局部墙面上采用适度的装饰面料，以使墙面的处理富有变化。

总之，在立面设计中要做到内容与形式的统一，努力创造简洁明朗、朴素大方的工业建筑形象。

6.1.4 多层厂房设计

在工业建筑中除建有大量的单层厂房外，还建有为数不少的多层厂房，主要用于各类轻工、电子、食品、化工、印染、印刷等工业。多层厂房的主要特点有：

① 多层厂房生产是在不同标高的楼层上进行，因此各层间既有水平联系，又有垂直联系。

② 多层厂房占地面积少，节约用地，可节省投资。

③ 厂房宽度较少，可以利用侧窗采光，屋顶面积较小，可以不设天窗。

④ 多层厂房必须设置垂直运输系统（如电梯间、楼梯间等），这样就增加了设计的复杂性和投资。

⑤ 多层厂房一般多采用梁板柱承重，对于荷载大、质量重或振动大的设备，除底层外，其他各层都必须用特殊结构处理。

（1）多层厂房结构类型

1）按受荷载方式分

① 内框架结构，即外墙承重，外部为钢筋混凝土梁柱框架结构，适用于5层以下，跨度在6m以内的多层厂房。

② 全框架结构，即全部荷载完全由钢筋混凝土框架体系来承受。一般又分为梁板式框架和无梁楼盖框架结构两种。梁板式框架结构又分为横向承重框架、纵向承重框架和双向承重框架，横向承重框架承受楼板的主梁沿横向布置，纵梁不承受楼板荷载，只起联系作用；纵向承重框架其楼板荷载由纵梁承受，横梁起联系梁作用；双向承重框架具有相等或相近的刚度，适用于地震区各类厂房。

无梁楼盖框架结构的特点是没有纵横梁，而是将楼板直接搁置于柱冒上，适用于布置大统间，如冷库、仓库等建筑。

③ 框架——剪力墙结构，即沿纵向设置横向抗侧力结构（剪力墙）以承受横向水平力（风力、地震力），加强框架的横向刚度。

2）按整体性与装配化程度分为整体式框架、装配整体式框架和全装配式框架等。

（2）厂房平面设计

1）柱网尺寸

柱网尺寸的选择首先要满足生产工艺的要求，并符合《建筑统一模数制》和《厂房建筑统一化规则》的要求，此外还要考虑厂房的结构形式、采用的建筑材料、构造做法、经济合理、施工可能性等因素，多层厂房柱网在平面布置上有：

① 内廊式柱网 [图6-7（a）]。常见柱距 d 为6m，房间进深 a 采用6m，6.6m，9m，走道宽采用2.44m和3m。

② 等跨式柱网 [图6-7（b）]。常见柱距 d 为6m，进深 a 采用6m，7m，7.5m和9m。

③ 大跨式柱网 [图6-7（d）]。这种柱网跨度一般大于9m，取消了中间柱子，扩大了跨度，便于布置各种管道及生活辅助用房。

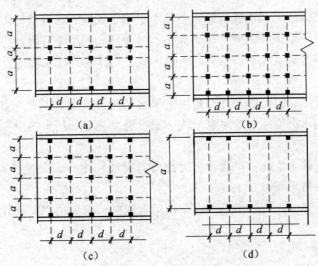

图6-7　柱网布置的类型

（a）内廊式；（b）等跨式；（c）对称不等跨式；（d）大跨度式；

2）定位轴线

① 边跨。外墙为承重墙时，定位轴线位于顶层墙的中心线上，或距离内缘半砖，或半砖倍数。当多层厂房为框架结构时，一是封闭结合，定位轴线位于承重中柱边与外墙内缘重合处。二是非封闭结合，定位轴线位于承重柱中心。

② 中跨。无论是承重墙或框架柱，定位轴线与墙或柱中心线重合。

③ 横向变形缝。一般采用双柱双轴处理，两条定位轴线与柱中心线重合。

（3）多层厂房剖面与立面设计

多层厂房的剖面设计主要是确定厂房层数和层高。厂房层数决定于生产工艺、经济因素、城市规划、地质条件、施工方法等因素。厂房层高取决于生产特征、生产设备、管道布置、采光、通风、室内空间比例及经济等因素。

目前，我国多层厂房常采用的层高有4.2m，4.5m，4.8m，5.1m，5.4m，6m等几种。

6.1.5　给水排水设计要求

复合材料用水，分为生产用水、生活用水和消防用水三类。生产用水包括的内容，随生产工艺和制品的类型而异。因此，每种制品、每种工艺的生产用水要根据具体情况而定。这里仅提出各种用水的水质要求和水质处理等问题。

（1）对生产用水的水质要求

对于复合材料厂的生产用水，主要是设备的清洗、设备的冷却用水。对于设备的冷却用水，一般不得含有杂质，以免管道阻塞，或者在冷却装置内部形成沉淀物而影响生产，因此对生产用水提出如下要求：

1）浑浊度（悬浮物）

悬浮物含量要求：对于密闭式冷却装置，不得超过50mg/L，对敞开式冷却装置不得超过200mg/L。

2）稳定性

通常用水中含有碳酸钙和重碳酸钙，要求水中的重碳酸钙和碳酸钙之间保持平衡。当水中的二氧化碳增多时，则碳酸钙变为重碳酸钙，对金属和混凝土有腐蚀作用；当水中的二氧化碳减少时，则重碳酸钙又变为碳酸钙沉淀。因此，对冷却用水的稳定性要加以重视。

3）水温控制

降低冷却用水温度，可以提高冷却效果，又可防止在装置内部生成沉淀或其他附着物。复合材料厂的冷却用水温度通常为室温进入，出水温度视冷却用水的设备而定。

4）含铁量

水中一般都含有铁杂质，铁杂质过多对设备有腐蚀作用，时间过长有阻塞管道的危险。因此，通常控制含铁量不超过0.1mg/L。

对于生活用水要求，应符合卫生部门生活用水标准；而消防用水可分属于生产用水或生活用水。

（2）对给水处理

给水处理通常包括净化、消毒、冷却、软化、除盐、除锰及水质稳定处理等。

水中加入铝盐或铁盐等混合剂，通过沉降与过滤去除颗粒大于$1\mu m$的悬浮物和胶体，使水净化；再将水通过物理方法（加热、紫外线或超声波等）和化学方法（加入氯、臭氧）消灭细菌，将水消毒，即可符合生活用水的水质要求。

对于工业用水的水质要求，应分别按不同的用水要求加以处理，这里简述水质稳定处理的原理。

水质稳定处理的方法较多，如碱化处理、酸化处理、磷化处理等，其中较为简单的是碳化处理。其原理是将二氧化碳通入水中，使碳酸钙转变为碳酸氢钙（即重碳酸钙）。反应式如下：

$$CaCO_3 + CO_2 + H_2O \longrightarrow Ca(HCO_3)_2$$

对于水的冷却处理，通常有两种方法：一是用大量新鲜水替换温度较高的循环水；另一种是以循环构筑物（冷水塔）降低循环水的温度，再加少量新鲜水以补充损失。不管采用何种方法处理，都必须满足下列要求：

① 水温保证设备有良好的冷却效果；

② 循环水的热稳定性不遭到破坏，不在管道和冷却设备内产生沉淀，也不发生腐蚀；

③ 循环系统内补充的水量较少。

（3）对排水的要求

这里主要是指生产废水、生活用废水的处理问题。由于复合材料制品生产用废水和生活用废水，都或多或少地含有不同量级有毒的有机物质，这些物质排出后，有时对植物的生长、生物的生存、人的身体健康都有较大的影响，严重者可能破坏生态平衡。因此，废水排出工厂之前要进行适当处理，以免破坏环境，影响人体的身心健康。

（4）对采暖通风的要求

采暖通风的目的是使生产车间有良好的工作条件，保证制品能正常生产和生产工人的身心健康。

人体由于新陈代谢，在体内产生热量向环境发散，发散的热量因劳动强度不同而异。在环境温度为 $15 \sim 20℃$ 下，静止状态时，新陈代谢产生的热量通过不同途径向外发散，比例约为：辐射 45%，对流 30%，汗液蒸发 15%，肺部水分蒸发 10%。由此可见，静止状态下的人，在常温下，主要通过辐射向外散热。如果环境温度升高或附近有较高辐射热源，不仅人体辐射热量减少，还将由于吸收外界辐射热而导致体温上升，此时人体只有靠汗液蒸发，甚至大量淌汗取得热平衡。

当环境温度较高时，随着相对温度增加，将使人体通过辐射和汗液蒸发而散发的热量减少，因而感到闷热。相反，当环境温度较低时，随着相对湿度的增加，空气导热性增加，因而感到寒冷。

当空气温度低于人体表面温度时，风速增大则加强人体对流散热，在一定范围内加强蒸发散热。

人体的中枢神经系统，在一定范围内可以支配和调节体内产生和向外发散的热量使之平衡，保持体温稳定在一定水平（$35.5 \sim 37.0℃$）。当环境温度、湿度、风速等变化过大，人体的调节机能感到困难时，人就感到不舒服，甚至失去平衡而导致生病。

对复合材料制品车间来讲，一般温度控制在 $15 \sim 35℃$ 之间，相对湿度控制在 75% 以下，车间内空气对流要好，也可采用强制通风措施，有条件者可采用空调设备。

6.2　电　气　设　计

复合材料厂的用电主要包括生产用电和生活用电两种。

（1）生产用电

生产用电主要是指加工设备及辅助设备用电，如缠绕成型机、液压成型机、浸胶烘干机、固化炉及切割机等设备的用电。

复合材料厂与其他工厂相比，通常电力负荷并不大。若制品采用电加热固化成型或制品有热处理工序，则耗电量最大的为固化炉和热处理炉。有关固化炉的热工设计，这里从略，下面仅就复合材料制品厂的工艺特点对供电系统提出如下要求：

① 考虑到有些制品需要连续作业的特点，防止因意外事故造成停电，影响制品加工或造成废品，因此在供电设计时，应考虑有两个主要电源供电系统，均取自电力系统。当第一

电源发生故障时，第二电源仍能满足供电。或者采用一个主电源，一个配备电源，当主电源发生故障时，配备电源亦能使用。

②在做供电设计方案时，必须确定工厂的用电负荷，作为选择变压器、开关设备和供电线路的依据，同时计算出工厂的耗电量作为工厂设计的重要技术指标。在未进行工艺设计之前，可以根据目前复合材料厂用电设备的有关资料和用电系数的经验数据，对全厂用电进行初步估算。

（2）生活用电

生活用电是指照明用电。车间的照明用电是满足生产工人对生产设备运转、维护和检修的需要。因此，多采用局部照明与一般照明相结合的分配方法。在主要生产车间内，应考虑到照明电源能自动倒接到电力回路上，以便在照明电源发生故障时，不会由于无照明而产生设备继续运转，发生人身事故。安全照明电压为36V。

另外，车间通讯问题也十分重要。在工厂管理部门与生产车间之间、车间与车间之间、车间与生产岗位之间，经常有工作上的联系，因此，各部门之间应设置不同用途的电话。

6.3 技术经济指标分析

设计中的技术经济指标是衡量设计方案是否合理的重要因素之一。任何一种设计，如果只有技术的先进性，而不考虑经济上的合理性，这种设计是不完善的，反之亦然。实际上技术和经济是矛盾的，采用先进技术必须要增加投资，降低技术的先进性，投资就会减少。先进技术是国民经济增长的前提，但往往技术问题可通过多种方法解决，各种技术措施也可用多种方法来实现。实施的方法不同，则所需要的基建费用、工人数量及原材料、燃料、动力等消耗量都不相同，因此，往往需要通过多种方案对比，使技术经济矛盾得到合理的解决。本节主要介绍复合材料厂职工定员、产品成本和设计概算等问题。

（1）职工定员的编制

工业企业的职工按工作性质可分为两大类，即生产工人和非生产人员。

生产工人是指直接参加生产劳动的工人，包括基本工人、辅助工人、厂外运输人员和学徒工等。

非生产人员包括管理人员和服务人员。管理人员是指厂部、车间、工段内脱产而专门从事行政管理和技术管理的人员等。服务人员是指文教卫生人员、生活福利人员、勤杂人员、警卫和消防人员等。

对于复合材料厂，一般生产职工应占全厂职工的70%~80%，非生产人员占20%~30%，其中管理人员占10%~15%，服务人员占10%~15%；在管理人员中，工程技术人员占40%~50%；在服务人员中，各类人员占全厂职工的比例为：文教卫生人员占2%~3%，生活福利人员占3%~5%，勤杂人员占1%，警卫、消防人员占2%~3%；有关生产工人的配备问题，应根据设备台数、车间的生产工序，即设备、岗位、工种、车间及劳动定额等配备人员。不同制品生产车间的人员分配，请参阅车间生产工艺设计的有关内容，这里从略。

（2）产品成本核算

产品设计成本是反映所设计企业在全面达到设计指标时，正常生产管理的水平。它是反映设计方案或设计企业技术经济效果的一项综合性质量指标，是评价设计经济合理性的最主要指标之一；此外，它可以作为企业生产准备时编制生产成本计划的参考。

1）产品成本的组成

① 原材料费。指经加工后构成产品的主要原材料，如玻璃纤维及制品、合成树脂等；

② 辅助材料费。指直接用于生产产品，有助于产品的形成或便于生产的材料，但不构成产品实体的材料，如脱模剂、模具、清洗剂等；

③ 生产用能源。指生产用水、电、汽等；

④ 生产工人工资。指直接参与生产的工人工资，包括基本工资和辅助工资，也包括加班费、福利费、医药卫生补助费、劳保费等；

⑤ 车间经费。指在车间范围内，为保证生产而支出的各种管理业务费用；

⑥ 企业管理费。指企业各部门所发生的各种管理和经营费用，以及由整个企业负担的各项业务费用；

⑦ 销售费。包括运输费、包装费及代销分配费用等。

前五项费用之和构成车间成本；前六项费用之和构成产品设计成本，即工厂成本；以上七项费用之和即构成全部成本，也称为销售成本。

2）各项费用的计算方法

① 在计算成本时，对各种外购原材料价格，应按进厂前该材料耗用的全部费用计算，包括该材料原价、运输费用、装卸费用、运输途中保管费用及各种手续费用等。对于自行加工的原材料原价应单独计算加工制造成本，其计算内容和方法与车机成本相同。

② 电费计算

电费的计算方法，根据我国用电分为大工业用电和一般工业用电。大工业用电和一般工业用电的计算方法不同。

一般工业用电可按电度电价计算，其计算公式如下：

$$M_1 = ht \tag{6-2}$$

式中　M_1——电度电费（元/a）；

　　　h——全年耗电量（kW·h/a）；

　　　t——电度电价 [元/(kW·h)]。

对于大工业用电（指用户受电变压器总容量320kV·A以上的工业生产用电），还要计算基本电费，其计算公式如下：

$$M_2 = 12Rt \tag{6-3}$$

式中　M_2——基本电费（元/a）；

　　　R——变压器容量（kV·A）；

　　　t——基本电价 [元/(kV·A·d)]。

因此，对一般工厂企业年度电费的用量为 $M_1 + M_2$。

对于自设变电所的工厂，还应计算变电所的年度费用（M_3），主要是指变电所的固定资产、工人工资和辅助加工工资，则年度电费用量为：

$$M = M_1 + M_2 + M_3 \tag{6-4}$$

③ 工资和附加工资计算

工资包括基本工资和附加工资。基本工资按国家规定的等级标准计算，附加工资包括加班费、福利费、劳保费等。

车间经费包括下列内容：

a. 折旧及维修费、有固定资产折旧费、固定资产维修费及易坏物品损耗费等；

b. 车间费用有工资、附加工资、办公费、劳保费、技术组织措施费、研究实验费、运输费、外部加工费及其他费用。

④ 车间经费和企业管理费的计算方法

车间费用和企业管理费用的计算方法基本相同。

a. 工资及附加工资

车间经费或企业经费中的工资及工资附加费，指车间或企业（全厂）管理人员与服务人员的工资及附加工资。工资标准可按当地有关规定或实际调查资料确定。

b. 固定资产折旧费

为了保证生产过程的正常进行，国家把一定量的固定资产（如设备、建筑物、构筑物）交给企业支配。固定资产在长期参加生产过程中，其属性、形态、性质、结构等逐渐改变，其价值逐渐转移到产品中去，称为固定资产的折旧。表明固定资产折旧多少的绝对值指标称为折旧费，也称为折旧额；表明固定资产折旧程度的相对指标称为固定资产的折旧率，以百分数表示。通常工厂年基本折旧率一般为固定资产总值的 3% ~4% 。

c. 固定资产维修费

因为生产用固定资产的消耗与磨损，需要不断补偿与更新总得费用，称为固定资产维修费，这项费用也应计入产品成本中。年维修费按折旧费的一定百分数估算。

d. 其他各项费用

为了简化设计成本的计算，车间经费和企业管理费中的其他各项费用可参考类似工厂，按工资、工资附加费、固定资产折旧费及固定资产维修费总和的一定百分数估算。

（3）设计概算编制

设计概算是初步设计文件的重要组成部分。初步设计阶段必须编制设计概算，以确定拟建企业的全部基建投资，为上级机关和建设单位提供必要的经济依据。设计概算经批准后，便是国家控制基本建设项目投资，编制基本建设计划，实行基本建设投资大包干，做为考核设计经济合理性和建设成本的依据。

1）设计概算的组成和内容

设计概算文件的组成：

① 编制说明：主要包括工程的概况、编制依据、编制方法、投资分析、主要设备材料的数量和有关问题的说明；

② 设计项目总概算（包括基本建设项目从筹建到完工的全部建设费用）；

③ 单项工程综合概算（包括单项工程的全部建设费用）；

④ 单位工程概算；

⑤ 其他工程及费用概算。

总概算编制内容，一般包括下述两部分：

第一部分是工程费用项目，其中包括主要生产和辅助生产工程项目，公用施工项目，生活、福利、文化、教育及服务性工程项目。厂外工程项目，如水源工程、热电站、远距离管线、铁路、公路等。

第二部分是其他过程和费用项目，主要包括土地征用费、建设单位管理费、冬雨季施工附加费等。

在第一、二部分项目的费用合计后，总概算中还应列出"不可预见工程和费用"。

总概算的末尾还应列出可以回收的金额。编制概算的表格，一般应有总概算表、建筑工程概算表、设备及安装工程概算表等。其各种概算表格式见表6-2、表6-3、表6-4。

表6-2　建筑工程概算

工程名称				年　月　日		单位：　元	
序号	编制依据	工程项目名称	单位	数量	单价	合计	备注
1	2	3	4	5	6	7	8
		⋮					
		小计　间接费用					
		（按费率计算）					
		合计					

审核：　　　　　　　　　　　　　　　　　编制：

注：1. 第2栏按所采用的概算定额或指标编号填写；

2. 第3栏按概算定额分部分项工程填写（采用概算指标获得，按单位工程名称填写）；

3. 第7栏是第5栏和第6栏的乘积；

4. 本表金额以"元"为单位，元以下四舍五入。

表6-3　总（综合）概算

序号	工程及费用名称	概算价值					技术经济指标	占总投资额%
		建筑工程费	安装工程费	设备置换费	工具费	其他		
一	第一部分　工程费用							
	（1）主要生产和辅助生产工程	△	△	△	△			
	（2）公用设施工程	△	△	△	△			
	（3）生活福利、文教	△	△	△	△			
	（4）厂外工程项目	△	△	△	△			
二	第二部分　其他工程费用							
	（1）征地费用					△		
	（2）建设单位管					△		
	（3）冬雨季施工					△		
	（4）培训费等					△		
三	两部分费用合计							
四	不可预见费总计（回收额）					△		

审核：　　　　　　　　　　　　　　　　　编制：

注：1. 表中"△"是表示费用列入哪一栏；

2. "不可预见费"在总概算表中一次计入，在综合概算表中不再计入；

3. 各栏费用金额采用"万元"，取两位小数，以后四舍五入。

139

表 6-4　设备及安装工程概算

工程名称　　　　　　　　　　　　　　　　　　　年　月　日

序号	编制依据	设备及安装工程名称	单位	数量	质量（t）		概算价值（元）						备注
					单位质量	总质量	单价			总价			
							设备	安装工程		设备	安装工程		
								其中工资			合计	其中工资	
1	2	3	4	5	6	7	8	9	10	11	12	13	14

审核：　　　　　　　　　　　　　　　　　　　编制：

2）概算编制的依据和方法

概算应根据建设项目的初步设计、现行的概算定额（概算指标）、间接费用定额材料预算价格、设备价格和各项费用指标进行编制。

① 建筑工程概算：主要工程项目应计算工程量，按概算定额进行编制；一般的工程项目可按建筑工程概算指标或参照类似工程的预算（或决算）进行编制。

② 设备安装工程概算：按概算指标进行编制。

建筑工程费用与设备安装费，均由直接费和间接费组成。直接费包括材料费、人工费和机械使用费等；间接费一般包括管理人员和服务人员工资、旅差费、固定资产费、劳动保护费、技术安全费、检验费和其他费用等。建筑工程的间接费可按直接费的一定百分比计算。设备安装的间接费则需按直接费中基本工资的一定百分数计算。

③ 设备购价概算：包括设备原价、非标准件费及设备运输费。

a. 设备原价：按设备清单逐项进行计算。

b. 非标准件费：是指设备由供应单位交货地点到工地设备仓库所发生的运输、卸装、包装、采购、保管等费用。

④ 工具、器具购买费及其他工程费，根据具体情况，按有关费用定额进行编制。

6.4　复合材料工业的污染及其预防

复合材料工业的"三废"量大，成分复杂，有毒、有害物质多，对动植物和器物的危害大。污染的防治是环境保护工作的重要方面。但要做好环境保护工作必须从规划、设计时开始。因此，重点叙述污染防治之前，应先简述一下对规划、设计的要求。

对规划、设计的总要求是，必须严格执行"三同时"制度和化工部《化学工业建设项目环境保护管理若干规定》等。对大、中型建设项目，要编制环境影响报告书；初步设计中须有环境保护篇（章）。在具体规划、设计中，应注意以下几点：

① 厂址选择除尽可能在原料和燃料产地及交通方便的地方外，必须统筹考虑安全和环保问题。企业生产区、居民区、废渣堆放场和废水处理厂的布置，以及生活饮用水源、废水

排放点的选择必须同时进行；不同性质的厂房、车间、建筑物应分区布置，并设有一定的卫生防护距离等。

② 严格控制污染源是消除"三废"的根本方法。

③ 采取措施处理"三废"，严格控制废气、废水的排放量和排放浓度，使其中各种污染物的浓度达到国家规定的允许排放浓度。

④ 综合利用，变废为宝；改革供热方式，开展废热利用。

复合材料工业污染的防治要注意：

（1）气体污染的处理

用于气体污染物的处理方法主要有吸收、吸附、冷凝和燃烧等。

（2）除尘

粉尘是污染大气最严重的污染之一。不管粉尘物质本身是否有毒，粉尘对人体都是有害的。特别是粒径在 $0.25 \sim 10 \mu m$ 之间的呼吸性粉尘，对人的呼吸系统的危害尤为严重。复合材料工业排放的粉尘组成复杂、毒性大，必须治理。治理的方法是使用各种除尘装置。

1）除尘装置的种类。除尘装置依据其作用可分为四大类，即机械除尘器、湿式除尘器、电除尘器和过滤除尘器。

2）除尘装置的选择。废气中所排放的粉尘性质差别甚大，且排放要求不同，因此，要选择经济有效的除尘装置，除充分掌握各种除尘装置的性能外，还要充分了解污染源的情况，如气体的流量、温度、压力、爆炸性、粉尘的浓度、粒径及分布、密度、腐蚀性、吸湿性、电导率、粘附性等，此外还要考虑排放的要求、除尘的目的和现场的实际情况等。

① 根据气体的排放量合理选择除尘器，如气体量大时，采用旋风除尘器较为有利等；

② 根据粉尘的物理性质选择除尘器，如黏性大的粉尘不宜采用干法除尘；

③ 根据粉尘的粒径分布选择；

④ 高温、高湿气体不宜采用袋式除尘器，含 SO_2 和 NO_x 等气态污染物宜采用湿式除尘器；

⑤ 在老厂改造中，必须充分考虑场地、空间和周围环境条件等；

⑥ 考虑装置的一次投资和运行费用。

第7章 工艺设计制图的基本要求

为提高工艺设计质量，工艺制图应做到基本统一、图面清晰美观，以满足设计、施工、安装、调试、存档等要求，以适应工程建设的需要。设计中应执行现行有关设计制图方面的国家标准和复合材料厂工艺设计制图的有关规定。

7.1 制图的一般要求

7.1.1 图纸幅面

（1）图纸幅面尺寸

表7-1为各类图纸的幅面尺寸，列出了边框尺寸及代号。必要时可沿长边加长，对于A0，A2，A4幅面的加长量应按A0幅面长边的八分之一的倍数增加，对于A1和A3幅面的加长量按A0幅面短边的四分之一的倍数增加。A0及A1幅面也允许同时加长两边。

表 7-1　图纸幅面尺寸　　　　　　　　　　　　　　mm

幅面代号	A0	A1	A2	A3	A4	A5
$B \times L$	841×1189	594×841	420×594	297×420	210×297	148×210
a			25			
c		10			5	

图纸幅面尺寸的选用决定于工艺布置图的需要。工艺布置图应优先选用A1幅面图纸；全厂生产车间布置图可选用A0幅面图纸；非标准件图优先选用A3幅面图纸；说明书可选用A4幅面图纸；工艺图一般不选用A5幅面图纸。

（2）标题栏

国家标准对标题栏的格式未作统一规定。复合材料厂工艺设计可根据不同要求采用表7-2的格式。

表 7-2　(a)　A0，A1，A2 图纸

（设计单位名称）				工程名称	
				项　目	
批准		校对			
设总		设计		（图　名）	
审定		描校			
专业负责人		描图		比例	
审核		日期		（图　号）共　张	

表 7-2（b）　A3，A4 图纸

（设计单位名称）			工程名称	
			项　目	
审核		描校		比例	（图　名）
校对		描图			
设计			日期	（图　号）共　张

7.1.2　制图比例

① 制图时所采用的比例应根据视图内容的复杂程度及图纸幅面大小进行选择，以图面清晰明了为准。除工艺流程图及示意图外，制图时必须按比例绘制。

② 制图常用的比例如下：

工厂总平面布置图：1:500 ~ 1:1000。

全厂生产车间布置平面图 1:500 或 1:400。

全厂生产车间布置剖面图：1:200。

各车间布置图：尽量采用 1:100，少数可选用 1:50，1:200。

放大图、向视图及图册等可选用 1:50，1:20，1:10，1:5。

③ 制图比例的注写

在同一张图纸中只采用一种比例时仅注在标题栏中；在同一张图纸中采用多种比例时，在标题栏中注多数相同的比例，其余注在各部分名称横线下中间。如：

布置图中的各种生产管线均以粗实线表示，但需注明各类管道的规定代号；管件、阀门等要按规定的图例绘制。

7.1.3　字体要求

① 字体的号数，即字体的高度（单位为 mm），分别为 20，14，10，7，5，3.5，2.5 七种，字体的宽度约等于字体高度的三分之二。工艺设计常用 7，5，3.5 三个号的字体，通常 7 号字体用于平剖面图、放大图、向视图的名称；5 号字体用于附注、说明、设备表以及标题栏中的工程名称、项目名称、图名等；3.5 号字体用于尺寸、标高等。

② 工艺设计文件（图纸、设备表）中书写的汉字字体，除签名外，均应用长仿宋体。

③ 工艺设计中常用的阿拉伯数字用于尺寸、标高、剖面号、图号、设备编号、设备荷重、比例、日期等。数字的写法可分为斜体和直体两种。

④ 汉语拼音大写字母，用于放大图代号，一律用直体写法，一般不用 I 和 O 两个字母，当字母不够用时，可用 A1，B1，C1 等补充。

⑤ 汉语拼音小写字母，用于放大图中的剖面代号，一律用直体写法，一般不用 i，l，o 三个字母。

⑥ 罗马数字用于向视图代号，一律直体写法。

7.1.4 图线及其使用

制图时图线应做到粗细分明，常用的线型及其使用要求见表7-3。

表7-3 常用线型及其使用表

线型名称	线型	线宽	图线使用举例
粗实线	——	0.9mm 左右	1. 图框线 2. 地坑、地坪、用单线表示的楼板及屋面线 3. 平面、剖面等图名下的粗横线 4. 放大图中的基础轮廓线 5. 铁路、轻便轨及吊车轨道 6. 生产管线 7. 设备的小基础孔"＋" 8. 设备及非标准件下的横线
中实线	——	0.6mm 左右	1. 设备、传动装置及非标准件外行线 2. 电葫芦及手拉葫芦轨道 3. 向视线、荷重指向
细实线	——	0.3mm 左右	1. 柱、梁、板、墙、屋架、楼板、楼梯、栏杆等 2. 尺寸线和尺寸界限 3. 剖面线、阴影线 4. 引出线（包括横线、斜线） 5. 标高符号 6. 公路 7. 布置图中的基础轮廓线 8. 设备及非标准件编号下的斜线 9. 同一次设计的相邻车间 10. 平面及剖面名称下的细横线
波浪线	 ∿	0.3mm 左右	1. 断裂处的边界线 2. 圆管折断线
折断线	 ⌇	0.3mm 左右	1. 断开线 2. 不同剖面的分界线 3. 长距离及大面积省略线
虚线	— — —	0.6mm 左右	1. 不可见轮廓线 2. 扩建部分边界线
剖切线	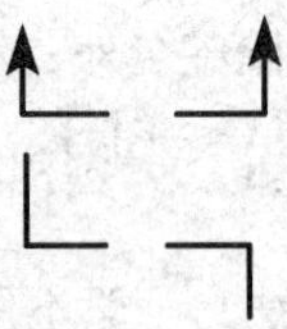 ↑ ↑	0.9mm 左右	1. 各种剖面的剖切线 2. 剖切转折线
点划线	—·—·—	0.3mm 左右	1. 设备中心线 2. 建筑物轴线 3. 设备基础中心线 4. 资料图中建筑物轮廓线

144

线型名称	线型	线宽	图线使用举例
双点划线	—··—··—··—	0.3mm 左右	1. 料堆的轮廓线 2. 运动件的极限轮廓线 3. 不明确的外行线 4. 辅助用相邻部件的轮廓线 5. 扩建工程中原有厂房轮廓线 6. 设备维修时抽出件要求的界限 7. 想象线

7.2　工艺布置图及工艺流程图的编制

7.2.1　各设计阶段应提交的图纸内容

（1）车间工艺布置设计时应考虑的问题

① 最大限度地满足工艺生产操作及设备维修的需要；

② 充分有效地利用车间的建筑面积和建筑空间；

③ 为车间的技术经济指标的先进性、合理性创造条件；

④ 对车间将来的发展和扩建留有余地；

⑤ 车间所采用的劳动安全和生产卫生等措施应符合规范和相关规定；

⑥ 车间和与其相关的车间在总平面图上的位置要适当，力求做到布置紧凑合理；

⑦ 避免人流和料流的平面交叉，满足料流与公路、铁路运输的立体交叉空间的要求；

⑧ 充分注意建厂地区的气象、地质、水文等条件对车间布置的特殊要求；

⑨ 征求和了解其他专业对本车间布置的要求，以免因不满足别的专业要求而造成返工。如与电气自动化专业商定控制室的位置、面积大小，与土建专业商定柱网布置、层高要求等。

（2）初步设计阶段应提交的图纸

① 生产车间布置平面图；

② 生产车间布置剖面图；

③ 各生产车间的工艺布置图，作为工艺施工图设计的主要依据，仅供内部各专业提资料用；

④ 工艺设备表，主机设备可以作为甲方订货的依据；

⑤ 各生产车间的工艺流程图。

（3）施工图设计阶段应提交的图纸

① 各生产及辅助车间的工艺布置平面图、剖面图、放大图、向视图等；

② 全厂生产车间总平面图；

③ 各车间的非标准件制作图；

④ 工艺设备表、工艺非标准件设备表；

⑤ 输送设备的订货资料；

⑥ 各生产车间的工艺流程图；

⑦ 图纸目录单及非标准件图纸目录单。

7.2.2　全厂生产车间布置平剖面图的深度和内容

① 全厂生产车间布置平面图的方向必须与总图专业的工厂总平面布置图方向一致；

② 按设计项目画出各车间缩小比例的布置图，应注上车间名称、主机的名称及规格；

③ 各种储库及堆场均须注明物料名称、有效储存量及储存期；

④ 在平画图中应表示出各生产车间主要设备、储库及露天堆场的外形，同时也要表示出辅助车间（如材料库、控制室、车间化验室、备品备件库、总降压变电所、车间变电所等）的位置，各建筑物和构筑物的轮廓，并表示出门洞、门、楼梯、地坑等；

⑤ 在剖画图中应表示出主要设备及其有关的附属设备、非标准件的外形、厂房的轮廓线、门及楼梯的位置、各层平台的绝对标高、地坑位置及深度、主要生产管线的走向、定位尺寸等；

⑥ 在初步设计车间平剖面图中，厂房的梁、柱、楼板、门、楼梯等，应按土建专业提供的"建筑物构筑物特征一览表"绘制；施工图的车间平剖面图按各车间的成品图绘制；

⑦ 平画图中车间与设备的定位尺寸注法以"mm"表示，立画图中各楼层、平台的标高以"m"表示；

⑧ 在平面图中，为了图面清晰可以只注车间的总尺寸而不注柱网尺寸，但必须注明有关车间位置的相对关系尺寸；

⑨ 设计任务书中明确要留有扩建余地的项目，在平面图中应以虚线来表示；

⑩ 厂内道路及与工艺项目有关的铁路、轻便轨应在图中表示；

⑪ 在车间平面图的右上角应画出指北针或风向玫瑰图，并注明"北"或"N"方向。

7.2.3　初步设计资料图的深度和内容

① 初步设计时，对各生产车间应绘制工艺布置图作为初步设计资料图。确定本车间的工艺流程、原则和技术方案，为其他专业提供设计资料和作为工艺施工图设计的依据；

② 布置图应定出本车间的柱网和各层厂房的层高，各层平面上的设备布置、主要设备的荷重，各层平面的主要孔洞大小、楼梯的位置等；

③ 对于简单的辅助生产车间可以绘制布置图，提出车间的长、宽尺寸及层高要求；

④ 确定主机和辅机的规格、台数、长度、高度、定位尺寸等，作为编制各车间的工艺设备表和全厂生产车间布置平画图和剖面图的依据，厂房的面积和层高作为土建专业初步设计时计算工程量的依据；

⑤ 图面布置要充分考虑作施工图时重复利用的可能性。

7.2.4　施工资料图与成品图的深度和内容

（1）施工资料图与成品图的深度

① 施工图设计一般分为资料图和成品图两个阶段进行。绘制资料图时，图形和尺寸须按规定的比例绘制，图面布置要充分考虑成品图时略加修改重复利用的可能性；

②　车间布置图的主平面方向必须与全厂生产车间布置图的方向一致，与周围关系复杂的车间可在主平面和在剖图上交代与相邻车间的水平定位、标高之间的相互关系，在总平面图中垂直或倾斜布置的车间须按逆时针旋转 90° 绘制；

③　绘制时剖切的位置要适当，每台主机及重要的辅机至少要有两个视图来表示，图画要清晰，避免重叠，尽量少用虚线来表示；

④　全部设备及其传动装置、非标准件均应按工艺流程依次编号，检修设备、收尘设备等一般应编在主流程的后面；

⑤　放大图以 A，B，C……进行编号，向视图以Ⅰ，Ⅱ，Ⅲ……进行编号，在同一项目内编号不得重复。个别放大图或向视图也可用箭头引出，布置在主图的附近，这样的图面可以不另行编号。

（2）施工资料图与成品图应绘制的内容

①　设备及其附属装置的外形和编号，成品图加注非标准件的编号，非标准件用阿伯数字前冠以 F，以示区别，如 F_1，F_2，F_3……；

②　设备、生产管线、大型非标准件、热风管道的定位尺寸、荷载及动荷载系数，对倾斜布置的设备及生产管线，应标注其倾斜角或坡度；

③　厂房轮廓线、门及楼梯的位置、检修孔洞、安全栏杆、柱网间距及各层相对标高、有特殊要求的楼面负荷、成品图中按比例画出柱子的断面和主梁的外形，并加注轴线编号；

④　操作平台的主要尺寸、定位和标高，预埋钢板的定位尺寸及钢板尺寸；

⑤　设备、各类风管、生产管线及非标准件的安装（或固定）方式及其放大图，并须注明地脚螺栓孔的定位、大小、深度及其二次浇筑的厚度；

⑥　各种起重设备（吊车、电动葫芦、手拉葫芦等）的吊车梁、轨道的位置和标高，吊车的轮距，操作范围及其极限位置，并注明轮压；

⑦　地坑和地沟的位置、尺寸及标高；

⑧　设备、管线及非标准件穿过楼面或隔墙的预留孔洞、吊装孔的位置及尺寸；

⑨　设备安装门洞的位置及尺寸；

⑩　主机设备的名称、规格，各种储库和料仓的名称、储存量及储存期；

⑪　热工构筑物轮廓、空气层、膨胀缝的尺寸，具体砌筑要求可在附注中说明；

⑫　图中应表示出值班室、电气控制室等的位置、轮廓尺寸及门等；

⑬　原则上每层平面均应表示所有设备及其传动装置的布置情况，如遇两台以上的设备完全相同时，可在同一图中分别表示设备和基础外形，在基础外形图上并注出"×××（设备）中心线"字样；

⑭　图纸上各部分的名称，可采用下列用语：

平面图用"×××，×××平面"表示；剖面图用"×—×剖面"表示；放大图用"放大图 ×"表示；向视图用"向视图 ×"表示。

⑮　图中的附注一般写在图纸右下方标题栏之上，附注的内容是进一步说明设计意图和其他注意事项，文字要简明扼要，重点突出；

⑯　图中设备和管道的荷载一般由设备重量或管道重量、物料重量和保温材料重量之和再乘以动荷载系数所组成。荷载的单位以牛［N］或千牛［kN］表示。

7.2.5　工艺非标准件图的深度与内容

工艺非标准件系指设备与设备间的连接件、无标准产品或不可以直接订货的零配件，包括管道、设备支架、管道支架、吊架等。

1）制图比例一般尽量选用1:10，1:20，1:50 等；

2）设计时应尽量选用通用非标准件；

3）非标准件一般只绘制外形图及满足加工需要的局部放大图或剖面图；

4）根据非标准件繁简程度确定视图数量，一般用两个视图表示，复杂的用多个视图；

5）图形线用粗实线，尺寸线和尺寸界线为细实线；

6）图中应标注的尺寸：非标准件的总长、总宽、总高及连接两设备的定位尺寸；各部位的定位尺寸和大小尺寸；采用通用非标准件（如伞形风帽等）应加定位尺寸；各管件（如弯头、三通等）应加定位尺寸；弯管或弯头的角度或曲率半径；管道一律标注外壁尺寸；

7）与非标准件相连接的部分，必要时可用假想线（双点划线）绘出连接设备的有关轮廓；

8）穿越楼板、屋面的风管，必要时应表示出楼板或屋面的相对位置；

9）图上应表示出非标准件的分段、探视孔、取样孔、测量孔的位置及形状；

10）需要保温的管道应提出保温材料的品种、技术要求、保温层厚度和数量；

11）与设备相连接的紧固件，应在非标准件图上配置；

12）图面中的标注方法：

① 图中各件的编号按数字递增的顺序依顺时针或逆时针方向排列，同一图中排列方向要一致，图中序号应尽量按水平或垂直方向排列整齐。

② 图中同一处的紧固件组（螺栓、螺母、垫圈等）可以简化为中心线代替，其编号可采用公共指引线（用细实线），若为横向则其序号左右排列。若为竖向则为上下排列。指引线从所指部分中引出，并在末端画出圆点，若指示部分不便画圆点（如很薄的零件或涂黑的剖面）时，可在指引线的末端画出箭头，并指向所指示的部分（图7-1）。

③ 完全相同的零部件，只编一个序号。

④ 规格相同、使用长度不同的型材，原则上统编在一个序号内，并在图中表示清楚。

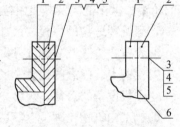

图7-1　编号的标注方法

⑤ 当比例较小时，尺寸相同的孔或长圆孔可以简化为各孔中心线表示，引出线上标注"数量-直径"。如为在圆周上均匀分布的孔，则再在标注的横线下注明"均布"。

⑥ 图中应注写出非标准件的制作件数，制作件数与非标准件设备表中件数相一致。

7.2.6　工艺流程图的深度和内容

① 工艺流程图是按生产流程顺序通过图解的形式，简明形象地绘出生产过程、主要设备以及物料的流向。工艺流程图一般由物料流程、图例及设备编号三个部分组成；

② 一般按设计项目画出各车间的工艺流程图，并应注明设备编号，在流程图中还要表示前后相邻车间的衔接关系；

③ 车间流程图的方向必须与车间的主剖面图的方向一致；

④ 车间流程图的图面布置要求匀称、设备示意图例可不按比例绘制，但输送设备的长短、上倾和下斜应加示意；

⑤ 管道、管件及附件见表 7-4；

表 7-4　管道、管件及附件图例

名　称	图　例	名　称	图　例
油管道	—YO—	活接头	
压缩空气管道	—YS—	柔性接头	
水管道	—S—	软　管	
三通管		保温管	
四通管		多孔管	
异径管		管道固定支架	
弯　头		法兰堵盖	
法兰接头		喷　嘴	

⑥ 阀门见表 7-5；

表 7-5　阀门图例

名　称	图　例	名　称	图　例
截止阀		手动排气阀	
闸　阀		自动排气阀	
止回阀		蝶　阀	

续表

名　称	图　例	名　称	图　例
安全阀		旋塞阀	
减压阀	低压　高压	百叶阀门	
电动阀	M	电动百叶阀门	M
气动阀	P	闸门阀	
电磁阀	Σ	锁风阀	
球　阀		手动双路阀门	
角　阀		电动双路阀门	M
三通阀		气动双路阀门	P
压力调节阀		四路阀门	

⑦ 泵及仪表见表7-6。

表7-6　泵及仪表图例

名　称	图　例	名　称	图　例
油泵		转子流量计	
离心水泵		自动记录流量计	

名　称	图　例	名　称	图　例
真空泵		孔板流量计	
手摇泵		压力表	
喷射器		自动记录压力表	
温度计		电接点压力表	

7.2.7　尺寸、标高等数字与文字的标注方法

1）全厂生产车间布置平剖面图上的标高以绝对标高来注明。

2）各车间布置图的主平面（±0.000）图上必须注明本车间的 ±0.000 与绝对标高的关系，一般采用本车间 ±0.000 相当于绝对标高×××m。

3）地坑、地坪、楼面、平台、烟囱顶、轨道面、各层高度，屋面的梁底均以标高来表示（以 m 为单位），其余部分一律用尺寸来表示（以 mm 为单位）。

4）主要设备或辅机应与建筑物的轴线定出定位尺寸，主要设备的附属装置或附后设备应与主机定出关系尺寸。

5）对倾斜布置的设备，应标注其起点和终点的标高，如中间有转折点也应标出其标高，并应注出设备倾斜的角度。

6）对建筑物的楼面和平台一般应注顶面标高，屋面在资料图时应标注梁底标高来表示净空高度。柱子以柱轴线表示，轴线要加编号，编号以本车间的建筑、结构图为准。

7）每个设备和平台等必须要有三向定位尺寸，如果一设备在几个平面或剖面上出现时，其尺寸应在主要平面、剖面上详细表示，即一个尺寸要在两个面上表示出来，其余图面上可仅表示主要的定位尺寸即可，如果设备上需注的尺寸很多时，在布置图上只注主要定位尺寸，其他细节尺寸在放大图上表示。

8）对两个或两个以上相同的图形，只需标注其中之一的尺寸，其余图形可不必重复。不可见的轮廓线，不标注任何尺寸。

9）尺寸的注法：

①尺寸数字应尽量集中注在图形的两侧（以右侧为主）和下方，距图形最外中心线约15mm。如果注于图形外面有困难或表达不清时，也可注在图形里面，但也应适当集中，集中的平行的两条尺寸线的间距约9mm 为宜，对柱网尺寸数字一般不得注在图形内。

②尺寸线应与所注的对象平行，尺寸数字的方向应与看图的方向一致，尺寸线上的起

止点采用450粗斜线表示，长约3mm。若尺寸线间距小时，可用圆点代替斜线。尺寸线离图形10～15mm。尺寸数字应与尺寸线平行，尺寸数字（3.5号字）以mm为单位，注写在尺寸线上方中间部位，如位置过小，可用引出线引伸到合适的地方标注。

③标注半径尺寸时，用箭头表示，并在尺寸数字前加注字母"R"；如图形半径过小，无法加注尺寸时，可用引出线标注；圆弧的中心半径过大，无法在图纸范围内表示，可用折断线表示。

④标注直径尺寸时，须在尺寸数字前加注字母"F"；标注角度时，两端用箭头表示，角度数字必须水平注写。如尺寸线上没有足够位置时，可用引出线引伸到合适的地方标注。

⑤必须标注的尺寸数字，其另一边的尺寸界线相距过远，难以按实际比例表示时，此条尺寸界线可不画，而用带箭头的折断线表示，另加简注。

⑥各种图形的轮廓线、中心线、尺寸界线等不能作尺寸线使用，折断线剖开的图形，其尺寸线不剖开。

⑦设备基础大样图中的尺寸，标注孔洞的深度指第一次浇注深度，设备基础剖面尺寸应注明基础所处标高、二次浇注的厚度、基础高度以及设备中心线尺寸等，小型设备的外形可不画出，但大型设备（烘干机、冷却机等）的外形必须画出。

⑧设备基础设计的一般要求：

一般地脚螺栓离基础外边的距离 $a \geqslant 4d$，如果要求 $a < 4d$，则应由土建专业进行加固处理。设备底座与基础边沿的距离 b 一般为50～100mm，如考虑检修时走人，则应适当加大，一般不宜小于600mm，为考虑检修时安全，应设计栏杆。

对于输送设备的中间架支腿的基础可以考虑采用预埋钢板形式来固定，但对于带式输送机、链斗输送机等的头尾架及提升机的基础均不得采用预埋钢板，而应采用地脚螺钉来固定，要求土建做预留孔或楼板穿孔。

10）标高的注法：

标高的注法如图7-2所示，标高线与水平平行。符号的尖端一般向下。标高数字（3.5号字）与标高线平行。所注标高数字一律以m为单位，注至小数点后三位，零点高注成±0.000，正数标高注成3.600，负数标高注成－1.200。标高符号尖端向下时，数字注在横线上面。如位置窄小，标注标高困难时，可将标注数字引注于外。

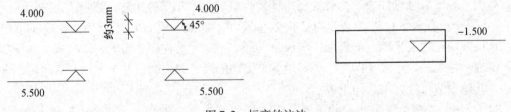

图7-2　标高的注法

标高符号一般应注于图面右侧，离图形15～20mm。不同高度的标高，应尽量注在同一垂直线上，如图形凹凸相差很大，则可分别标于不同的垂直线上。

11）设备荷重注法：

设备荷重以中实线画成的箭头符号表示，剖面图上重量注写在箭尾的上方，先写（以t为单位）设备重量，再乘以动荷重系数。设备荷重应尽量注写在剖面图上，如剖面图表示困难或表示不清时，方向注于平面图上，荷重注写在作用点上。

12）斜度和坡度的注法：

倾斜设备的斜度，管道、地坪、地沟的坡度，以细实线画成的箭头表示，箭头指向下坡方向，并在数字前标注 $i = \times \times \times$ 字样（×××为斜度，可用小数或百分数表示），如图 7-3 所示。

13）设备编号注法：

全部设备和传动装置，均应按流程进行设备编号。编号应尽量注于同一水平线或垂直线上，其间距尽量相等，编号下的横线为粗实线，引出线为细实线。减速机、电动机、传动装置应与设备编同一序号，并在序号后加代号 J，D，Ch，减速电机以代号 JD 表示，如图 7-4 所示。

图 7-3　斜度和坡度的注法　　　　　图 7-4　设备编号的注法

14）图形名称注法：

图形名称平面图用"×××平面"表示，如一个平面图上表示几个标高时，可按标高的高低由上而下注写；剖面图用"×—×剖面"表示。图形名称均应注写在图形下方的正中部，名称下加一粗实横线和细实横线，字体一般用6号、7号字。举例如图 7-5 所示。

图 7-5　图形名称的注法

15）剖切线注法：

全部剖切线在平面图上剖切（仅个别的局部辅助小剖面可在剖面图上剖切），应先横向后竖向。从上往下，从左到右，按顺序编号。剖切线所指的方向一律向上或向右，并放于图形之外（个别的局部辅助的小剖面可放于图形之内）。剖切线一般以主机中心线为准，并应尽量不使其中间转折，有些剖不到的设备，亦应按说明生产流程的习惯画法绘制图形。剖切线的数字应竖向竖写，并注写在符号内，并注写在符号内，字体号数一般用6号、7号字，如图 7-6 所示。

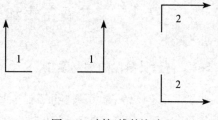

图 7-6　剖切线的注法

7.2.8　建筑物和构筑物的表示方法

① 所有的门、楼梯、安全栏杆、盖板、各种孔洞等均需表示清楚，对安装门洞应表示位置和大小，在初步设计和施工资料图中对需先进设备后封墙的部位应在图中提出要求。

② 梁、板、柱、墙、库壁、仓壁、屋面、库顶板的剖面均需用双线表示。在初步设计和施工资料图中的柱，剖面图上可以用点划线表示，平面图上可以用"＋"表示。

③ 常用的建筑配件图例见表7-7。

表7-7 常用的建筑配件图例

名 称	图 例	名 称	图 例
空门洞		底屋楼梯	
单扇门		中间层楼梯	
双扇门		顶层楼梯	
对开折门		孔洞	
栏 杆		坑 槽	

7.3 工艺设备表和工艺非标准件设备材料表的编制

7.3.1 各设计阶段的编制要求

1）工艺设备表的编制随工程项目分为初步设计和施工图设计两个阶段进行。不同设计阶段的工艺设备表的深度和内容也有所不同，施工图阶段设备表作为建设单位订货的依据。

2）施工图设计阶段除编制工艺设备表外，还须编制工艺非标准件设备表，作为安装单位制作非标准件的依据。

3）初步设计工艺设备表应填写的具体内容：

① 注明设备的序号、名称、型号、规格、单位、数量、质量和设备来源等；

② 设备名称、型号、规格应与产品样本或设备图纸一致；

③ 输送设备的长度或高度可以粗定，供参考用；

④各种风机可粗定规格和型号，进、出方向和转向可以不定，供参考用；

⑤工艺管道、管件、阀门、耐火材料、保温材料等可以不列详细内容，对其数量需要估定，但出入不能过大和漏项，其中：工艺管道按直径分档，提供长度（m）；保温材料按保温材料品种提供保温面积（m²）、保温厚度和做法；耐火材料按衬砌材料品种容积（m³）和质量（t）；

⑥各车间的非标准件以一总项列入工艺设备表的最后一项，只列估算总质量，不列材料和规格；

⑦设备表中各项内容应力求填写完整，以能满足电气专业和工程经济专业编制概算要求为准。

4）施工图设计工艺设备表应填写的具体内容：

①注明设备的序号、名称、型号、规格（生产能力）、单位、数量、质量和来源等；

②设备名称、型号、规格应与产品样本或设备图纸一致；

③生产能力须按车间物料平衡值来填写；

④输送设备的长度或高度必须与布置图一致，作为建设单位订货的依据；

⑤设备来源栏中对通讯设备、特供设备均须注明制造厂家，设计单位设计专业设备注该单位的图号和制造厂家，注栏内须注明引进项目编号或合同号；

⑥工艺管道、管件、阀门须逐项填写规格和型号，耐火材料和保温材料须单独列表，不写入工艺设备表中；

⑦带式输送机、斗式提升机、空气输送斜槽、螺旋输送机等单独填写设备订货单。

7.3.2　工艺设备表的编制方法

1）在序号栏中，全部设备及其传动装置应按工艺流程依次编号，不在流程上的收尘设备、检修起重设备等编在主流程之后。序号以阿拉伯数字1，2，3……表示，并应与工艺布置图中的编号一致。

2）设备带有附件的，应与设备编同一序号，先编设备，后编附件。

3）设备的减速机、电动机、传动装置，应与设备编同一序号，并在序号后分别加代号 J，D，Ch，且按上次序顺序排列，减速电动机以代号 JD 表示。如同一设备有多台传动装置者，则在代号右下脚再加1，2，3……。例如：序号4有两台电动机时，则以 $4D_1$，$4D_2$ 表示。

4）设备表中名称、型号、规格一栏中填写的顺序：

①设备名称、型号、规格、生产能力、转速、拉紧装置、其他性能统一用中文表示；

②电动机：型号、功率、转速、电压；减速机：型号、速比、装配型式；起重设备：起重量、跨度、起升高度、抓斗容量、工作制度、操纵方式、操纵室型式、入口方向、最大轮压。

5）设备表中的单位栏，设备用"台"，传动装置用"套"，管件、阀门用"个"，法兰用"对"，长度用"m"表示。

6）设备表中的质量栏，通用设备按产品样本中的质量，专业设备按设备总图上的质量，如设备的质量中包括了减速机、电动机及传动装置等质量时，质量填在设备那一项内，传动装置则不再另填质量。反之，则分别填写质量。质量单位以 t（吨）表示。

7）设备来源栏，填写选定的制造厂的全称。附属在主机内的减速机、电动机、传动装置等随设备成套供应者，填"随设备订货"，需另行供货的应注明制造厂家。

7.3.3　工艺非标准件设备材料表的编制方法

工艺非标准件设备材料表包括：序号、名称、型号规格、单位、数量、质量、来源等。

①"序号"栏：按非标准件编号 F_1，F_2，F_3…填写，应与工艺布置图中编号相同。

②"名称"栏：按非标准件图纸上的名称填写。

③"型号规格"栏：有则填，没有可不填。

④"单位"、"数量"、"质量"栏：按实际填写，单位用"件"或"套"。

⑤"来源及其他"栏：填图纸的图号或通用图、复用图纸的图号。

第8章 生产车间和制品的工艺设计实例

车间的工艺布置随设计的深度不同，又可分为初步设计、扩大初步设计和施工图设计三个等级。

初步设计：在工艺计算、设备选型和工艺流程确定的基础上，绘制出生产车间平面图，编制出工艺设备表格等。

扩大初步设计：在工艺计算的基础上，对非工艺设计的内容提出具体的技术要求，以便完成非工艺专业的设计任务，如土建、水电等工程设计。

施工图设计：初步设计和扩大初步设计的基础上，完成各专业的施工图设计，确定工艺设备在车间的相对位置，管路安装部位等。

8.1 合成树脂车间生产工艺设计

8.1.1 合成树脂生产工艺设计的内容和步骤

（1）基本内容

根据设计任务书规定的树脂品种、生产规模，结合厂区的具体条件，选择合成方法和工艺路线，选择工艺设备、编制工艺设计说明书等工作。

（2）车间生产工艺设计步骤

① 根据设计任务书规定的树脂品种，选择合成方法和确定工艺流程；

② 根据生产规模，进行物料平衡计算和热量衡算；

③ 确定生产设备的规格、型号和数量；

④ 根据所定工艺流程和选择的设备，完成车间的工艺布置。

8.1.2 合成树脂车间生产工艺设计

（1）设计要求

① 年产 2000t 196# 不饱和聚酯树脂；

② 设计深度为扩大初步设计；

③ 196# 技术指标。

（2）生产工艺设计

1）生产方法和工艺流程的确定

不饱和聚酯树脂在复合材料工业中是一类重要而且广泛使用的基体材料。不饱和聚酯树

157

脂的生产方法，根据缩聚反应实施方法不同，可分为熔融缩聚法、溶剂共沸脱水法、减压法等多种。

①熔融缩聚法：用醇、酸直接熔融缩聚，除加入反应物料外，不加其他物料，利用醇水的沸腾差，结合惰性气体的通入，使反应生成水分离出来。此法设备简单，生产周期短。

②溶剂共沸脱水法：在缩聚反应过程中加入溶剂（如甲苯、二甲苯），利用甲苯和水的共沸点较水的低，将反应生成水迅速带出反应物，促使缩聚反应完成。优点是反应比较平稳，易掌握，制品颜色较浅，但需安装一套分水回流装置。反应过程因有甲苯，应适当注意防火。

③减压法：在缩聚反应进行到 $\frac{2}{3} \sim \frac{3}{4}$ 时，抽真空减压脱水，减压速度为 10min 真空度提高 100mmHg，直到真空度达 600 ~ 700mmHg 为止。待反应物料酸值达到要求时停止反应。此法树脂含水量较少，分子量较大。

比较上述方法的优缺点，采用减压法合成196#不饱和聚酯树脂。

此外，在196#不饱和聚酯树脂合成过程中，还有投料方式的选择问题。合成树脂所用原材料有液体物料和固体物料两种。

液体物料目前工厂有两种投料方式。一种是通过高位槽计量直接投料，另一种是通过齿轮泵将液体打入计量槽后，通过计量槽投料。后者比较准确，本设计采用第二种方法。

固体物料投料方法也有两种。一种是直接投入反应釜，第二种是把固体料熔融为液态，再通过计量槽投料。前者比较经济、实用、设备简单，本设计采用第一种方法。

在196#树脂的合成过程中，因投料的时机不同，又分为"一步法"和"二步法"。"一步法"生产是指生产过程中原料按配比在反应初期，一次投料合成树脂。"二步法"是指原料、单体分两批投入反应釜，如首先将二元醇和苯酐投入反应釜，在酸值为 90 ~ 100 时，再投入顺酐到反应终点。实践证明，在条件相同的情况下，"二步法"生产的树脂热变形温度及其他物理性能优于"一步法"，故本设计采用"二步法"。

2）生产设备的选择

合成树脂所用的生产设备主要有反应釜、稀释釜、搅拌器、电动机、真空泵、风机、冷凝器等设备。

①反应釜和稀释釜

反应釜和稀释釜的选用主要是根据生产规模确定反应釜和稀释釜的大小、规格与型号以及辅助设备的规格与型号。

目前，反应釜主要有搪玻璃反应釜和不锈钢反应釜两类。搪玻璃反应釜耐腐蚀、价格低，但不能耐高温，一般其最高温度不超过150℃，而合成树脂的温度要超过200℃，故此类反应釜不能使用。不锈钢反应釜，耐腐蚀、耐高温，但造价高。目前合成不饱和聚酯多采用不锈钢反应釜，而稀释多采用搪玻璃反应釜，以降低设备投资。

根据物料衡算，年产2000t 不饱和聚酯树脂车间，反应釜可选用 5000L 不锈钢釜，稀释釜用 7500L 搪玻璃反应釜可满足使用要求。

② 搅拌器

在化工合成中，通常使用的搅拌器有桨式搅拌器、框式搅拌器、涡轮搅拌器多种类型。在合成树脂生产中，多选用框式搅拌器（也称锚式搅拌器），底部形状和反应釜下封头形状相似，而框架几何直径一般取反应釜直径的 $\frac{2}{3} \sim \frac{9}{10}$，线速度为 0.5～1.5m/s，转速为 50～70r/min。

③ 冷凝器

在合成树脂的工业生产中，要用到分馏冷凝器和卧式冷凝器。

最常用的分馏冷凝器有塔板式分馏柱和填料式分馏柱两类。前者结构复杂、造价高；后者结构简单，易制造。目前合成树脂厂多采用填料式分馏冷凝器。

常用的卧式冷凝器有列管式换热器、螺旋板式换热器、板翅式换热器等。而合成树脂厂目前多采用列管式换热器。列管式换热器又分为固定管板式换热器、浮头式换热器、填函式换热器、U 形管式换热器等。其中固定管式换热器结构简单，造价低。根据合成树脂的工艺特点采用固定管式换热器较好。

对于稀释釜所用冷凝器，其主要作用是防止苯乙烯挥发，因此选用一个直立式冷凝器即可。

④ 加热方式

反应釜和稀释釜的加热方法通常有蒸汽加热和电加热。蒸汽加热需要高压锅炉，所需的蒸汽压力较大，但热效率较低。电加热设备成本高，操作费用高，但由于采用热油加热法，热效率较高，生产周期短。热油加热法又分为循环油加热法和非循环油加热法。一般容积较大的反应釜采用循环加热法，有利于消除反应釜夹套内的温度梯度，使物料受热均匀，提高产品质量。对于小反应釜，采用非循环加热法即可以满足使用要求，并降低设备投资。

由于本设计采用 5000L 反应釜，因此选用循环油加热法来满足使用要求。

⑤ 其他设备

在合成树脂过程中，还需要一些其他辅助设备，如真空泵、风机、管路等。

3）196# 不饱和聚酯树脂配方设计及物料衡算（见第 5 章）

4）196# 树脂生产工艺方案确定

5）196# 树脂合成工艺参数确定及质量检测

6）车间安全技术和劳动保护措施

7）车间工艺布置

① 车间厂房的整体布置

厂房布置的方法通常有集中式和分离式两种。前者占地面积小、运输线短、降低施工费用，适用于中小车间。分离式占地面积大、运输线长、造价高，适用于大型车间有危险制品的生产。本树脂车间的设计，由于工艺特点的要求，采用多层建筑，生产和辅助区分离布置。这种方案在建筑上较为合理，目前多数树脂车间均采用这种形式。

② 厂房的平面布置

厂房的平面布置取决于生产工艺流程，不饱和聚酯树脂车间工艺流程图如图 8-1 所示。根据不饱和聚酯树脂合成车间要求厂房面积小，布置要集中的特点，常采用混合式平面布置。

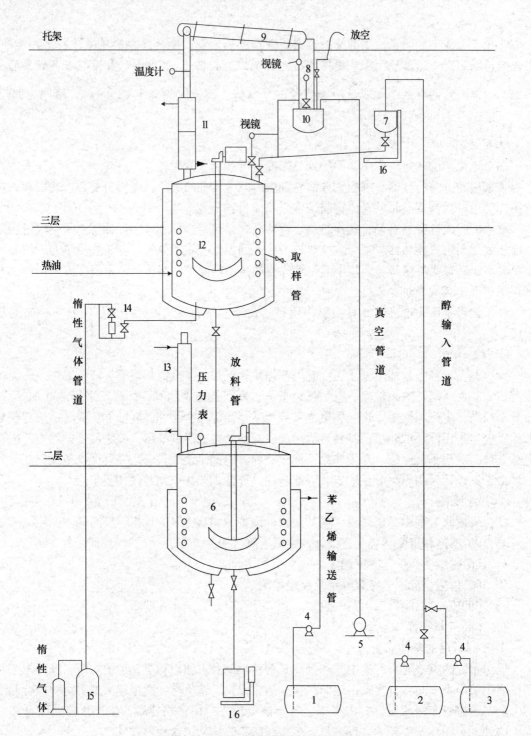

图 8-1　不饱和聚酯树脂工艺流程图

1—苯乙烯贮罐；2—丙二醇贮罐；3—乙二醇贮罐；4—泵；5—真空泵；6—稀释釜；
7—醇计量罐；8—压力表；9—卧式冷凝器；10—缩水缸；11—分馏柱；
12—反应釜；13—立式冷凝器；14—转子流量计；15—缓冲罐；16—秤

③厂房柱网布置和跨度

根据不饱和聚酯树脂的生产工艺要求，采用 6m×6m 的柱网比较适宜，既符合多层厂房的建筑要求，又符合生产工艺要求。

④生产厂房的空间布置

厂房的空间布置是指厂房的层数、层高确定。合成不饱和聚酯树脂厂房层数一般为三层，层高以满足采光和设备的安装、正常运输为前提。不饱和聚酯树脂车间立面布置图如图8-2 所示。

⑤厂房建筑面积的确定

不饱和聚酯树脂厂房设计为多层建筑，每层建筑面积都相等。因此，多层厂房面积由安排设备最多的一层决定。以合成树脂的工艺流程特点来看，所设计的多层建筑厂房，可分为合成区面积、稀释区面积、成品区面积等。

⑥厂房各层楼主要设备布置

根据树脂合成工艺方案，设备的布置方案如下：

三层楼主要有反应釜、卧式冷凝器、电葫芦、电梯和两个计量槽，以反应釜为中心布置。

二层楼主要有稀释釜、电葫芦、电梯，以稀释釜为中心布置。

一层主要有磅秤、电葫芦、电梯等。

8.1.3　对非工艺专业的设计要求

（1）土建设计

①建筑物的防火等级按甲级考虑；

②建筑物的等级，考虑到使用年限按二级考虑；

③车间厂房建筑模数应符合国家制订的《建筑统一模数制》；

④建筑物结构采用多层建筑结构形式。

（2）供电

车间的用电分为生产用电和照明用电，都由厂里供电系统负责供电，除控制线路外，其他动力线、照明线路均由厂电工房负责安装。

（3）生产设备采购和安装

凡有标准条列的各种机械、电气等设备均由工厂供应部门负责购买，并由工厂统一安排，设备部门负责安装，在安装调试过程中有设计人员参加。

（4）给排水

车间用水包括生产用水和生活用水。生产用水主要是反应釜冷却水、冷凝器用冷却水和真空泵用冷却水等。生活用水是指饮用水和浴室用水等。生产用水可循环使用，生活用水可直接排入下水道。

8.1.4　车间生产协作问题

（1）车间设备保全、维修

车间设有设备保全室，负责车间设备的维修和保养，保证生产正常运转，如出现设备损坏或需要大修时，由厂机修车间负责维修。

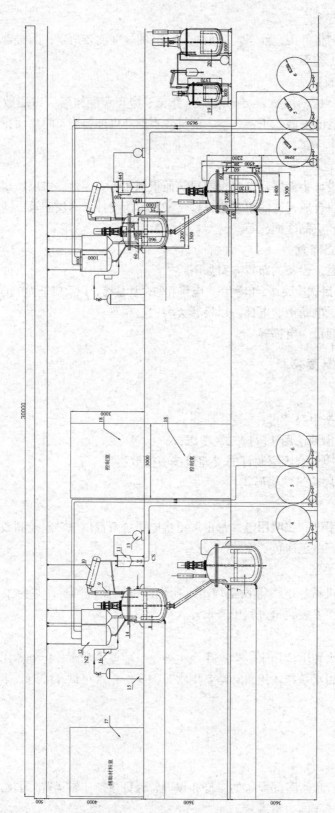

图8-2 不饱和聚酯树脂车间立面布置图

1—苯乙烯输送泵；2—丙二醇输送泵；3—乙二醇输送泵；4—苯乙烯贮料罐；5—丙二醇贮料罐；6—乙二醇贮料罐；7—稀释釜；8—反应釜；9—分馏柱；10—卧式冷凝器；11—缩水缸；12—物料计量罐；13—真空泵；14—法兰；15—氮气罐；16—转子流量计；17—辅助材料室；18—控制室；19—中试用反应釜；20—中试用稀释釜

162

（2）原材料购买和检测

原材料购买由厂供销部门负责。检验由厂检验部门负责。对不合格的原材料则令退货处理。车间保存有短期生产用原材料。

（3）产品销售

车间生产的产品由销售部门统一安排销售，车间也可协助作相关预算。

8.2 卷管生产工艺设计

卷管工艺包括预浸料生产、卷管和后加工三个工段。

8.2.1 预浸料生产工艺设计

（1）玻璃布脱蜡

脱蜡处理工序是去除玻璃纤维表面的油蜡浸润剂，以利于纤维与树脂结合。目前国内外脱蜡的方法主要有用溶剂或表面活性剂洗涤的清洗方法和用加热灼烧的热处理法两种，国内通常采用热处理法。

热处理以灼烧温度的高低、车速的快慢，分为高温高速、中温中速和低温低速三种处理制度，其主要技术参数及优点见表8-1。

表8-1 玻璃布热处理与车速

类 型	温度（℃）	车速（m/min）	优缺点
高温高速	450～520	20～28	效率高、磨损大、强度损失较大
中温中速	400～450	16～20	效率较高、磨损较大、强度损失稍大
低温低速	340～400	12～16	效率低、磨损小、强度损失小

脱蜡处理工序的生产效率必须满足卷管车间预浸料的需求量，因此多采用高温快速热处理制度。

热处理又以热源种类的不同分为燃气灼烧和电热灼烧两种。电热灼烧处理法容易控制，产品容易稳定，但电能耗大，成本高。两种方式目前国内均有采用，设计中应据当地情况而定。

以电加热灼烧为例，热处理炉的长度一般为2000～3000mm，处理质量通过调节炉和车速实现。宽度＝布幅＋耐火砖厚＋保温层厚。上下电热元件间距250mm，总功率50～55kW。

脱蜡设备台数按下式计算：

$$I = \frac{\theta K_1}{1440 \theta_1 K_i} \tag{8-1}$$

式中　I——脱蜡设备需用台数；

　　　θ——浸胶工段24h所需布的最大量（m/24h）；

　　　θ_1——热处理的车速（m/min）；

　　　K_1——脱蜡玻璃布的储备能力，一般取1.2；

　　　K_i——设备利用系数，三班制取0.8，二班制取0.6，单班制取0.3。

（2）玻璃布浸胶

胶布的主要质量指标有含胶量、不溶性树脂含量和挥发分含量。根据树脂种类的不同，胶布的质量指标也有所不同。例如，616 酚醛树脂玻璃胶布指标：含胶量 32% ±3%；不溶性树脂含量 45% ±2.5%；挥发分含量 <5%。环氧酚醛树脂胶布：含胶量 33% ±3%；不溶性树脂含量 5% ~30%；挥发分量 <3%。

1）浸胶机选型

卧式浸胶机适用于牵拉强度较弱的材料，设备较长，占地面积大。但厂房高度小，建造、检修方便，胶布上胶量分布均匀，气流速度容易控制。为了烘箱内热风气流分布均匀，需要有热风布送装置（如热风箱、送风管等），同时还装有循环风机和排气管等，使布风速以 3 ~4m/s 较为适合，并把干燥过程中所产生的废气排到烘箱外面，加快干燥速度，改善操作环境。卧式浸胶机的烘箱通常用砖砌成，造价低廉。

立式浸胶机一般用以浸渍牵拉强度较高的材料。立式浸胶机占地面积小，但厂房较高，一般为 7.5m 高，有的高达 12 ~13m。塔身越高，热量的利用越好。塔身能造成气流的自然流动，不必设热风布送系统，同时废气的排放也较方便。烘箱内的温度下低上高，为了充分利用热量，须用鼓风机将上部热气循环送入烘箱底部。不过胶液在布面纵向易流，产生胶量分布不均的问题，而且随胶液黏度的降低和含胶量的提高加剧。另外，立式浸胶机烘箱多采用钢结构外加保温材料，造价较高。

2）烘箱温度分布

卧式浸胶机与立式浸胶机在烘箱温度的分布上不同。卧式浸胶机的烘箱温度分布大致分成三段：胶布进口处为第一段，为 110℃ 左右；烘箱中部为第二段，温度稍高，约为 130 ~150℃；胶布出口处为第三段，温度比第一段还要低些，应在 100℃ 以下。立式浸胶机烘箱温度分为上、中、下三段：底部温度 30 ~60℃；中部 60 ~80℃；顶部温度最高为 85 ~130℃。

胶布进入烘箱后，温度逐渐升高，胶布表面及内部的溶剂、挥发物等能充分除去，而且树脂由 A 阶段转变为 B 阶段的变化也比较均匀、缓和，出口温度低些，目的是使聚合反应缓和下来，使胶布冷却。烘箱温度不宜太高，烘焙速度不宜太快。当温度过高时，胶布表面会出现小泡；温度过低时，车速过慢，会影响产量。

3）烘箱加热方式

烘箱加热有蒸汽加热和电加热两种方式。蒸汽加热又有蒸汽管直接加热和循环热空气加热两种。循环热空气加热，是将高压蒸汽经散热的热量用鼓风机送入烘箱，这种加热形式的温度容易控制，并且较为安全。电加热是用装有镍铬电热丝的电热管进行加热，电热丝不与烘箱内易燃废气接触。也有以蒸汽加热为主并辅以电加热的混合加热方式。

4）设计烘箱供热时应考虑的因素

要使烘箱的温度制度满足设定要求，设计时应考虑以下因素：

① 单位时间内烘箱内玻璃胶布的数量由室温升至所需温度时所需的热量；

② 水分、溶剂及低分子物升温挥发等所需热量；

③ 废气所带走的热量；

④ 烘箱四壁向周围散失的热量等。

5）配胶

配胶有人工配胶和机械配胶两种方式。机械配胶适用于胶量大、胶液种类和黏度稳定的情况。机械配胶是在搅拌釜内进行的，配制好的胶液输入储胶槽，再由储胶槽经管道输往胶槽。为防止输胶管路对生产操作的影响，应架空或经地下布置。

6）浸胶机台数计算

浸胶机所需台数按下式计算：

$$n = \frac{sf_1}{1440s_1f_2} \tag{8-2}$$

式中　n——浸胶机需用台数；

　　　s——卷管车间 24h 最大需胶布量（m/24h）；

　　　s_1——浸胶机的车速（m/min），如环氧酚醛浸胶车速一般为 $1.7 \sim 2.5$m/min；

　　　f_1——允许玻璃布的储布能力，库房有降温设备时取 1.2，无降温设备时取 1.1；

　　　f_2——设备利用系数，三班制取 0.8，二班制取 0.6。

7）胶布收卷与储存

胶布出烘箱后应尽快冷却方可收卷，不然收卷起的胶布将因温度过高、热量难以散出而粘边，还易发生不溶性树脂含量过高而失效。特别是夏天，上述问题尤为严重。因此，大多企业采用了强制冷却的方法。目前最好的强制冷却方法是将收卷装置置于冷气房中。

胶布的储存库房也应通冷气，并且便于运输。

8）目前常用卧式浸胶机的主要尺寸（图 8-3）

宽度 = 玻璃布幅宽 + 300 + 黏土砖箱壁厚 + 保温层厚

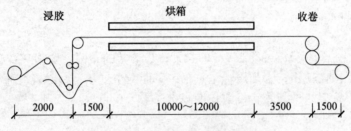

图 8-3　卧式浸胶机的主要尺寸图示

8.2.2　卷管工艺设计

卷管工段分为卷制、固化、脱管三部分。

（1）卷管机选型

卷管是在原来绝缘材料行业卷制绝缘管的基础上发展起来的，随着复合材料卷管工艺的发展，目前已有许多改进的新型卷管机。

1）ZG_3 型卷管机

该种设备是卷制管状玻璃钢制品的典型设备。用该种卷管机卷管的工艺示意图如图8-4所示。

ZG_3 型卷管机的主要技术指标如下：

卷管最大直径 200mm；

卷管最小直径 20mm；

卷管最小长度 1600mm；

卷管速度 $3 \sim 7$m/min；

支承辊中心距 $182 \sim 340$mm；

工作温度 170℃。

其主要特点是：只能卷制短管，前支承辊是热辊，胶布纵向使用。

2）大型卷管机

大型卷管机的工作原理示意图如图 8-5 所示。

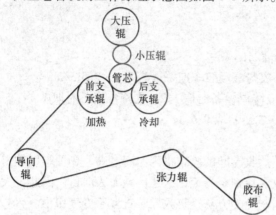
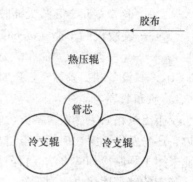

图 8-4　ZG₃型卷管机卷管工艺示意图　　　图 8-5　大型卷管工作原理示意图

该种卷管机的主要技术指标如下：

卷管直径（外径）50~1000mm；

卷管长度 6000mm；

卷管速度 2~5m/min。

该类卷管机的主要特点：可卷制 6m 的长管；玻璃布的布幅一般为 900mm，故在该类大型卷管机上胶布是横向使用；上加压辊是热辊，下面两个支承辊是冷辊，通冷水冷却。

为减少管道接头多采用长管，目前长度规格通常为 6m。

（2）辊筒加热

不管哪种型号的卷管机，都有一个辊筒是热辊。热辊加热有电加热和油加热两种方式。油加热的热辊温度均匀，但加热系统复杂；电加热的辊筒温度没有油加热均匀，但结构简单，容易调节。

热辊温度按树脂种类、胶布质量不同而不同。卷制环氧酚醛管时，温度控制在 80~100℃；卷制酚醛管时，温度控制在 90~120℃。因此，热辊温度应在 70~130℃范围内可调。

（3）芯模预热

为了使胶布顺利粘贴到芯模上，芯模必须预热。

1）芯模预热温度

芯模预热温度因胶的种类不同而有差异，一般控制在 50~80℃。

2）芯模预热炉

芯模预热炉为一扁平低温炉，芯模托架高度尽量与卷管机支承辊上沿相平；炉腔高度为：最粗芯模的外径 +100mm；炉腔长度由预热芯模根数确定；预热炉位置应与卷管机平行布置，在保证卷管操作的前提下尽量靠近卷管机。

3）预热炉内芯模数量的确定

预热炉内芯模数量按下式计算：

$$n = K\frac{T_1}{T_2} \tag{8-3}$$

166

式中　　n——预热的芯模数量（根）；

　　　　T_1——芯模由室温升至规定预热温度的时间（min），与芯管直径、芯模壁厚室温和规定预热温度的高低有关。例如 F105mm、壁厚 5mm、室温 20℃、要求预热温度为 90℃ 的芯模而言，T_1 可取 10～12min。其他情况下参照此数据经验选取；

　　　　T_2——卷管周期（min）。此参数与卷管速度、管径、管的壁厚及上辊筒升降速度等有关。例如 F105mm、壁厚 5mm 的玻璃钢管，T_2 可取 3.5～4；

　　　　K——系数，一般取 10。

［例］某厂需生产 F105mm、壁厚 4mm、长 6000mm 的玻璃钢管，试确定预热炉内芯模根数。

据上述原则和经验，T_1 取 11，T_2 取 4，K 取 10，故：

$$n = 10 \times \frac{11}{4} = 27.5$$

取 28 根。

4）预热炉宽度确定

$$\text{预热炉宽度} = \text{芯模直径} \times \text{预热芯模根数} + 300\text{mm}$$

5）预热炉加热方式

预热炉采用电加热或蒸汽加热。预热炉外壁用保温材料予以保温。

（4）固化炉的计算

1）固化炉的尺寸（内径）

固化炉长度计算：

$$L = L_车 + L_1 + 2L_2 \tag{8-4}$$

式中　　L——固化炉内腔长度；

　　　　$L_车$——架子车长度（mm）；

　　　　L_1——为使炉内温度均匀而设立的均化装置的间距，一般风叶式为 250mm；

　　　　L_2——前后应留的安全间隙，一般取 200mm。

固化炉宽度计算：

$$B = B_1 + B_2 + B_3 \tag{8-5}$$

式中　　B——固化炉宽度（mm）；

　　　　B_1——架子车的宽度，一般为 1600～2000mm；

　　　　B_2——加热装置所占宽度，电加热取 120mm，蒸汽加热取 150～200mm；

　　　　B_3——安全间隙，一般取 150～200mm。

固化炉的高度为安装、检修方便，一般控制在 1900～2100mm。炉顶既可为平顶，也可为拱顶，拱顶的弦高一般取 200～300mm。

固化炉可用黏土砖砌筑，外壁保温砖，尽量减少热量耗散。

上述固化炉尺寸的确定是对 6000mm 那样的长管而设计的，对于 2000mm 以下的短管，通常在固化炉中横向放置。

2）固化炉台数确定

根据劳动组织、质量管理方面的考虑，每台卷管机每个台班都有自己专用的一台或两台固化炉。因此，固化炉台数一般是卷管机台数的整数倍。例如：某卷管车间有两台卷管机，实行两班制，则该车间固化炉台数应是 4 的倍数，应设计 4 台或者 8 台。

3）固化炉功率计算

供给固化炉的能量应满足固化温度制度的要求，设计时应考虑以下因素：

① 投入固化炉内胶布的数量，它们影响室温升至最高固化温度时所需热量；

② 投入固化炉内模具和架车的总质量，它们影响室温升至最高固化温度时所需热量；

③ 固化炉炉壁、炉门散失的热量。

4）固化炉加热方式

固化炉可采用电加热和蒸汽加热共用的混合加热等方式。当固化温度较低时，可以单独用蒸汽加热。不管选用哪种加热方式，应保证温度调节的方便性和准确率。

（5）脱管

脱管机有液压传动脱管机、机械传动脱管机和气动卡盘式脱管机。通常脱管机台数与卷管机台数相同即可满足生产要求。

（6）芯模数量确定

① 对于固化周期小于 16h，本台班前一天生产的玻璃管，自己脱管后，原则上仍用前一天用过的芯模卷制新管。目前通常应用的树脂种类、管壁厚度等所决定的固化周期均小于 16h，上述情况是满足的；

② 需预热的芯模根数：每台预热炉需预热芯模数×台数；

③ 卷管工段班制数：卷管工段一般实行二班制，一班制和三班制只在个别企业实行；

④ 芯模检修量一般按 10% 计算。

综上所述，芯模用量可按下式计算：

芯模总用量（根）=（每班台卷管机产量×台数×班制数+每台需预热芯模根数×台数）×1.1

［例］某厂用两台卷管机生产长 6000mm 的 F105 玻璃钢管，实行二班制，每班台产量 100 根，预热炉预热 25 根芯模，计算该厂保证正常生产时所需芯模总根数。

据上式计算芯模总数 $n = (100 \times 2 \times 2 + 25 \times 2) \times 1.1 = 495$

即该车间要满足生产，需用 495 根芯模。

（7）胶布日用量计算

卷长管时胶布的用量按下式计算：

$$L_{日总} = \frac{\pi(D + t_{壁})\dfrac{t_{壁}}{t_{布}}}{B}(L_{管} + L_{切})\theta_日(1 + K) \tag{8-6}$$

式中　$L_{日总}$——胶布每天总用量（m）；

　　　D——管径（m）；

　　　$t_{壁}$——管的壁厚（m）；

　　　$t_{布}$——胶布厚度（m）；

　　　B——胶布幅宽（m）；

　　　$L_{管}$——玻璃钢管成品长度（m）；

　　　$L_{切}$——两端切头的总长度（m），一般为 0.3m；

　　　$\theta_日$——日产量（根）；

　　　K——胶布损耗率（一般取 5%）。

［例］某厂卷管车间承接了生产管径为 5 英寸、壁厚 5mm、长为 6m 玻璃钢管的任务，2

台卷管机二班制的日产量为 400 根，选用中碱幅宽 900mm、厚度 0.15mm 的人字纹（或部分用平纹）玻璃布做增强材料，计算每日胶布的用量。

据上式：

$$D = 2.54 \times 5 \times 10^{-2} = 0.127 \text{（m）}$$

$$t_{壁} = 5.0 \times 10^{-3} \text{（m）}$$

$$t_{布} = 0.15 \times 10^{-3} \text{（m）}$$

$$B = 0.9 \text{（m）}$$

$$L_{管} = 6.0 \text{（m）}$$

$$L_{切} = 0.3 \text{（m）}$$

$$\theta_{日} = 400$$

$$\therefore L_{日总} = \frac{3.14 \times (0.127 + 5.0 \times 10^{-3}) \times \dfrac{5.0 \times 10^{-3}}{0.15 \times 10^{-3}}}{0.9} \times (6.0 + 0.3) \times 400 \times 1.05 = 40619 \text{（m）}$$

要满足上述给定的生产要求，该车间每天需用 40619m 浸胶玻璃布。若浸胶工段实行三班制作业，每个班应提供合格胶布的数量是 13540m。

（8）卷管工段辅助设备

1）吊运用电葫芦

生产小尺寸玻璃钢管可用人力搬运，但生产大尺寸玻璃钢管时必须设计搬运设备，电葫芦是较好的吊运方式。每台卷管机最好配备两台电葫芦。一台用来将芯模由脱管机处吊运到预热炉；另一台用来将卷制完毕后将芯模吊运到固化车上。

2）半成品玻璃钢管运输车

每台卷管机通常配备四辆运输车。两辆做未固化管运输车，一辆做已固化管运输车，一辆做脱出管运输车。

8.2.3　玻璃钢管后加工

（1）玻璃钢管后加工的内容

脱模后的玻璃钢管，通常需经过后加工工序：切割、车削、打磨、烘干、粘管头、固化、检测、表面涂装、包装、入库。

（2）后加工工段的工作制

具体根据加工工段设备的工作能力，该工段可采用单班工作制。

（3）切割机前的毛管堆场

切割机前的毛管堆场应堆放一个台班卷制的管子，堆场间距一般为 3～3.5m。宽度由管子长度或设备长度决定。

（4）烘干

切削打磨之后，粘结管接头之前，管子需要进行烘干处理，除去切割面上的水分，以利于粘结。在 80℃下烘干 25～30min，基本达到烘干目的。切削的加工速度约为 1.2min/根。

（5）管接头的处理

玻璃钢管通常在管端粘上钢制管头来连接玻璃钢管。钢制管头需进行处理方可牢固粘结。

（6）粘结剂及固化生产设计

为保证胶层有足够的粘结强度和韧性，生产上多采用环氧——聚酰胺胶粘结剂系列。为了减少占地面积和减少热量散失，生产设计多采用塔架放置。

（7）检测设计

1）一次检测操作检测玻璃钢管根数

$$n = \theta_日 \div \frac{60 \times 8 \times K}{t_周} \qquad (8\text{-}7)$$

式中　$\theta_日$——日产量（根）；

　　K——时间利用系数，一般取 0.85；

　　$t_周$——检测周期，5 英寸为 5min。

以 $\theta_日 = 400$ 计，

$$n = 400 \div \frac{60 \times 8 \times 0.85}{5}$$

$$= 4.9 \text{根（取 5 根）}$$

2）检测设备

检测设备有水压机、注水器和压力表等。检测压力为工作压力的 1.25 倍，压力表最好工作在量程的 75% 处，故压力表的量程应为 1.67 倍工作压力。

（8）涂装

1）操作场地长度（面积）

在此完成配料、喷涂等操作。

涂装的场地长度 = 管长 + 辅助长度（操作长度的 25% ~ 35%）

2）烘干

涂装后需进行烘干处理。烘箱温度以所用涂料种类而定。烘干加热方式为电加热或蒸汽加热，以蒸汽加热最安全。设计电加热时必须用电热管间接加热，以防溶剂被点燃。

（9）包装

玻璃钢管的包装是两端罩上草包后用稻草绳将草包与玻璃钢管捆扎牢固。捆扎过程由捆扎机完成。

包装场地总长度 = 生产长度 + 辅助长度 + 堆场长度

生产长度 = 设备所占长度 + 操作长度

辅助长度可按生产长度的 25% ~ 35% 计。

堆场长度 = 未包装管子堆场 + 包好待运管堆场

（10）后加工工段宽度确定

1）加工 6000mm 长管子的设备最大的为 7m，故将设备所占宽度定为 7m。

2）设备距墙间距

该间距便于工人生产操作和设备检修，通常设定为 1000 ~ 1200mm 即可满足要求。

3）通道宽度

通道是供运送原材料、零部件及检修设备之用，通常设定为 1500 ~ 1750mm。

8.2.4　卷管车间工艺布置

（1）脱蜡工段工艺布置设计应考虑的因素

1）采用电加热时，应保证抽换电热管的进行。处理幅宽 900mm 玻璃布，电热管长度为 1400mm。

2）操作间距一般为 800～1000mm，从安全角度考虑取 1000mm。

3）未处理玻璃布堆场 $= \dfrac{\text{台班处理量（m）}}{\text{每平方米堆放量（m）}} \times 1.5$，台班处理量 $=$ 车速（m/min）$\times$

480×0.85，每平方米面积堆放量取 3000m。

4）运输通道宽度取 1800mm。

5）非操作处的设备周围应留 700mm 间距，以便于设备安装和清扫。

6）应有充分的排气系统，烟气应排于 10m 以上高空。

7）该工段应布置于下风方向。

（2）浸胶工段工艺布置设计应考虑的因素

1）浸胶机的上料端应留运输通道，通道宽度取 1800mm，收布端也应留运输通道，该通道应适当宽些，通常设计为 2000～2200mm。

2）浸胶工段布置多台浸胶机时，布置方案应考虑以下因素综合分析：

① 满足抽换电热管操作要求，电热管长 1400～1500mm；

② 柱子不应妨碍胶布的运输，柱子基础也不能妨碍烟道布置；

③ 烟道布置应尽量减少阻力，便于检修等；

④ 柱距应尽量满足建筑模数制。

3）配料车间面积按每台浸胶机 3.5～4.0m² 计算。

4）应考虑烟气抽气机，溶剂回收设备的安放位置。

5）辅助设施：

① 化验室 8～12m²；

② 车间办公室 10～14m²；

③ 劳保用品库 6～8m²；

④ 男、女更衣室各 12～16m²。

（3）脱蜡、浸胶车间平面布置（图8-6）

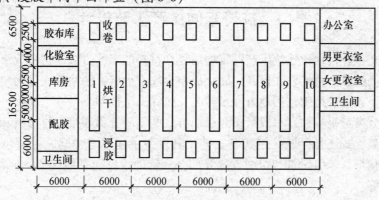

图 8-6　脱蜡、浸胶车间平面布置

（4）卷管工段工艺布置设计应考虑因素

1）卷管上布操作间距 1600～1800mm。

2）卷管工操作间距（即卷管机外缘与芯模预烘炉外缘间距）一般控制在 1800～2200mm，过小操作不开，过大增加芯模搬运距离。

3）未固化管运输车尺寸为 6400mm×1200mm，两辆并排放置于卷管机长度的延长位置，卷管机端部距离保持 2000～2500mm。

4）对于较长玻璃钢管，为防止运输、操作中芯模、管子等在车间平面内转动，各主要设备应按管子的长度方向平行布置。

5）脱管机端部与芯模预热炉端部边缘应保持 2500～3000mm 距离。

6）各辆运输车的运行不产生相互干扰。

卷制车间平面布置如图 8-7 所示。

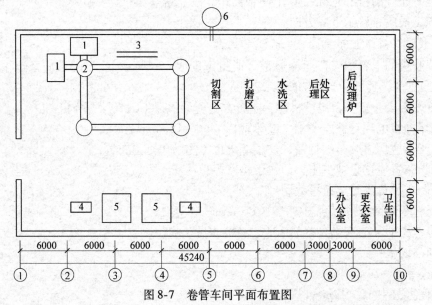

图 8-7　卷管车间平面布置图

1—固化炉，2 台，自行设计；2—轨道转盘，4 个，外购；3—轻型轨道，若干，外购；
4—预热炉，2 台，自行设计；5—卷管机，2 台，外购；6—除尘风机，外购

8.3　拉挤车间生产工艺设计

拉挤成型是一种自动化连续生产纤维增强复合材料的工艺方法，是将连续增强纤维进行浸渍后，牵引经过成型模具，在模具内固化成型为规定形状，脱模后成型为最终制品的加工方法。它区别于其他成型工艺的地方在于外力拉拔和挤压模塑。

拉挤设备分类有很多种，一般可按照牵引方式的不同分为履带式拉挤机和液压式拉挤机两大类。无论是立式还是卧式拉挤成型工艺，其设备主体基本相同。一般包括送纱架、胶槽、模具、固化炉、牵引设备和切割装置等部分。辅助设备包括搅拌器、切割机、切毡机、铣床、组装台等。

8.3.1　纤维与树脂物料计算举例

玻璃钢拉挤制品的设计自由度很大,除了可以设计产品的几何形状外,还可以对不同材料进行组合,得到不同的性能。即外形相同的两个拉挤产品,如果树脂种类、组成不同或增强材料的含量和相对位置不同,它们的机械和物理性能就有很大差异。

当制品的几何形状、尺寸、玻璃纤维和填料的质量含量确定后,玻璃纤维纱的用量可按下式计算:

$$\rho_{混} = \cfrac{1}{\left[\cfrac{W_t}{\rho_t} + \cfrac{(1 - W_t)}{\rho_R}\right](1 + V_g)} \tag{8-8}$$

式中　$\rho_{混}$——树脂和填料混合物密度（g/cm^3）;

　　　W_t——填料的质量分数;

　　　ρ_t——填料密度（g/cm^3）;

　　　ρ_R——树脂密度（g/cm^3）;

　　　V_g——树脂与填料混合物孔隙率。

如果混合物的孔隙率不知道,可以用下式计算:

$$\rho_{混} = W_{混} / V_{混} \tag{8-9}$$

式中　$W_{混}$——树脂和填料混合物质量（g）;

　　　$V_{混}$——树脂和填料混合物体积（cm^3）。

玻璃纤维体积百分含量按下式计算:

$$V_f = \cfrac{\cfrac{W_f}{\rho_f}}{\left[\cfrac{W_f}{\rho_f} + \cfrac{(1 - W_f)}{\rho_{混}}\right](1 + V_{gc})} \tag{8-10}$$

式中　V_f——玻璃纤维的体积含量（%）;

　　　W_f——玻璃纤维的质量含量（%）;

　　　V_{gc}——玻璃纤维、填料和树脂复合后的孔隙率;

　　　ρ_f——玻璃纤维密度（g/cm^3）;

　　　$\rho_{混}$——树脂和填料混合物密度（g/cm^3）;

拉挤制品所用纱团数按下式计算:

$$N = \cfrac{100 A \beta_f \rho_f V_f}{K} \tag{8-11}$$

式中　N——制品所用纱团数;

　　　A——制品截面积（cm^2）;

　　　β_f——玻璃纤维支数（m/g）;

　　　ρ_f——玻璃纤维密度（g/cm^3）;

　　　V_f——玻璃纤维的体积含量（%）;

　　　K——玻璃纤维股数。

纤维及织物与基材的配比:一般型材力学性能指标是由纤维和树脂基体本身的性能与两

者的配比组合来确定的，它要根据使用要求来设计，也与制品成型有关，比如实心棒材玻璃纤维质量含量为80%，加有连续毡的槽钢角钢等玻璃纤维质量含量为55%~65%。

例：用4800Tex的无捻玻璃纤维粗纱，拉挤直径10mm的圆棒，要求轴向弹性模量达到35GPa，其中纤维弹性模量 E_f 为72GPa，树脂弹性模量 E_m 为4.48GPa，纤维密度为2.54g/cm³，树脂密度为1.2g/cm³，求含胶量及纤维股数。

解：①求纤维、基体的体积含量 K_f，K_m

$$K_f E_f + K_m E_m = E_t$$

由 $E_t = 35GPa$，$K_m = 1 - K_f$（不考虑空隙率），则

$$K_f = 0.452, \qquad K_m = 0.548$$

②求质量百分比 λ_f，λ_m

由体积比与质量比之间的关系式，有

$$K_m = \frac{1 - K_v}{1 + \dfrac{\rho_m}{\rho_f} \cdot \dfrac{\lambda_f}{1 - \lambda_f}}$$

$$K_f = \frac{1 - K_v}{1 + \dfrac{\rho_f}{\rho_m} \cdot \dfrac{\lambda_f}{1 - \lambda_f}}$$

把 $K_v = 0$ 代入 K_f，K_m 值，求得

$$\lambda_f = 0.645, \qquad \lambda_m = 0.355$$

含胶量为35.5%

③ 每米制品纤维质量

$$W_f = \lambda_f W = \lambda_f \rho A L$$

式中：$\rho = K_f \rho_f + K_m \rho_m = 0.4528 \times 2.54 + 0.548 \times 1.2 = 1.8057$

$$A = \frac{\pi}{4} D^2 = 0.7854 cm^2, \qquad L = 100cm$$

$$W_f = 0.654 \times 1.8057 \times 100 = 91.47g$$

④每米4800Tex纱质量为4.8g

纤维股数 $Z = 91.474/4.8 = 19.05$

故可以取19股4800Tex纱来拉挤该型材。

8.3.2 质量控制与缺陷分析

（1）原材料的控制

工艺人员对原材料的质量特性要进行评价，主要包括：

①树脂：黏度、单体含量、酸值（分子质量）、反应性（凝胶时间、固化时间、放热峰温度）、外观（色泽、胶凝微粒、污染情况）。

②玻璃毡：面密度（g/cm²）、抗拉强度、胶粘剂含量。

③粗纱：支数、粘结剂含量、悬垂度、胶粘剂迁移、含水量。

④填料：粒度大小分布、含湿量。

⑤添加剂：引发剂、脱模剂、颜料等各种指定实验指标。

（2）中间材料的管理

中间材料主要是指配置好的树脂胶液和纱架引出的纤维增强材料，在成型工艺过程中材料状态的监控是非常重要的，其中包括：

① 树脂：黏度、反应性（凝胶时间、固化时间、放热峰温度）、填料的分散状态、污染程度、树脂环境温度、恒温浴温度稳定性。

② 玻璃毡：纤维的分布、面密度、宽度公差、污染状况、粘结剂的可溶性。

③ 粗纱：缠结情况、导纱通道上玻璃毛聚积、悬垂状况、浸渍状态。

④ 添加剂：分散状态、在树脂中的悬浮状态。

（3）工艺参数的监控

在成型过程中设定的主要工艺参数包括温度、拉挤速度和牵引力。通过对温度、速度、牵引力三个参数的设定和监测可以保证工艺的顺利进行。

（4）模具管理

模具是拉挤工艺中最重要的反应器与成型装置，所以模具的质量管理与监控非常必要。它可以从成型过程和制品的一些状况反映出来。模具的检查包括模腔粗糙度、合模精度、模具夹紧状态、模腔尺寸精度等，模具不用时要注意保养，正确存放。

（5）制品检验

质量检验人员必须按一定的检验标准对制品进行质量检验，对于存在的缺陷产生的原因进行分析，以防止再次生产不合格的制品。同时，根据型材的要求进行性能检测，并同标准进行比较，必要时进行原因分析，制定纠正措施，加强生产管理或进行更改设计等来保证制品性能，以满足规定的要求。

（6）拉挤成型过程中与制品设计中注意事项

① 拉挤成型为连续性工艺，增强材料应选择连续纤维束、布、毡或其他连续性织物；

② 拉挤工艺条件，应依据所选用树脂体系的工艺条件而确定；

③ 增强材料的质量百分含量应控制在 40% ~ 80% 之间。根据应用要求，对力学性能要求高的制品，采用较高的增强材料含量，反之则使含量少些；

④ 拉挤制品的壁厚应大于 2mm，对特殊要求的制品，可另加设计；

⑤ 拉挤制品在拉挤方向上强度高，而横向上强度低，属典型的各向异性制品，若要强化横向强度，亦可采用环向缠绕进一步加强。

（7）常用缺陷及改进方法

拉挤成型常见的缺陷及改进措施见表 8-2。

表 8-2　拉挤成型常见的缺陷及改进措施

现　象	可能的原因	改进措施
表皮粗糙	玻璃纤维量不足 树脂的固化剂选择不当 脱模不良	增加玻璃纤维 选择合适的固化剂 选择合适的脱模剂
内部开裂	固化反应速度过快、固化放热过高	调整固化剂用量或改变固化剂体系
表面松孔	树脂含量不足	增加树脂量，提高树脂的黏度

8.3.3　拉挤成型工艺中的影响因素与控制

在拉挤成型过程中，除了所选定拉挤成型设备、工艺方法和纤维取向是固定不变的，还有许多其他因素，如树脂基体的室温固化特性、成型工艺条件、引发剂和拉挤成型模温等，都会对其制品性能和质量好坏起到重要作用。

（1）树脂基体固化特性的影响

不饱和聚酯树脂通常采用过氧化物引发剂，一般有热固化工艺，即加热使树脂固化；另外还有室温固化工艺，即利用引发剂/促进剂之间的氧化/还原反应的方法固化树脂。前者所得制品的固化程度较高，不经后固化处理就具有较高的物理化学性能，而且生产效率高。后者有利于大型及异型制件在室温接触成型，一般需后固化处理，其生产效率不高。故应根据不同的成型工艺，选用相应的固化体系。

过氧化物引发剂都有一定的分解温度，引发剂用量确定时，温度对引发剂的分解速率、树脂的凝胶时间和放热峰温度都有显著影响。因此，在不饱和聚酯固化过程中，为减少因温度变化而对固化速度及其制品的体积收缩的影响，应选用适宜的引发剂体系。

（2）成型工艺条件的影响

拉挤成型是一种高效、快速（牵引速度一般为 $0.25 \sim 1.22 \text{m/min}$）的连续模塑成型工艺，要求其型材在离开模具（一般模具长度为 $0.45 \sim 1.5 \text{m}$）时应具有一定的纵向拉伸/弯曲强度，以保持拉挤成型的正常进行。

其中，型材的力学性能除与其增强材料的类型/含量有关外，在很大程度上还与基体树脂所达到的固化程度密切相关，故必须选用迅速达到高固化程度的热固化引发剂体系。

此外，在不饱和聚酯拉挤成型过程中，为使增强材料浸渍的树脂均匀，所用树脂又能适时凝胶，以减少其固化时因大量流胶而对型材质量的影响，并使型材在离开模具前具有高固化程度，仅选用一种具有一定分解温度和游离基浓度的引发剂，很难达到上述技术要求。因此，通常选用使树脂适时凝胶和迅速固化所需的热固化复合型引发剂体系。

（3）模具内加热温度的设置

为使型材具有优质表面与所需的理化性能，以达到在一定牵引速度下进行连续性生产的基本要求，针对不饱和聚酯/复合型引发剂的固化工艺特性，一般将模具分为加热温度不同的三个区段。

1）预热段

在不饱和聚酯/增强材料组合体进入预热段后，首先将此组合体预热至适宜的温度，由于其表层与内部温度相近，可使增强材料浸渍的树脂匀化，使后续的固化更加完全。同时，该组合体因热胀而产生的液压，可使之紧贴于模具表面，而使其型材的表面粗糙度降低。但是，如因预热段设置温度不当而使其液压不足时，将影响型材表面质量而易于发生碎落现象，故应设置适宜的预热段温度。

2）固化段

在黏稠状的（不饱和聚酯/增强材料）组合体经预热至一定温度而进入固化段后，便缩短了到达树脂凝胶点的升温时间。在固化段的加热温度下，可使与分解温度相匹配的复合型引发剂相继分解出不同浓度的游离基，使不饱和聚酯的凝胶点与放热峰都能在该区段内出现。借此，可使组合体从黏稠态经凝胶态、橡胶态，而迅速固化成具有一定力学性能的刚性型材。但是，如固化段温度设置不当，而使不饱和聚酯的凝胶点相继后移时，就会造成固化程度偏低而影响型材性能及拉挤成型的正常进行。如固化段设置温度过高，会使型材产生较大的内应力和收缩。因此，根据所用复合型引发剂体系的类型，选择适宜的固化段温度则至关重要。

3）离型段

当不饱和聚酯/增强材料组合体经固化段进入离型段后，由于在固化放热后出现不同程度的体积收缩，而使该组合体与模具表面分开，并使其间的摩擦力下降。因此，为进一步减少温差对型材的内应力及其体积收缩的影响程度，故应设置适宜的离型段温度。

（4）不饱和聚酯类型及其用量的影响

拉挤成型中所用的不饱和聚酯应具有对增强材料浸润性好的低黏度，为提高拉挤速度应具有能增加型材刚性的高玻璃化转变温度（T_g）及高反应活性。同时，型材的耐热、耐腐蚀、电绝缘、阻燃及耐候性等亦都基于不饱和聚酯的性能。

通常，当所用不饱和聚酯一定时，不饱和聚酯/增强材料组合体在预热段内因热胀产生的液压随所用增强材料含量的增加而升高，而该组合体在固化段内的体积收缩，则随其增强材料含量的增加而下降。因此，应结合对拉挤型材料理化性能的要求，及其对拉挤成型工艺的影响，对不饱和聚酯/增强材料组合体加以优化组合。

综上浅析，拉挤成型工艺的基本原则是如何控制该体系的固化工艺过程都能在模具的相应区段内完成。其中，选择适宜的树脂/增强材料组成与热固化复合型引发剂体系及对模具内三段加热温度的合理设置，都是关系到拉挤成型取得较佳效果的关键。对于热固化复合型引发剂体系的优选，则是其中的核心部分。

8.3.4　后加工

（1）A 级光洁表面技术

在原来的拉挤树脂系统的基础上，开发出了低收缩树脂系统和纤维系统相匹配，生产出表面光滑无孔隙，达到 A 级光洁表面的制品。

（2）表面外涂饰技术

一般拉挤制品在树脂液中配有颜料，成型后直接成为最终制品，但是一些对表面有特殊要求的客户往往提出外喷漆的要求，另外许多制品为了美观，也需要采用二次涂饰。

拉挤型材常使用内脱模剂，并在成型过程中在制品表面形成油膜，如不除去，则界面粘结效果差。具体表面处理的方法：先将表面用水砂纸打磨或用热洗衣粉水、丙酮、苯乙烯、油漆稀料等擦拭，把表面油膜去掉，再用灰腻子刮涂打磨平整。如果脱模剂中不含蜡、硅酯、硬脂酸，则可以直接进行二次加工。

8.3.5　拉挤车间设备布置举例

某拉挤车间平面布置图如图 8-8 所示。

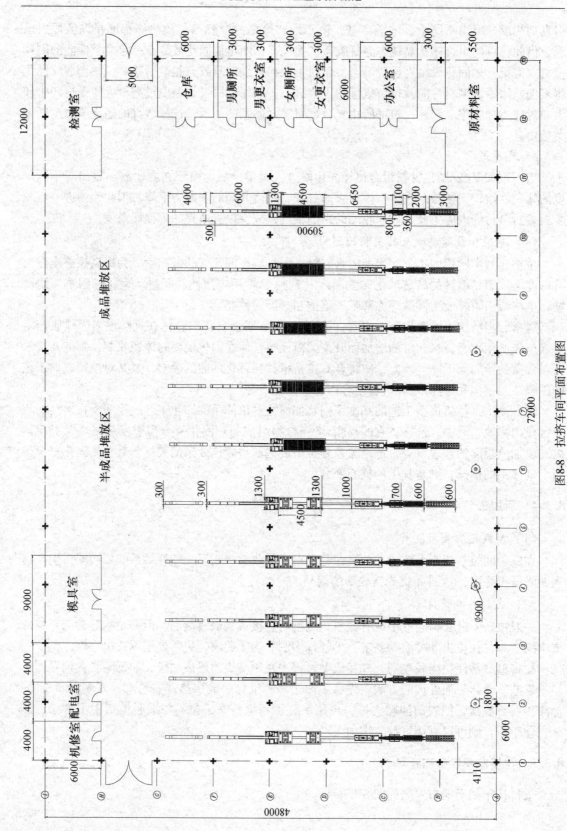

图8-8 拉挤车间平面布置图

① 车间主要设备有 10 条拉挤生产线，每条生产线之间留有一定的操作距离；

② 靠近拉挤区设有原料库；

③ 车间还布置有模具室、半成品堆放区、成品堆放区、检测室等；

④ 中间一条东西通道，方便物料和制品的运输；

⑤ 车间长 72m，宽 48m。

8.4　SMC 模压生产工艺设计

模压成型工艺是将一定量的模压料放入金属对模中，在一定的温度和压力作用下，固化成型制品的一种方法。在模压成型过程中需要加热、加压，使模压料塑化、流动充满模腔，并使树脂发生固化反应。

SMC 即片状模塑料，是用不饱和聚酯树脂、增稠剂、引发剂、交联剂、低收缩添加剂、填料、内脱模剂和着色剂等混合成树脂糊浸渍短切玻璃纤维短纱或玻璃纤维毡，并在两面用聚乙烯或聚丙烯薄膜包覆起来形成的片状模压成型材料。使用时，只需将两面的薄膜撕去，按制品的尺寸裁切、叠层、放入模具中加温加压，即得所需制品。

SMC 生产及 SMC 模压生产工艺主要包括 SMC 片材成型、SMC 片材稠化处理、SMC 制品模压和 SMC 制品后处理等几个阶段。

SMC 模压生产工艺操作处理方便、重现性好、作业环境清洁；能使玻璃纤维同树脂一起流动，可成型带有肋条和凸部的制品；制品表面光洁度高；生产效率高，成型周期短，成本低，易实现机械化和自动化。

8.4.1　SMC 片材生产工艺设计

SMC 片材可用手工预混和机械预混方法制备。手工预混适用于小批量生产，机械预混适用于大批量生产。表 8-3 为高强低收缩型 SMC 片材生产配方。

表 8-3　高强低收缩型 SMC 片材生产配方

配方	类型	用量	占总量百分比（%）	配比
不饱和聚酯树脂	邻苯二酸型	100	25	70%
填料	CaCO$_3$	140	35	
低收缩添加剂	热塑性聚合物	30	7.5	
引发剂	过氧化苯甲酰叔丁脂	1	0.25	
增稠剂	MgO	2	0.5	
内脱模剂	硬脂酸锌	4	1	
安定剂		适量		
颜料		适量		
玻璃纤维	短切中碱玻璃纤维	120	30	30%

片状模塑料的生产，从树脂糊的配制、输送和玻璃纤维的切割、成毡，直到毡片的浸渍、压实、收卷及切断，都可容易地实现连续进行。这一机组称为片状模塑料机组，如图8-9所示。

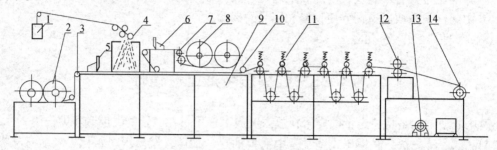

图 8-9　片状模塑料机组

1—无捻粗纱；2—下薄膜放卷；3—展幅辊；4—三辊切割器；5—下树脂刮刀；6—上树脂刮刀；7—展幅辊；
8—上薄膜放卷；9—机架；10—导向辊；11—浸渍压实辊；12—牵引辊；13—传动装置；14—收卷装置

具体工艺流程：下薄膜放卷，经下树脂刮刀后，薄膜上被均匀地涂敷上薄膜的一层经充分混合的树脂糊。当经过切割沉降区时，粗纱经切割后均匀地沉降于其上。承接了短切玻璃纤维的薄膜，在复合辊与以同样方式上了树脂糊的上薄膜复合形成夹层，夹层在浸渍区受一系列浸渍辊的滚压作用，使树脂糊浸透纤维。当纤维被树脂充分浸渍后，即由收卷装置收集成卷。成卷的片状模塑料经稠化处理后，即得可供使用的片状模塑料成品。

8.4.2　SMC 模压生产工艺设计

SMC 模压生产工艺流程如图8-10所示。

（1）装料量的估算

为提高生产效率及确保制品尺寸，需进行准确的装料量计算，但要做到这一点往往很难。一般是预先进行粗略的估算，然后经几次试压测出准确的转料量。装料量等于模压料制品的密度乘以制品的体积，再加上3% ~5%的挥发物、毛刺等损耗。

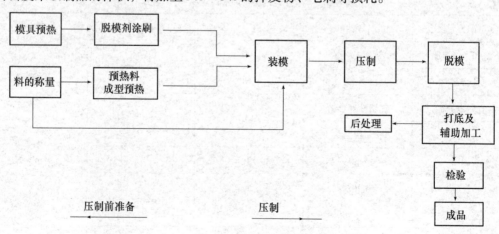

图 8-10　SMC 模压生产工艺流程

（2）模压工艺参数

在模压过程中，物料宏观上历经粘流、凝胶和固化三个阶段。微观上分子链由线型变成了网状体型结构。将模压料压制成合格制品所需要的适宜外部工艺条件就是模压工艺参数，生产上称为压制制度，它包含温度制度和压力制度。

1）温度制度

初期温度升高使热固性树脂黏度降低，便于模压料流动充满模腔。随温度升高，黏度增大，直至失去流动性变成不溶、不熔状态。在模压整个过程的各阶段所需要输入的热能是不同的。为便于控制，必须制定温度制度，具体包括装模温度、升温速度、最高模压温度和恒温、降温及后固化温度等。

2）压力制度

主要包括成型压力、加压时机和放气等。

成型压力的作用是克服其压料的内摩擦及物料与模胶间的外摩擦，使物料充满模腔，克服物料挥发物（溶剂、水分及固化副产物）的抵抗力及压紧制品，以保证精确的形状及尺寸。

加压时机指在装模后经多长时间、在什么温度下进行加压。合理选用加压时机是保证制品质量的关键之一。加压过早，树脂反应程度低，分子质量小，黏度低，在压力下极易流失，在制品中产生树脂集聚或局部纤维裸露。加压过迟，树脂反应程度过高，分子质量急剧增大，黏度过大、物料流动性很低，难以充满模腔，形成废品。只有在树脂反应程度适中，分子质量增大所引起的黏度增高适度时，才能使树脂和纤维一起流动，得到合格制品。最佳加压时机应选在树脂激烈反应放出大量气体之前。

由于装模和加压时温度接近成型温度，压制时间短，会生成大量的挥发性气体，如不采取适当放气措施，就易使制品产生气泡、分层等缺陷。因此，在快速压制工艺中都要采用放气措施，即加压初期，当压力上升到一定值后，随即卸压抬模放气，再加压充模，反复几次。

SMC 生产及 SMC 模压生产线如图 8-11 所示。

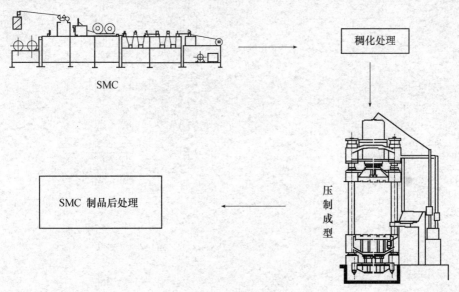

图 8-11　SMC 模压生产线

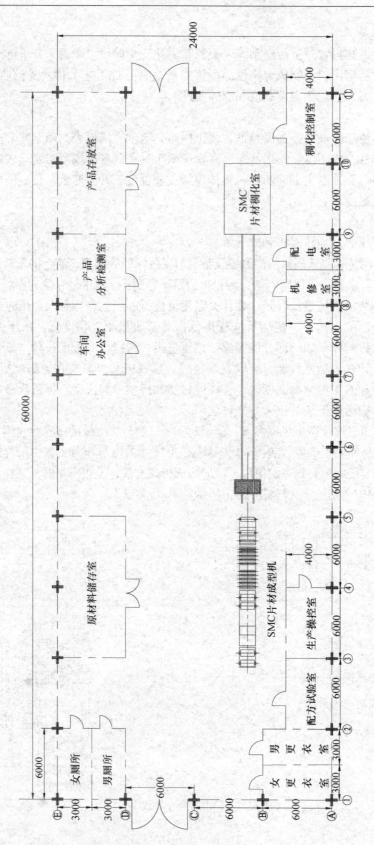

图8-12　SMC片材生产车间平面图

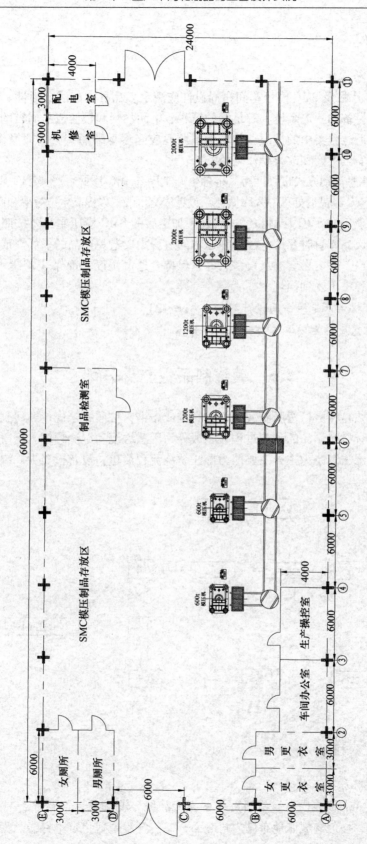

图8-13　SMC模压生产车间平面图

8.4.3 车间设计

（1）车间布局设计

较好的 SMC 片材及 SMC 模压车间布局设计应满足多品种生产的灵活性。在布置上考虑适当调整或增加设备的一定余地；有足够的原料、中间物料和模压成品周转的空间；要避免出现物料运输往返过分集中的情况；物料运输距离应当尽量缩短些，方便操作和配送管理，最大限度地确保安全生产和改善操作环境。

设计应采用水平流动方式布置厂房，将各生产工序（SMC 片材生产→SMC 片材稠化处理→SMC 制品模压→SMC 制品后处理→入库储存）设计成流水线，以提高生产效率和产品质量。

经过稠化处理后的 SMC 片材和经过后处理加工后的 SMC 模压制品要按照一定的数量堆好，包装后送入成品库暂时存放。注意在运输的过程中要避免产品的损坏。成品库的位置应该便于车辆的进出。库内设有通风设备，并且保持合适的湿度，确保 SMC 片材及 SMC 模压制品在存放的过程中不受到损坏。

（2）SMC 片材生产车间平面设计举例（图 8-12）

（3）SMC 模压生产车间平面设计举例（图 8-13）

8.5　缠绕制品生产及车间

缠绕成型工艺是将浸过树脂胶液的连续纤维或布带，按照一定规律缠绕到芯模上，然后固化脱模成为复合材料制品的工艺过程，一般分为干法缠绕和湿法缠绕。现阶段，大多数玻璃钢生产厂家以湿法缠绕为主，主要因为湿法缠绕流程简单，设备投资少。湿法缠绕工艺流程如图 8-14 所示。

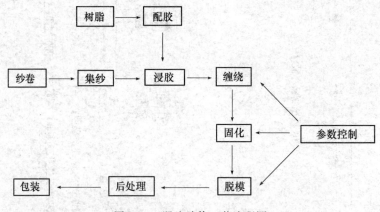

图 8-14　湿法缠绕工艺流程图

8.5.1 生产工艺过程

（1）纤维缠绕原理

在回转曲面（芯模或内衬）进行纤维的螺旋缠绕，要满足以下要求：一是满足线型设计，即纤维连续、均匀有规律地布满内衬表面；二是纤维位置稳定不滑线。为此缠绕机必须具有两个基本运动,内衬(或芯模)绕其轴线的匀速旋转运动与导丝头(小车)平行内衬(或芯模)轴线方向的运动,只要控制这两个运动的相对关系即可缠绕出需要的线型。这两个运动的相对关系是由计算机控制的,将制品的数据输入微机后启动主轴电机,主轴电机旋转,根据输入的数据由微机控制,小车按一定规律在工作台上做往复运动。导丝头上的纱线就按一定规律在工作件内衬上缠绕出设计要求的线型。

(2)缠绕工艺参数

1)纤维热处理和烘干

无捻粗纱在 60~80℃烘干 24h。

2)浸胶与胶液含量

① 胶液含量的高低、变化及分布对制品的性能影响很大。一是直接影响对制品质量和厚度的控制;二是从强度角度看,含胶量过高过低都会使复合强度降低。缠绕玻璃钢的最佳树脂含量为 20%~30%。

② 浸胶方式通常采用沉浸式浸胶,通过胶辊压力来控制含胶量。浸胶槽应装备恒温水浴,温度控制在 40℃左右。

③ 胶液黏度通常控制在 0.35~1.0Pa·s 之间。

3)缠绕张力

张力过小,制品强度偏低;张力过大,纤维磨损增大;各纤维所受张力的不均匀性越大,制品强度越低。

4)缠绕速度

缠绕过程包括:芯模旋转,其旋转切线速度称芯模速度;导丝头往复直线运动称小车速度;纤维纱线相对于导丝头缠到芯模上的速度为纱线速度。通常,纱线速度不得超过0.9m/s;小车最大速度不得超过 0.75m/s。

5)固化制度

① 加热固化比常温固化的制品强度至少可提高 20%~25%,此外可以缩短生产周期,提高生产率。

② 在低沸点组分的沸点以下时升温应慢些,过了沸点后,升温适当快些。通常采用的升温速度为 0.5~1℃/min。

③ 恒温阶段。

④ 降温冷却:由于纤维缠绕制品结构中,顺纤维方向与垂直纤维方向的线膨胀系数相差近 4 倍,所以制品从较高温度要缓慢冷却到常温。

6)脱模

选用配套的专用脱模机脱模。在脱模过程中,避免制品受到损伤。

8.5.2 生产方案举例

(1)拟定缠绕生产玻璃钢罐,制品尺寸见表 8-4

表 8-4 缠绕制品尺寸

	长度(mm)	内径(mm)	厚度(mm)	纤维含量	纱片宽度(mm)	缠绕角(°)	生产线
玻璃钢罐	5000	2000	15	70%	150	55	4 条

（2）缠绕设备规格及其技术参数

1）缠绕机

根据缠绕制品的生产方案选择缠绕机，缠绕机规格见表8-5。

表8-5　缠绕机规格

规　格	FW4000 玻璃钢缠绕机
最大缠绕直径（mm）	4000
最大缠绕长度（mm）	12000
主轴转速（r/min）	2～40
制品最大质量（kg）	7000
纱片最大宽度（mm）	200
主轴最大扭矩（N·m）	4500
缠绕角范围（°）	30～90
最大生产能力（kg/h）	600
配用动力容量（kW）	15

2）辅助设备

① 配胶设备：胶液配制只需要一个搅拌装置，根据胶液的用量选择型号。

② 固化炉：根据制品尺寸和数量及固化制度确定固化炉的尺寸和加热制度。

③ 脱模机：中通复合材料机械设备制造厂制造。

④ 修整机：中通复合材料机械设备制造厂制造。

⑤ 吊车：跨度 12m。

8.5.3　缠绕车间设备布置举例

1）车间主要设备有 4 条缠绕生产线，包括缠绕机、芯模、小车、小车轨道、纱架、控制台、固化站、脱模装置、修整机、吊车等；

2）靠近缠绕区设有原料库，为方便工作每条生产线之间留有一定的距离；

3）车间还布置芯模堆放区、成品堆放区、原料库和休息室；

4）中间一条东西通道，方便物料和制品的运输；

5）车间长 42m，宽 24m，高 12m；

6）玻璃钢罐缠绕车间平面布置图如图 8-15 所示。

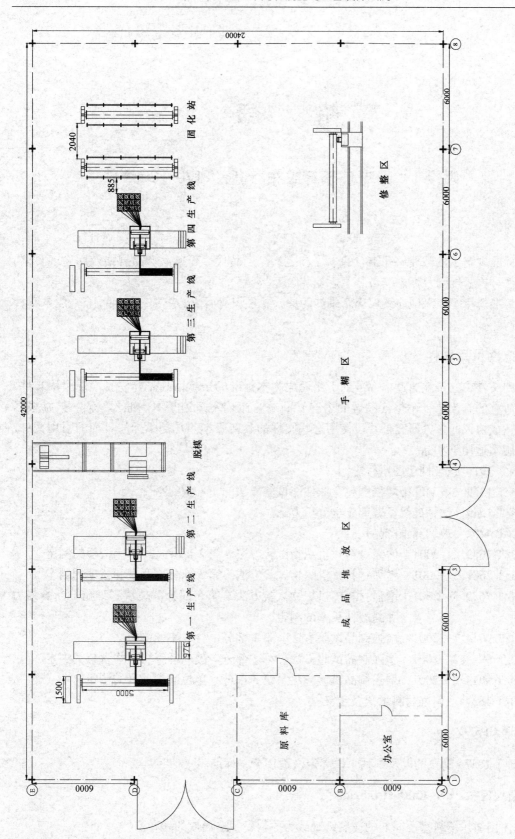

图8-15 玻璃钢罐缠绕车间平面布置图

附　　录

附录1　无碱玻璃纤维布（JC/T 170—2002）

1　范围

本标准规定了无碱玻璃纤维布的术语和定义、产品代号、典型产品规格及用途、要求、试验方法、检验规则及标志、包装、运输和贮存。

本标准适用于以无碱连续玻璃纤维纱为原料，经织造而成的织物，包括坯布、脱浆布和后处理布。

2　规范性引用文件

下列文件中的条款通过本标准的引用而成为本标准的条款，凡是标注日期的引用文件，其随后所有的修改单（不包括勘误的内容）或修订版均不适用于本标准，然而，鼓励根据本标准达成协议的各方研究是否可使用这些文件的最新版本。凡是不标注日期的引用文件，其最新版本适用于本标准。

GB/T 191　包装储运图示标志

GB/T 1449　玻璃纤维增强塑料弯曲性能试验方法

GB/T 1549　钠钙硅铝硼玻璃化学分析方法

GB/T 4202　玻璃纤维产品代号

GB/T 7689.2—2001　增强材料　机织物试验方法　第2部分　经、纬密度的测定

GB/T 7689.3—2001　增强材料　机织物试验方法　第3部分　宽度和长度的测定

GB/T 7689.5—2001　增强材料　机织物试验方法　第5部分　玻璃纤维拉伸断裂强力和断裂伸长率的测定

GB/T 9914.1—2001　增强制品试验方法　第1部分　含水率的测定

GB/T 9914.2—2001　增强制品试验方法　第2部分　玻璃纤维可燃物含量的测定

GB/T 9914.3—2001　增强制品试验方法　第3部分　单位面积质量的测定

GB/T 18374　增强材料术语及定义

3　术语和定义

GB/T 18374确立的以及下列术语和定义适用于本标准。

3.1　前处理布　pre-finished fabric

以使用纺织塑料型浸润剂的玻璃纤维纱为原料，织造而成的坯布。

3.2　脱浆布　desized fabric

将坯布脱浆而成的织物。

3.3　后处理布　post-finished fabric

将脱浆布再经偶联处理而成的织物。

4　产品代号

4.1　产品代号

产品代号应符合 GB/T 4202 的规定。

4.2　代号示例

公称厚度为 0.1mm，宽度为 90cm 的无碱玻璃纤维布表示为：EW100—90。

5　产品规格及典型用途

产品规格及典型用途见表 1，其余由供需双方商定。

6　要求

6.1　理化性能

6.1.1　碱金属氧化物含量

碱金属氧化物含量应不大于 0.8%。

6.1.2　厚度

厚度应符合表 1 的规定，斜纹脱浆布和斜纹后处理布的厚度要求由供需双方商定。

6.1.3　织物密度

织物密度应符合表 1 的规定。

6.1.4　单位面积质量

单位面积质量应符合表 1 的规定。

表 1　组织类型、织物密度、单位面积质量、厚度与典型用途

| 产品代号 | 组织类型 | 织物密度（根/cm） | | 单位面积质量（g/m²） | 厚度（mm） | 典型用途 |
		经向	纬向			
EW25	平纹	28 ± 2	22 ± 2	17.5 ± 3	0.025 ± 0.005	电绝缘制品
EW30A	平纹	18 ± 1	22 ± 1	25 ± 3	0.030 ± 0.005	钓鱼竿
EW30B	平纹	24 ± 1	18 ± 1	21 ± 3	0.030 ± 0.005	电绝缘制品
EW40	平纹	20 ± 1	18 ± 1	27 ± 3	0.040 ± 0.005	电绝缘制品
EW60	平纹	20 ± 1	22 ± 2	52 ± 5	0.060 ± 0.006	电绝缘制品
EW80	斜纹	28 ± 1	12 ± 1	80 ± 8	0.080 ± 0.008	钓鱼竿

续表

产品代号	组织类型	织物密度（根/cm）		单位面积质量（g/m²）	厚度（mm）	典型用途
		经向	纬向			
EW90	平纹	18 ± 1	16 ± 1	85 ± 8	0.090 ± 0.009	电绝缘制品
EW100	平纹	20 ± 1	20 ± 1	100 ± 10	0.100 ± 0.010	电绝缘制品、玻璃钢制品
EW110	平纹	20 ± 1	13.5 ± 1	100 ± 10	0.110 ± 0.011	电绝缘制品、玻璃钢制品
EW130	斜纹	20 ± 1	12 ± 1	160 ± 16	0.130 ± 0.013	钓鱼竿
EW140	平纹	16 ± 1	12 ± 1	135 ± 14	0.140 ± 0.014	电绝缘制品、玻璃钢制品
EW180	斜纹	20 ± 1	10 ± 1	220 ± 22	0.180 ± 0.018	钓鱼竿
EW200	平纹	16 ± 1	12 ± 1	200 ± 20	0.200 ± 0.020	电绝缘制品、玻璃钢制品
EW240	斜纹	20 ± 1	10 ± 1	290 ± 29	0.240 ± 0.024	钓鱼竿

6.1.5 可燃物含量

除非另有商定，脱浆布的可燃物含量应不大于 0.20%。

6.1.6 含水率

含水率应不大于 0.30%。

6.1.7 拉伸断裂强力

拉伸断裂强力应符合表2的规定。

表 2　拉伸断裂强力　　　　　　　　　　　　　N/25mm

产品代号	坯布拉伸断裂强力，≥		脱浆布和后处理布拉伸断裂强力，≥	
	经向	纬向	经向	纬向
EW25	118	88	33	31
EW30A	160	120	44	42
EW30B	180	100	50	35
EW40	196	137	71	40
EW60	274	274	76	66
EWS0	774	157	250	40
EW90	441	294	122	70
EW100	490	400	137	96
EW110	490	490	137	118
EW130	1078	294	400	70
EW140	650	450	180	140
EW180	1617	245	600	60
EW200	980	735	190	180
EW240	2064	294	700	70

6.1.8 长度

长度由供需双方商定，实际长度应在标称值的 ±1.5% 范围内。

6.1.9　宽度

宽度应符合表3的规定。

表 3　宽度

cm

公称宽度	允许偏差
10.1≤公称宽度 <90	+1.0 0
90≤公称宽度 <135	+1.5 0
135≤公称宽度	+3.0 0

6.1.10　水提取液电导率

用于电绝缘制品的前处理布和后处理布的水提取液电导率应不大于 15mS/m。

6.1.11　层合板弯曲强度

前处理布和后处理布的层合板弯曲强度应符合表4的规定。

表 4　层合板弯曲强度

MPa

条　件	层合板弯曲强度
标准状态	≥220
潮湿状态	≥200

注：1）根据布的用途以及处理剂与树脂的相溶性选择一种树脂，用手糊工艺成型。
　　2）潮湿状态：沸腾的蒸馏水中浸泡2h。
　　3）层合板的玻璃纤维含量为45%～55%。

6.2 外观质量

6.2.1　外观疵点分类见表5。

表 5　外观疵点分类

序号	疵点名称	疵点程度	分类 主要疵点（○）	分类 次要疵点（△）
1	断　经	1）单根断经，经向半米内 1～5cm，每 3 处		△
		2）单根断经，每长 10cm（5cm 起算）		△
		3）双根断经，每长 3cm（1cm 起算）		△
2	错、松、紧经	1）错经（包括双经、穿错、号数用错）每根每长 1m		△
		2）多股，缺股纱，每 2 根每长 1m		△
		3）松、紧纱每 2 根每长 1m		△
3	双纬、脱纬	1）双纬、断纬、百脚、经向半米内，每 2 梭（半幅起算）		△
		2）脱纬，每梭 3 根及以上（包括连续的，15cm 起算），每处		△
		3）连续的断纬或双纬，径向 20cm 内，每 5 梭		△

续表

序号	疵点名称	疵点程度	分 类 主要疵点（○）	次要疵点（△）
4	错 纬	1）经向每1cm 2）经向5cm及以上的	 ○	△
5	经、纬圈	1）经向半米内，每5个 2）经向5cm内，10个以上的	 ○	△
6	位 移	1）经向半米内，空隙宽度1~2mm的，每5个 2）空隙宽度2mm以上的，每个		△ △
7	接头痕迹	1）厚度为0.10mm及以下的，长7cm以上的，每个 2）厚度为0.10mm以上，长9cm以上的，每个		△ △
8	稀密路	1）经向1cm内，比允许公差多或少1根的 2）经向1cm内，比允许公差多或少2根的 3）空隙宽度在3~10mm稀路 4）10mm以上的稀路	 ○ ○ 不允许	△
9	边不良	1）散边和布边纬纱连续裂，经向每长5cm（1cm起算） 2）突出布边3mm及以上的毛圈，经向每长10cm		△ △
10	杂 物	1）粗1mm及以下的，径向5cm内，10个以上 2）粗1~2mm，每个 3）粗2mm以上的，每个	○ ○	△
11	拖 纱	1）布面拖纱，1cm及以上的，每根 2）布边拖纱，2cm及以上的，每根		△ △
12	污 渍	1）宽度在2根以上的块状污渍，每长1cm 2）宽度在2根及以下的线状污渍，每长7cm 3）7cm以下的线状和1cm以下的点状污渍： 经向半米内，每5个 经向半米内，密集的	 ○	△ △ △
13	起毛搔损	1）经向单根纱起毛，每长5cm 2）布面横向起毛（包括严重拆损）损伤布底或严重起毛： 半幅以内，1cm以上 半幅以上，5cm以上	 ○ 不允许	△
14	破 洞	1）经纬纱共断或并断3~6根的，每处 2）经纬纱共断或并断7根以上，每处	 ○	△
15	轧 梭	1）20根以下 2）20根及以上对接或单面接好的 注：对接良好指接头不翘、不毛、不超长和不交叉	○ ○	
16	歪 斜	1）纬纱歪斜4~8cm，每60m 2）纬纱歪斜8cm以上	○ 不允许	

序号	疵点名称	疵点程度	分　类	
			主要疵点（○）	次要疵点（△）
17	跳花	1）1~2cm 的，每处 2）2cm 以上的，每处 注：跳花指 3 根及以上的经、纬纱相互脱离组织，并列跳成规则或不规则的形状	○	△
18	布面不平	布面不平超过匹长 1/5 的 注：布面不平为除每匹的前后端 10m 以外，将整匹布退出 2m；其最低下垂点分别为： 宽度 90cm 以下的，大于 2.0cm 宽度 90cm 及以上的，大于 4.0cm	不允许	

6.2.2　质量要求

6.2.2.1　以主要疵点计，平均每 100m 长度内主要疵点不得超过 20 个，5 个次要疵点相当于 1 个主要疵点。

6.2.2.2　匹长 200m 以下的，不得有拼段。匹长 200m 以上的拼段不得超过 2 段，每段长度不得少于 100m，拼段处应有明显标志。对于一个交付批，拼段的卷数不得超过总数的 5%。

7　试验方法

7.1　碱金属氧化物含量

按 GB/T 1549 的规定。

7.2　厚度

按附录 A 的规定。

7.3　织物密度

按 GB/T 7689.2 的规定。

7.4　单位面积质量

按 GB/T 9914.3 的规定。

7.5　可燃物含量

按 GB/T 9914.2 的规定。

7.6　拉伸断裂强力

按 GB/T 7689.6 的规定。

7.7 含水率

按 GB/T 9914.1 的规定。

7.8 宽度和长度

按 GB/T 7689.3 的规定。

7.9 水提取液电导率

按附录 B 的规定。

7.10 层合板弯曲强度

按 GB/T 1449 进行。

7.11 外观

正常照度下，距离 0.5m，用目测和钢直尺检验。

8 检验规则

8.1 出厂检验和型式检验

8.1.1 出厂检验
产品出厂时，必须进行出厂检验，出厂检验项目应包括厚度、织物密度、单位面积质量、含水率、拉伸断裂强力、宽度、长度和外观。

8.1.2 型式检验
有下列情况之一时，应进行型式检验：

a）新产品投产时；

b）原材料或生产工艺有较大改变时；

c）停产时间超过三个月恢复生产时；

d）正常生产时，每年至少进行一次；

e）出厂检验结果与上次型式检验有较大差异时；

f）供需双方合同有要求时；

g）国家质量监督机构提出型式检验要求时。

型式检验应包括本标准要求中全部检验项目。

8.2 检查批与抽样

8.2.1 同一品种、同一规格、同一生产工艺，稳定连续生产一定数量的单位产品为一个检查批。

8.2.2 抽样

8.2.2.1 按表 6 的规定从检查批中随机抽取外观检验用样本。

8.2.2.2 按表 7 的规定从检查批中随机抽取理化性能检验用样本。

表6　外观质量的抽样与判定

批量大小	样本大小	合格质量水平 AQL=4.0	
		合格判定数 Ac	不合格判定数 Re
≤25	3	0	1
26～90	13	1	2
91～150	20	2	3
151～280	32	3	4
281～500	50	5	6
501～1200	80	7	8
1201～3200	125	10	11
3201～10000	200	14	15
≥10001	315	21	22

表7　理化性能的抽样与判定

批量大小	样本大小	合格质量水平 AQL=4.0
		接收常数 k
≤15	3	0.958
16～25	4	1.01
26～50	5	1.07
51～90	7	1.15
91～150	10	1.23
151～280	15	1.30
281～400	20	1.33
401～500	25	1.35
501～1200	35	1.39
1201～3200	50	1.42
3201～10000	75	1.46
≥10001	100	1.48

8.3　判定规则

8.3.1　织物外观质量应符合6.2的规定，批质量的判定按表6进行。

8.3.2　理化性能的判定

8.3.2.1　碱金属氧化物含量、织物密度、可燃物含量、含水率、长度、宽度、水提取液电导率、层合板弯曲强度以样本测试平均值的修约值判定。

8.3.2.2　厚度、单位面积质量、拉伸断裂强力以质量统计量 Q_U、Q_L 判定，其合格质量水平应符合 AQL=4.0。若 Q_U、$Q_L \geq k$，判该项理化性能合格；若 Q_U、$Q_L < k$，则该项性能不合格。

8.3.3　外观和各项理化性能均合格，判该批产品合格，否则判该批产品不合格。

9 标志、包装、运输和贮存

9.1 标志

9.1.1 标志应包括：

    a）生产厂名称和厂址；

    b）产品名称和代号；

    c）生产日期或批号；

    d）适用树脂；

    e）长度和/或净重及拼段（必要时）；

    f）本标准编号；

    g）质量检验专用章。

9.1.2 产品标志应在包装上标明，或者预先向用户提供有关资料。

9.2 包装

9.2.1 无碱玻璃纤维布应紧密、整齐地卷在硬质纸管芯上，布面不得有折迭和偏斜等现象。每卷布用结实、柔软的包装材料妥善包装。

9.2.2 包装上须标明：

    a）生产厂名称和厂址；

    b）产品名称和代号；

    c）卷数、长度和/或净重及拼段（必要时）；

    d）本标准编号；

    e）生产日期或批号；

    f）按 GB/T 191 的规定标明"怕湿"、"堆码层数极限"两种图示。

9.3 运输

应采用干燥的遮篷运输工具运输，运输装卸过程中禁止抛扔。

9.4 贮存

必须在干燥的室内贮存。堆码层数不得超过包装上标明的堆码层数极限。

附 录 A

（规范性附录）

无碱玻璃纤维布厚度的测定

A1 范围

本附录规定了无碱玻璃纤维布厚度试验方法的原理、设备和试验程序。

本附录适用于无碱玻璃纤维布厚度的测定。

A2　原理

用合适的仪器、测量在已知压力下经调湿试样的厚度。

A3　设备

a）厚度仪：测柱直径为 16mm，标准压力为 100kPa，最小刻度为 0.005mm。

b）合格的裁剪工具。

A4　操作

a）环境要求：温度（23±2）℃，相对湿度（50±10）%，调制时间至少 4h。

b）测量点距布卷的始端或终端不得少于 300mm，距布边不得少于 50mm。

c）将测柱轻轻放下，施压 10s，记录刻度盘上的读数，读数准确至 0.005mm，在布样品上均匀地测取 10 个点，各点间的距离不得少于 150mm。

d）将 10 次测量值的平均值作为测定结果，并计算其标准方差和变异系数。

A5　试验报告

试验报告应包括以下内容：

a）说明按本附录进行试验；

b）试样的名称和代号；

c）厚度；

d）非标准环境下应注明环境温度和相对湿度；

e）试验结果和试验日期。

附　录　B

（规范性附录）

无碱玻璃纤维布水提取液电导率的测定

B1　范围

本附录规定了无碱玻璃纤维布水提取液电导率试验方法的原理、设备和试验程序。

本附录适用于无碱玻璃纤维布水提取液电导率的测定。

B2　原理

将质量为 5g 的无碱玻璃纤维布和 200mL 电导率小于 0.2mS/m 的水，放入一个 250mL 的烧瓶中，煮沸 1h，冷却至（20±3）℃，用合适的电导率仪测定其水提取液电导率。

B3　设备

a）250mL 烧瓶；

b）合适的回流冷凝器；

c）天平，能准确称取 0.05g；

d）配有铂电极的量程为 0.1～1000mS/m 的电导率仪；

e）100mL 的测量杯；

f）合适的裁剪工具；

g）量程为 0～50℃ 的温度计。

B4　操作

B4.1　注意事项：在裁取和贮存水提取液电导率的织物样品时，应注意使它们不受离子污染。

B4.2　先在待用烧瓶中将水煮沸 60min，作一次空白试验，若水的电导率不大于 0.2mS/m，此瓶可以使用。若电导率大于 0.2mS/m，应换水再煮。若第二次试验的电导率仍大于 0.2mS/m，应另换烧瓶。

B4.3　在整卷布上裁取便于测量尺寸的布条，在干燥器内放置不少于 24h，取出后准确称取 3 份 5g±0.05g 的织物，将试样放入烧瓶中，每个烧瓶中加入 200mL 的电导率小于 0.2mS/m 的水。

B4.4　将冷凝器连在烧瓶上，将烧瓶中的液体迅速加热至沸腾，并稳定地保持液体沸腾 60min。之后，在液体保持沸腾状态时，将烧瓶从冷凝器中迅速取下，并盖上玻璃塞子，迅速冷却至（20±3）℃，在测电导率之前不要移动或打开塞子；且仅当打开盖子有负压现象时，提取液才符合试验要求。

B4.5　轻轻地摇晃烧瓶中液体，将塞子取下，取出部分提取液，将电极和测量杯冲洗三次。选择合适的量程，测量其电导率，并测量提取液的温度。

B4.6　按式（B1）将水提取液电导率换算到 20℃ 下电导率：

$$S' = \frac{S}{[1 + (t - 20) \times 0.02]} \tag{B1}$$

式中　S'——换算成 20℃ 下电导率，mS/μm；

　　　　t——提取液温度，℃；

　　　　S——实测电导率，mS/m。

B4.7　以三次测试结果的算术平均值作为测定结果。

B5　试验报告

试验报告应包括以下内容：

a）说明按本附录进行试验；

b）试样的名称和代号；

c）水提取液电导率；

d）试验结果和试验日期。

附录2　热固化玻璃纤维增强塑料食品容器（JC 586—1995）

1　主题内容与适用范围

本标准规定了热固化成型玻璃纤维增强不饱和聚酯树脂（以下简称聚酯玻璃钢）食品容器的分类、技术要求、试验方法和检验规则等。

本标准适用于热固化成型的聚酯玻璃钢盛装食品、饮料的容器、贮罐和冷库等，饮用水箱和供水管等亦可参照采用。

2　引用标准

GB 1447　玻璃纤维增强塑料拉伸性能试验方法

GB 1449　玻璃纤维增强塑料弯曲性能试验方法

GB 1462　纤维增强塑料吸水性试验方法

GB 2576　纤维增强塑料树脂不可溶分含量试验方法

GB 2577　玻璃纤维增强塑料树脂含量试验方法

GB 3854　纤维增强塑料巴氏（巴柯尔）硬度试验方法

GB 9685　食品容器、包装材料用助剂使用卫生标准

GB 13115　食品容器及包装材料用不饱和聚酯树脂及其玻璃钢制品卫生标准

GB 13117　食品容器及包装材料用不饱和聚酯树脂及其玻璃钢制品卫生标准分析方法

GB/T 15568　通用型片状模塑料（SMC）

3　分类

热固化成型聚酯玻璃钢食品容器分类见表1。

表1

类　型	简　要　说　明
J 型	可用于贮存酒类、含醇类食品和脂肪类食品
C 型	可用于贮存醋与酸性食品
S 型	可用于贮存含氯的饮用水及生活用水
T 型	可用于以上任意一种食品或饮料

4　原材料

4.1　不饱和聚酯树脂　必须为食品级，符合 GB 13115 要求。

4.2　增强材料　采用增强型浸润剂的无碱或中碱玻璃纤维制品。

4.3　辅助材料　所用的交联剂、引发剂、填料和颜料等必须符合 GB 9685 中规定的要求。

5 技术要求

5.1 卫生要求

5.1.1 聚酯玻璃钢食品容器卫生指标参照 GB 13115 第 3 章有关规定，应符合表 2 要求。

表 2

项目 \ 类型		J 型	C 型	S 型	T 型
高锰酸钾消耗量（mg/L）蒸馏水，60℃，2h	≤	10	10	10	10
蒸发残渣（mg/L）	4% 乙酸 60℃，2h ≤		30		30
	65% 乙醇室温，2h ≤	30	30		30
	正己烷室温，2h ≤	30	30		
	饮用水室温，24h ≤			30	30
重金属（以 Pb 计）（mg/L）4% 乙酸，60℃，2h	≤	1	1	1	1
苯乙烯残余量（%）	≤	0.1	0.1	0.1	0.1

注：当卫生部门提出要求时，应满足卫生部门的有关要求。

5.1.2 生产车间不得同时生产其他有毒化学物品。

5.1.3 S 型、T 型均应满足饮用水卫生要求。

5.2 性能要求

性能必须符合表 3 规定。

表 3

项 目	性 能	试样种类
外观	内表面无明显的针孔、突起、鼓泡、伤痕和浸渍不良；表面不得有玻璃纤维暴露	I
气味	无	
渗漏	不渗漏	
拉伸强度（MPa）	≥60	II 或 III
弯曲强度（MPa）	≥80	
弯曲弹性模量（GPa）	≥6.0	
玻璃钢中不可溶分含量（%）	≥90	
巴氏硬度	≥30	I、II 或 III
玻璃纤维质量含量（%）	≥25	II 或 III
吸水率（%）	≥0.8	

注：I 代表整体容器；II 代表从容器上切下的试样；III 代表随炉试样。
测卫生指标试样切口，应用与内表面相同树脂进行封闭处理。

6　试验方法

6.1　卫生指标检验

按 GB 13117 测定。

6.2　性能检验

6.2.1　外观　用目测法检验。

6.2.2　气味　5 人中有 3 人以上不感到有气味作为无气味。

6.2.3　渗漏　容器加满水，放置 24h 后，观察有无渗漏、裂纹和剥离。

6.2.4　拉伸强度　按 GB 1447 测定。

6.2.5　弯曲强度与模量　按 GB 1449 测定。

6.2.6　不可溶分含量　按 GB 2576 测定。

6.2.7　巴氏硬度　按 GB 3854 测定。

6.2.8　玻璃纤维质量含量　按 GB 2577 测定或 GB/T 15568 附录 A 测定。

6.2.9　吸水率　按 GB 1462 测定。

7　检验规则

7.1　检验分类

检验分为出厂检验和型式检验。

7.2　出厂检验

7.2.1　检验项目

出厂检验的项目包括：外观、气味、渗漏、巴氏硬度、不可溶分含量和卫生指标中的高锰酸钾消耗量。

7.2.2　检验方案

7.2.2.1　产品外观、气味、渗漏和巴氏硬度，必经逐个进行检验。

7.2.2.2　对高锰酸钾消耗量、不可溶分含量按表 4 组批和抽检。

表 4

批量范围	取样数	判定数组
1～15	2	0, 1
16～25	3	0, 1
26～90	5	0, 1
91～150	8	1, 2
151～280	13	1, 2
281～500	13	1, 2

7.2.3 判定规则

7.2.3.1 产品外观、气味、渗漏和巴氏硬度有一项或几项不符合要求，允许修补和进行后处理，若仍达不到要求，则判该产品不合格。

7.2.3.2 如高锰酸钾消耗量不合格，允许按原方案复检，若仍不合格，判该产品不合格。

7.2.3.3 如不可溶分含量不合格，允许后处理一次，若仍不合格，判该产品不合格。

7.2.3.4 如各项指标均合格，则判该产品合格。

7.2.3.5 按表4对批进行判定。

7.3 型式检验

7.3.1 检验条件

有下列情况之一时，应进行型式检验：

a. 新产品或老产品转厂生产的试制定型鉴定；

b. 正式生产后，如结构、材料、工艺有重大改变时；

c. 每一年或产品达500件时；

d. 产品长期停产后，恢复生产时；

e. 出厂检验结果与上次型式检验有较大差异时；

f. 国家质量监督机构提出进行型式检验的要求时。

7.3.2 检验项目

对第五条规定的技术指标全部进行检验。

7.3.3 组批和抽样

组批和抽样同7.2.2条。

7.3.4 判定规则

判定规则同7.2.3条。

8 标志、包装、运输、存放

8.1 标志

出厂产品必须有"食品包装级"标志、品名、分类和标准号，及生产厂名、厂址和生产日期，并附有合格证和说明书。

8.2 包装

产品按运输规定进行包装。

8.3 运输和存放

在贮存和运输过程中应防止损坏和污染，贮存应与工业产品分开堆放。

附录3　玻璃纤维增强热固性树脂承载型格栅（JC/T 1026—2007）

1　范围

本标准规定了玻璃纤维增强热固性树脂格栅（以下简称格栅）的构造、尺寸、产品型号和标记、技术条件、承载要求、检验规则和包装、标志、贮存及运输等。

本标准适用于石油化工、冶金、轻工、造船、能源、市政等行业的工业平台、地板、走道铺板、楼梯踏板、沟盖、围栏等承载用格栅，非承载用格栅可参照执行。

2　规范性引用文件

下列文件中的条款通过本标准的引用而成为本标准的条款。凡是标注日期的引用文件，其随后所有的修改单（不包括勘误的内容）或修订版均不适用于本标准，然而，鼓励根据本标准达成协议的各方研究是否可使用这些文件的最新版本。凡是不标注日期的引用文件，其最新版本适用于本标准。

GB/T 1446—2005　纤维增强塑料性能试验方法总则
GB/T 1449—2005　纤维增强塑料弯曲性能试验方法
GB/T 1462—2005　纤维增强塑料吸水性试验方法
GB/T 3854—2005　增强塑料巴柯尔硬度试验方法
GB/T 8237—2005　纤维增强塑料用液体不饱和聚酯树脂
GB/T 13657—1992　双酚-A型环氧树脂
GB/T 18369—2001　玻璃纤维无捻粗纱

3　术语和定义

下列术语和定义适用于本标准。

3.1　模塑格栅　molded grating

以热固性树脂为基体，以玻璃纤维粗纱为骨架，在定制模具上经过特殊工艺制成的具有一定开孔率的板材。该制品由若干形状的格子组成，在纵横方向上具有双向承载的特征，四边支撑具有良好的承载能力。模塑格栅如图1所示。

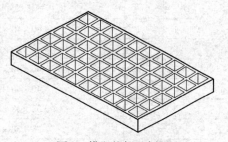

图1　模塑格栅示例图

3.2　拉挤格栅　pultruded grating

采用拉挤成型的"I"、"T"型等型材作为承载筋条，以管材或棒材作为连接穿杆，通过一定的装配工艺而制成的带有空隙的板材。该制品在承载筋条方向上强度高，常在大跨距条件下使用。拉挤格栅如图2所示。

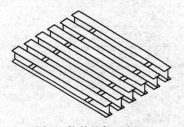

图2　拉挤格栅示例图

203

3.3 并孔值（开孔率） open area

格栅的开孔面积除以格栅的总面积的值，以百分数表示。

4 产品规格尺寸和标记

4.1 格栅规格尺寸

4.1.1 常用模塑格栅网格规格尺寸见图3、表1。其他规格尺寸的格栅，可根据用户要求设计。

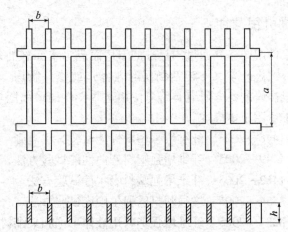

a——格栅网格长度；
b——格栅网格宽度；
h——格栅网格高度。

图3 模塑格栅网格规格尺寸

表1 常用模塑格栅网格规格尺寸表 mm

序 号	网格规格尺寸 $a \times b \times h$	标准外型尺寸
1	$40 \times 40 \times 38$	2000×1000 3007×1007
2	$40 \times 40 \times 30$	3007×1007
3	$40 \times 40 \times 28$	2000×1000
4	$40 \times 40 \times 25$	2000×1000 1007×3007
5	$38 \times 38 \times 38$	1220×3660 1220×2440
6	$38 \times 38 \times 30$	1220×3660 1220×2440
7	$38 \times 38 \times 25$	1220×3660 1220×2440
8	$100 \times 25 \times 25$	1220×3660
9	$51 \times 51 \times 50$	1220×3660
10	$50 \times 50/25 \times 25^a \times 30$	1000×2000
11	$38 \times 38/19 \times 19^a \times 38$	1220×3660 1007×4007
16	$40 \times 40/20 \times 20^a \times 30$	1000×4000 1007×4007

a：双层格栅。

4.1.2　常用拉挤格栅结构见图4、图5，规格见表2。其他规格的格栅，可根据用户要求设计。

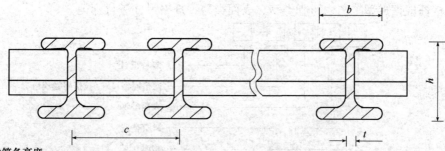

h——承载筋条高度；

b——承载筋条上部宽度；

c——承载筋条中心距；

t——承载筋条厚度。

图4　Ⅰ型拉挤格栅横截面尺寸示意图

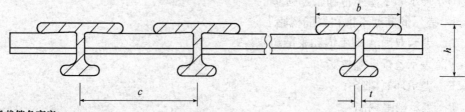

h——承载筋条高度；

b——承载筋条上部宽度；

c——承载筋条中心距；

t——承载筋条厚度。

图5　T型拉挤格栅横截面尺寸示意图

表2　常用拉挤格栅规格表　　　　　　　　　　　　mm

序号	规格	开孔率（%）	承载筋条尺寸			格栅	
			高/h	上宽/b	厚/t	承载筋条数/305mm	中心距/c
1	Ⅰ—4010	40	25.4	15.2	4	12	25.4
2	Ⅰ—5010	50	25.4	15.2	4	10	30.5
3	Ⅰ—6010	60	25.4	15.2	4	8	38.1
4	Ⅰ—4015	40	38.1	15.2	4	12	25.4
5	Ⅰ—5015	50	38.1	15.2	4	10	30.5
6	Ⅰ—6015	60	38.1	15.2	4	8	38.1
7	T—2510	25	25.4	38.1	4	6	50.8
8	T—3810	38	25.4	38.1	4	5	61
9	T—3815	38	25.4	38.1	4	5	61
10	T—5015	50	38.1	38.1	4	4	76.25
11	T—3320	33	50.8	25.4	4	8	38.1
12	T—5020	50	50.8	25.4	4	6	50.8

4.2 标记

格栅根据成型工艺、树脂类型、表面类型、规格尺寸进行标记。

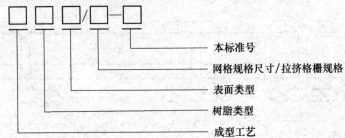

本标准号

网格规格尺寸/拉挤格栅规格

表面类型

树脂类型

成型工艺

4.2.1 成型工艺

M 表示模塑成型

P 表示拉挤成型

4.2.2 树脂类型

O 表示邻苯型不饱和聚酯树脂

I 表示间苯型不饱和聚酯树脂

B 表示双酚 A 型不饱和聚酯树脂

V 表示乙烯基酯树脂

E 表示环氧树脂

P 表示酚醛树脂

4.2.3 表面类型

M 表示凹面型

S 表示平滑型

G 表示砂面型

C 表示盖板型

O 表示其他型

注：企业还可根据自身产品对表面类型作进一步分类，如可分为 O1，O2……。

示例 1：采用模塑工艺，以乙烯基酯树脂为原材料、凹面型、网格规格尺寸（长×宽×高）为 38mm×38mm×38mm，符合本标准生产的格栅标记为：MVM/38×38×38—JC/T 1026—2007。

示例 2：采用拉挤工艺、间苯树脂为原材料、平滑型、规格为 I-4010，符合本标准生产的格栅标记为：PIS/I—4010—JC/T 1026—2007。

5 技术要求

5.1 原材料

5.1.1 树脂

5.1.1.1 格栅所用的不饱和聚酯树脂应符合 GB/T 8237—2005 的规定；所用的环氧树脂应符合 GB/T 13657—1992 的规定。其他树脂应符合相应标准的规定。

5.1.1.2 格栅所用树脂的耐化学介质性能应满足介质温度、浓度及作用时间的要求。

5.1.2 增强材料

5.1.2.1 格栅所使用的增强材料根据使用环境选取，应附有与树脂系统化学性能相容的浸润剂。

5.1.2.2 玻璃纤维纱应符合 GB/T 18369—2001 的规定。

5.2　外观

格栅应光滑、平整、色泽均匀，无分层、毛刺、裂纹、纤维外露及杂质。不允许有大于 ϕ3mm 的气孔。在格栅板任意 300mm×300mm 的面积上大于 1mm，小于 3mm 的气孔数量不超过 10 个。

5.3　格栅尺寸偏差

5.3.1 格栅长、宽尺寸偏差为：模塑格栅 −3mm ～ +3mm、拉挤格栅 −6mm ～ +6mm。

5.3.2 格栅厚度偏差为 −1.6mm ～ +1.6mm。

5.3.3 切割后的格栅长宽尺寸偏差为 −6mm ～ 0mm；圆形直径尺寸偏差 −9.5mm ～ 0mm。

5.4　吸水率

吸水率不大于 0.5%。

5.5　巴氏硬度

巴氏硬度不小于 40。

5.6　承载能力

5.6.1 设计荷载见表 3。

表 3　设计荷载

序号	使用场合	设计荷载
1	通行平台	2kN/m² 等效均布荷载
2	梯间平台	3.5kN/m² 等效均布荷载
3	检修平台	4kN/m² 等效均布荷载
4	楼梯踏步板	由使用部门提出

注：特殊荷载条件下的设计要求由供需双方共同商定。

5.6.2 对于通行平台、梯间平台、检修平台等承载结构，在表 3 所列设计荷载作用下，格栅中点的挠度不得大于跨距的 1/120，最大不得超过 9mm。同时还应满足：

a）1.5 倍设计荷载时，格栅不产生表面裂纹、分层等损伤；

b）5.0 倍设计荷载时，格栅不产生裂断。

5.6.3 对于楼梯踏步板等承载结构，在设计荷载作用下，踏步中点的挠度不得大于其跨距的 1/200，最大不得超过 6mm。同时还应满足：

a）1.5 倍设计荷载时，踏步板不产生表面裂纹、分层等损伤；

b）5.0 倍设计荷载时，踏步板不产生裂断。

6 试验方法

6.1 外观

6.1.1 外观用目测法。

6.1.2 外表面气孔大小用精度为 0.02mm 的游标卡尺检验。

6.2 格栅的规格尺寸测定

6.2.1 沿格栅的宽度方向平均分成四份，用精度为 1mm 的钢卷尺测量格栅长度，取三次测量结果的算术平均值。

6.2.2 沿格栅的长度方向平均分成四份，用精度为 1mm 的钢卷尺测量格栅宽度，取三次测量结果的算术平均值。

6.2.3 用精度为 0.02mm 的游标卡尺测量格栅四边内缩一格处的厚度，取四次测量结果的算术平均值。

6.3 吸水率

吸水率试验按 GB/T 1462—2005 进行。

6.4 巴氏硬度

巴氏硬度试验按 GB/T 3854—2005 进行。

6.5 承载能力

承载能力试验按附录 A 进行。

7 检验规则

7.1 检验类别

产品检验分为出厂检验和型式检验。

7.2 出厂检验

7.2.1 检验项目

出厂的格栅应对外观、尺寸偏差、巴氏硬度进行检验。

7.2.2 抽检方案

a）外观：逐片检验；

b）尺寸：切割尺寸逐片检验，非切割尺寸按 10% 抽检；

c）巴氏硬度：以 100 片相同规格、相同原材料的格栅为一批，不足 100 片作一个批次处理，从每批中随机抽取 10% 进行试验；

d）顾客要求对产品某些指标进行检验时，按顾客要求进行。

7.2.3　判定规则

a）外观符合规定，判该项合格。如不符合规定，允许修补一次；修补后符合规定，则判该项合格，否则为不合格；

b）尺寸、巴氏硬度符合规定，判该二项合格。如不符合规定，逐片检验，并允许对不符合产品进行处理，15 天后再次试验，如已符合规定，判为合格，否则为不合格；

c）所抽样本全部合格判该批产品合格，否则为不合格。

7.3　型式检验

7.3.1　检验条件

有下列情况之一时应进行型式检验：

a）首制或正常生产后遇到材料、结构及工艺有明显改变可能影响产品性能时；

b）连续半年以上停产，恢复生产时；

c）正常生产十二个月后；

d）出厂检验结果与上次型式检验有较大差异时；

e）国家质量监督机构提出型式检验要求时。

7.3.2　检验项目

5.2～5.6 规定的所有项目。

7.3.3　组批

以 100 片为一批，在邻近周期检查时的一批产品中进行随机抽样。

7.3.4　抽样

从检验批中随机抽取 4 块。

7.3.5　判定规则

a）外观符合规定，判该项合格。如不符合规定，允许修补一次；修补后符合规定，判该项合格，否则为不合格；

b）尺寸、巴氏硬度符合规定，判该二项合格。如不符合规定，逐片检验，并允许对不符合产品进行处理，15 天后再次试验，如已符合规定，判为合格，否则为不合格；

c）吸水率、承载能力符合规定，判该二项合格，否则为不合格；

d）所抽样本全部合格，判该批产品合格，否则为不合格。

8　标志、包装、贮存及运输

8.1　标志

每块格栅上应有明显的标志，内容包括：产品标记、检验员代号、厂名及生产日期。

8.2　包装

格栅应用硬纸板镶边，妥善捆扎。

8.3　贮存

格栅在贮存中，应防止磨损和外部冲击造成产品损坏，同时应避免产生扭转及变形。

8.4 运输

8.4.1 格栅运输时，车、船底部应平整，长途运输应捆绑牢固，避免坠落。

8.4.2 格栅搬运过程中严禁抛扔。

附 录 A
（规范性附录）
玻璃纤维增强热固性树脂格栅承载能力试验（三点弯曲法）

A.1 试验原理

　　对格栅施加线载荷进行三点弯曲试验，通过测定跨距中点的变形和相应的荷载，以确定格栅承载能力。

A.2 试验设备

A.2.1 测试可在万能材料试验或自制试验装置上进行，试验机（或装置）加载能力应比样品荷载要求大25%以上。

A.2.2 荷载的测量应精确到1%。

A.2.3 用于挠度测量的设备应精确到0.01mm。

A.3 试样的制备

A.3.1 格栅试样长度与试验跨距的关系见公式A.1

$$L1 \geq L + 150 \qquad (A.1)$$

式中　$L1$——试样长度，单位为毫米（mm）；

　　　L——试验跨距，单位为毫米（mm）；常用试验跨距为：300mm，450mm，600mm，750mm，900mm，1050mm，1200mm，1500mm。

A.3.2 试样宽度305mm，并包含数量合适的承载筋条，承载筋条数量见表A.1。

表A.1 承载筋条数量

承载筋条间距（mm）	承载筋条数量
25	12
38	8
50	6

A.3.3 每组试样不少于3块。

A.4 试验条件及装置

A.4.1 试验环境按GB/T 1446—2005 第3章规定进行。

A.4.2 试验装置的支撑和压载头为310mm长、25mm直径的光滑钢棒，钢棒在荷载作用下不能产生变形和旋转。荷载的施加点应在横向筋条（对应承载筋条而言）的中间位置，详见图 A.1。

A.4.3　跨距 $L \leqslant 914\text{mm}$ 时，加载速度为 6.35mm/min；跨距 $L > 914\text{mm}$ 时，加载速度为 12.7mm/min。

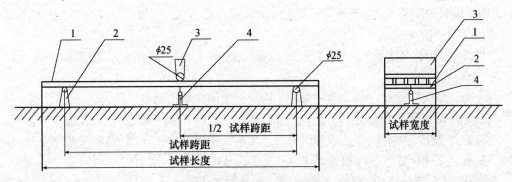

图 A.1　实验装置示意图

1—格栅试样；2—支撑；3—压头；4—仪表

A.5　试验步骤

A.5.1　试样外观查查按 GB/T 1446—2005 第 2 章进行。

A.5.2　试样状态调节按 GB/T 1446—2005 第 3 章进行。

A.5.3　试验荷载的计算见公式 A.2。

$$P = \frac{L \cdot W \cdot P_U}{1.6} \tag{A.2}$$

式中　P——试验荷载，单位为千牛（kN）；

$\quad P_U$——均布荷载，单位为千牛每平方米（kN/m^2）；

$\quad L$——跨距（支辊间距），单位为米（m）；

$\quad W$——n/N，试样名义宽度，单位为米（m）；

$\quad n$——试样的承载筋条数；

$\quad N$——每米宽度的承载筋条数（例如：承载筋条中心间距为 3.8mm 时，$N = 27/\text{m}$；承载筋条中心间距为 50mm 时，$N = 21/\text{m}$）。

A.5.4　安装变形测量装置，拉挤格栅施加 50N 初始载荷，模塑格栅施加 100N 初始载荷，检查并调整试样及变形测量装置，使整个系统处于正常状态，并重置荷载及变形记录归零。

A.5.5　均匀加载至设计荷载，记录试样的弯曲挠度。加载至 1.5 倍设计载荷时，检查格栅有无裂纹、分层等现象；加载至 5 倍设计载荷时，检查有无纤维断裂、分层等破坏。

参考文献

［1］陈博．1986—2006 我国 FRP/CM 工业技术进步及行业发展［J］．纤维复合材料，2007（3）：50 – 56.

［2］危良才．中国大陆玻璃纤维生产最新发展动态［J］．纤维复合材料，2008（13）：64 – 65.

［3］刘道德．化工厂的设计与改造［M］．长沙：中南大学出版社，2005.

［4］刘雄亚，谢怀勤．复合材料工艺及设备［M］．武汉：武汉理工大学出版社，1994.

［5］于润如，严生．水泥厂工艺设计［M］．北京：中国建材工业出版社，1995.

［6］杨保泉．玻璃厂工艺设计概论［M］．武汉：武汉工业大学出版社，1989.

［7］刘晓存．无机非金属材料工厂工艺设计概论［M］．北京：中国建材工业出版社，2008.

［8］华南工学院，武汉建筑材料工业学院，南京化工学院．水泥厂工艺设计概论［M］．北京：中国建筑工业出版社，1982.

［9］华东化工学院，哈尔滨建筑工程学院，武汉建筑材料工业学院．玻璃钢机械与设备［M］．北京：中国建筑工业出版社，1981.

［10］武汉工业大学复合材料教研室．复合材料厂工艺设计概论参考资料，1998.